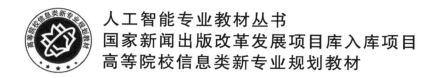

人工智能专业教材丛书

国家新闻出版改革发展项目库入库项目

高等院校信息类新专业规划教材

人工智能创造学

肖　立　门爱东　编著

北京邮电大学出版社

www.buptpress.com

内 容 简 介

人工智能在音乐、美术、工业和科学等领域的创造性过程中发挥着非常重要的作用,特别是随着大模型技术的发展,人工智能在艺术创作、工业设计、产品建模等领域发挥着越来越重要的作用,而虚拟现实、增强现实以及元宇宙等新概念、新模式正在改变着教育、医疗、购物等生产生活方式。本书从人工智能生成模型出发,深入全面介绍人工智能创造所涉及的理论方法。而后由浅入深,以应用为导向,通过文字、表格、图片等形式,分章节阐述人工智能应用于文艺创作、工业设计、虚拟现实和增强现实等具体前沿进展。

本书旨在帮助读者从方法和应用两个层面全面了解人工智能创造领域的最新进展和相关理论基础,可作为高年级本科生素质选修课教材以及研究生选修课教材。

图书在版编目(CIP)数据

人工智能创造学 / 肖立,门爱东编著 . -- 北京:北京邮电大学出版社,2024.3
ISBN 978-7-5635-7176-5

Ⅰ. ①人… Ⅱ. ①肖… ②门… Ⅲ. ①人工智能 Ⅳ. ①TP18

中国国家版本馆 CIP 数据核字(2024)第 045939 号

策划编辑:姚 顺 刘纳新 责任编辑:姚 顺 谢亚茹 责任校对:张会良 封面设计:七星博纳

出版发行:北京邮电大学出版社
社 址:北京市海淀区西土城路 10 号
邮政编码:100876
发 行 部:电话:010-62282185 传真:010-62283578
E-mail:publish@bupt.edu.cn
经 销:各地新华书店
印 刷:保定市中画美凯印刷有限公司
开 本:787 mm×1 092 mm 1/16
印 张:17.75
字 数:473 千字
版 次:2024 年 3 月第 1 版
印 次:2024 年 3 月第 1 次印刷

ISBN 978-7-5635-7176-5 定价:56.00 元

人工智能专业教材丛书

编委会

总 主 编：郭 军

副总主编：杨 洁 苏 菲 刘 亮

编　　委：张 闯 尹建芹 李树荣 杨 阳

朱孔林 张 斌 刘瑞芳 周修庄

陈 斌 蔡 宁 徐蔚然 肖 波

肖 立 门爱东

总 策 划：姚 顺

秘 书 长：刘纳新

人工智能革命引发了社会的重大变革,人工智能技术正在改变着人们的生产生活方式。随着算力、算法、数据的爆发式增长,人工智能已经在教育、医疗、工业、农业等诸多领域扮演着专家级别的角色,根本性地改变这些行业的运行过程,引领行业的发展和创新。

随着人工智能的飞速发展,人工智能已不再能简单地看作一台机器,它可以具备理解、创造等高等生命所具有的能力。事实上,计算机已经可以作为一块画布、一支画笔、一种乐器等进行自由创造,其计算创造力同样体现在广告创意、产品建模等工业生产领域。进一步,伴随着人工智能技术飞速发展,虚拟现实、增强现实以及元宇宙等新概念、新模式正在改变着教育、医疗、购物等生产生活的方式。

随着大模型技术的发展,大型科技公司纷纷基于大模型构建人工智能生成内容(AIGC),如 ChatGPT 和 DALL·E 2。AIGC 可以在很短的时间内自动构建大量高质量内容,无需人工辅助即可完成高难度创造。例如,ChatGPT 是由 OpenAI 公司构建的 AI 对话系统,它能够有效理解并响应人类语言并以有意义的方式输入,从而实现对话和互动;而 2023 年初发布的GPT-4,可以自主对文本和图像等多模态数据进行解析并生成所需内容,测试显示它已经能够在编程、专业考试等多项任务中达到专家水准。由于 AIGC 取得了显著成就,因此许多人相信基于人工智能的创造会带领人类科技进入一个新时代,并将对整个世界的发展产生重大影响。

本书立足于 AIGC 前沿进展,系统介绍利用人工智能进行创造的相关理论、技术及应用。首先从生成模型出发,介绍经典概率生成及深度生成模型;其次从视觉生成和序列生成的不同方向,介绍 AI 生成在不同领域涉及的通用模型方法;然后介绍文艺创作、工业设计、虚拟现实和增强现实中的一些 AI 生成前沿技术和进展;最后介绍 AI 在元宇宙中的发展及应用。

本书共包含 8 章,第 1 章是绪论,以下介绍第 2~8 章的内容。

第 2 章介绍 AI 艺术创造所涉及的深度生成模型:2.1 节和 2.2 节首先介绍高斯混合模型、朴素贝叶斯模型和隐马尔可夫模型等传统的概率生成模型,以及玻尔兹曼机和深度信念网络等基于概率和能量函数的模型;2.3 节和 2.4 节介绍自编码生成模型以及生成对抗网络的经典深度生成模型;2.5 节和 2.6 节介绍基于流的生成模型和扩散生成模型,这两类模型近些年在一些特定的图像和文本生成任务中具有突出的表现。

第 3 章介绍 AI 视觉生成:3.1 节为图像生成,根据人脸生成、场景生成、风格迁移等不同任务场景介绍相关前沿算法,并介绍文本到图像生成、图像间转换以及超分辨率图像生成等若干跨模态生成工作;3.2 节为视频生成,从生成对抗网络和流模型两种不同技术角度,系统介绍不同方法的原理、优势及挑战;3.3 节为 3D 生成,重点从基于传统三维重建方法和基于体素、点云和网格数据的端到端深度学习重建方法分别介绍相关的原理和模型,还介绍基于文本的 3D 生成的最新进展。

第 4 章介绍 AI 序列生成:4.1 节为文本生成,介绍从经典 RNN、LSTM 到更具表征能力的 Transformer 模型,并介绍基于编解码器的文本生成模型;4.2 节为语音生成,介绍声音的原理、声学模型的建立、语音合成的方法及评测指标;4.3 节为对话生成。

第 5 章介绍文艺创作中的 AI:5.1 节为 AI 与文学,描述诗歌创作、小说创作以及文学翻译相关案例及模型;5.2 节为 AI 作曲,以该方向发展为脉络,介绍机器学习和深度学习等人工智能发展不同阶段的 AI 作曲模型;5.3 节为 AI 绘画,重点介绍基于 GAN 和基于 DM 的两种绘画模型;5.4 节介绍 AI 在广播电视领域的若干应用。

第 6 章介绍工业设计中的 AI:6.1 节为 AI 广告设计,从广告的不同发展阶段介绍广告设计,并详细介绍智能化广告设计里的一些代表性案例;6.2 节为 AI 3D 建模,介绍 3D 建模不同领域的相关技术及典型应用;6.3 节为 AI 人机交互,就语音交互、视觉交互和多模融合人机交互分别介绍经典和前沿的应用案例。

第 7、8 章主要介绍基于现实场景感官的 AI 艺术创造:第 7 章介绍虚拟现实、数字孪生、增强现实和混合现实这四类比较常见的技术;第 8 章围绕 AI 与元宇宙介绍相关概念、技术、应用和未来展望。

本书每小节都配备了习题和思考题,部分小节加入了思政思考,可作为高年级本科生和研究生的相关课程教材,教学目的是使学生全面、系统地学习 AI 创造领域的理论、方法及应用。期待同学们通过学习本书更好地从事 AIGC 和大模型相关领域的工作。

在此特别感谢本书编写过程中为本书提供相关材料的团队全体同学:冯佳傲、韩佳男、张振铭、裴江波、唐鹏靓、张苓轩、徐銎淞、郑恩泽、朱勇钢、齐书文、吕博昊、郑修齐、刘亚茹、吴秉时、程奥、贾梦珍、武剑、陈依荷、黄守庚、郭妙恬、魏源林、楼姝、范海廷、王振华、李冠桦,以及团队中王海婴、姜竹青、劳琪成三位老师的理解与支持。

肖　立

北京邮电大学

目　录

第1章

绪　论

1.1　人工智能创造与 AIGC

人工智能革命引发了社会的重大变革,人工智能技术正在改变着人们的生产生活方式。随着算力、算法、数据的爆发式增长,人工智能已经在教育、医疗、工业、农业等诸多领域承担着专家级别的角色,根本性地改变这些行业的运行过程,引领行业的发展和创新。

随着其飞速发展,人工智能已不能再被简单地看作一台机器,它可以具备理解、创造等高等生命所具有的能力。近半个世纪以来,人们一直努力地在不同维度上提高机器的能力,使其具有像人类一样的高级智能,特别是具备创造力。早在二十世纪五六十年代,人们就开始发明一系列用人工智能进行艺术性创造的方法,如 AI 作曲、对话等。1957 年,两位科学家莱杰伦·希勒(Lejaren Hiller)和伦纳德·艾萨克森(Leonard Isaacson)通过运用马尔可夫模型和计算机程序中的控制变量与音符间变换,产生了第一支由计算机创作的乐曲——弦乐四重奏《伊利亚克组曲》(Illiac Suite)。1966 年,系统工程师约瑟夫·维森鲍姆(Joseph Weizenbaum)和精神病学家肯尼斯·科尔比(Kenneth Colby)共同编写的对话软件 Elliza,被认为是首个真正意义上的聊天机器人,Elliza 具有一种名为理性关联的对话能力,可以模拟病人(用户)与心理治疗医生(Elliza)之间的对话。它不需要任何复杂的语言-句法分析技巧,而是依赖于一套智能机制,这套机制包含关键词的识别、循环用户的输入、对经典公式的回应及突然改变主题等预设功能。程序发布后,一些病人与其交谈后对其信任度甚至超过了对医生的信任度,心理学家们也想请它作为心理治疗帮手。1993 年,一款名为“吟游诗人”(MINSTREL)的软件进入人们的视线,它将计算机作为基础模型生成器进行文学创作,利用一种名为“转化-调用-适应方法”(transform-recall-adapt methods)的技术,通过实现文学作品中的四个重要元素(主题、戏剧性、一致性和呈现)来完成短篇小说的创作。该系统中每个生成器都会集成一个简单的问题转换——在问题空间中搜索新知识并将新知识应用于问题。通过这种方式,MINSTREL 能够自主发现有效解决新问题的方案。不过就其生成的作品质量而言,这个系统创造的文本质量还处在初级阶段。进入深度学习时代,一些像微软小冰、清华大学“九歌”等系统在艺术创作领域取得了更进一步的发展,这些系统不断实现对人类智慧与思维的探索,推动 AI 创造力的发展。

　　近些年,大模型技术的发展进一步推动了人工智能生成内容(Artificial Intelligence Generated Content,AIGC)领域的飞跃,大型科技公司纷纷基于大模型构建内容生成产品,如 ChatGPT 和 DALL·E 2。AIGC 能在很短的时间内自动构建大量高质量内容,无需人工辅助。例如,ChatGPT 是由 OpenAI 公司构建的 AI 对话系统,它能够有效理解并响应人类语言并以有意义的方式输入,从而实现对话和互动;DALL·E 2 是另一个当前最先进的 AIGC 模型,该模型同样是由 OpenAI 公司开发的,它能够根据文字描述自动创建独特的高质量图像,如"一位宇航员骑着一匹马",其效果和真实照片一样逼真,如图 1.1 所示。而 2023 年初发布的 GPT-4,可以自主对文本和图像等多模态数据进行解析并生成所需内容,测试显示它已经能够在编程、专业考试等多项任务中达到专家水准。由于 AIGC 取得的显著成就,因此许多人相信这项技术会带领人工智能进入一个新时代,并将对整个世界的发展产生重大影响。

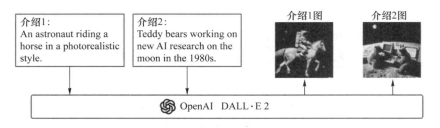

图 1.1　AIGC 在图像生成中的示例

　　对 AIGC 这一概念,目前国内产学研各界尚无统一、规范的定义,对 AIGC 的普遍理解为其是"继专业生成内容(Professional Generated Content,PGC)和用户生成内容(User Generated Content,UGC)之后,利用人工智能技术自动生成内容的新型生产方式"。AIGC 在国际上对应的术语是"人工智能合成媒体"(AI-generated media 或 synthetic media),定义为"通过人工智能算法对数据或媒体进行生产、操控和修改的统称"。

1.2　AIGC 的发展

　　图 1.2 是中国信息通信研究院发布的 AIGC 发展历程。AIGC 的发展历程伴随着人工智能的演进,大致可以分为早期萌芽阶段(20 世纪 50 年代—20 世纪 90 年代中期)、沉淀积累阶段(20 世纪 90 年代中期—21 世纪 10 年代中期),以及快速发展阶段(21 世纪 10 年代中期至今)三个发展阶段。

　　早期萌芽阶段(20 世纪 50 年代—20 世纪 90 年代中期),深度学习尚未取得成功,受限于当时的科技水平,AIGC 只能基于一些较为简单的模型和规则进行创作。1957 年,莱杰伦·希勒(Lejaren Hiller)和伦纳德·艾萨克森(Leonard Isaacson)基于马尔可夫模型完成了历史上第一支由计算机创作的音乐作品——弦乐四重奏《伊利亚克组曲》(Illiac Suite)。1966 年,约瑟夫·维森鲍姆和肯尼斯·科尔比共同开发了世界第一款人机对话工具 Elliza,它通过关键字扫描和重组等方法来完成交互任务。20 世纪 80 年代中期,IBM 公司基于隐马尔可夫链模型(Hidden Markov Model,HMM)创造了语音控制的打字机"坦戈拉"(Tangora),可以一次性处理约 20 000 个单词。然而,由于人工智能领域高昂的研发成本制约了可观的商业利润,各国政府和企业逐渐减少了在人工智能领域的投入力度,AIGC 在该阶段并没有取得重大突破。

图 1.2　AIGC 发展历程

（图片来源：中国信息通信研究院）

沉淀积累阶段(20 世纪 90 年代中期—21 世纪 10 年代中期),AIGC 逐渐完成从实验性向实用性。在这一阶段,神经网络算法取得较快发展,一些生成模型如受限玻尔兹曼机、深层置信网络逐渐广泛应用于搜索、推荐等任务,而同时期像图形处理器(Graphics Processing Unit,GPU)、张量处理器(Tensor Processing Unit,TPU)等硬件设备的性能也在不断提升,加上互联网的数据规模快速膨胀为各类人工智能算法提供的海量训练数据,使得 AIGC 产生的成果质量取得了显著的提升。2007 年,纽约大学人工智能研究员罗斯·古德温通过人工智能系统对公路旅行中的所见所闻进行实时记录和感知,撰写了小说《1 The Road》。虽然小说整体可读性不强,存在一些如拼写错误、辞藻空洞、缺乏逻辑等明显问题,但是它是第一部完全由人工智能创作的小说,具有较好的象征意义。2012 年,微软公开展示了一款全自动同声传译系统,利用深层神经网络(Deep Neural Network,DNN)实时将英文演讲者的内容通过语音识别、语言翻译、语音合成等技术生成中文语音。不过总体而言,这一阶段 AIGC 依然受限于算法瓶颈,创作质量不高,效果仍需提升,应用范围有限。

快速发展阶段（21 世纪 10 年代中期至今）,深度学习技术在这一阶段飞速发展。AlphaGo 的横空出世使得 AI 在策略类任务中全面超越人类的智力,而以 ResNet 为代表的卷积神经网络让计算机在视觉领域全面超越人类的感知能力。以生成式对抗网络（Generative Adversarial Networks,GAN)为代表的深度学习算法不断被提出和迭代更新,同样推动着 AIGC 迎来新时代。基于 AI 生成的图像、文本、视频等内容百花齐放,内容效果逐渐逼真直至人类难以分辨,水平堪比艺术家。2017 年,微软人工智能少女"小冰"发表了首部 100％由人工智能创作的诗集《阳光失了玻璃窗》。2018 年,英伟达推出了图片自动生成模型 StyleGAN,目前第四代模型 StyleGAN-XL 可自动生成高分辨率图片,这些图片在质量上几乎无法用人眼分辨真假。2019 年,DeepMind 发布连续视频生成模型 DVD-GAN,可自动匹配生成草地、广场等明确场景,效果显著。2021 年,OpenAI 公司推出了 DALL·E,并于一年后升级为 DALL·E 2,DALL·E 2 可即时创作出质量极高的卡通、写实、抽象等风格的绘画作品,用户只需输入简短的描述性文字就可以一键式生成所需内容结果。2023 年初,该公司又先后推出了对话生成模型 ChatGPT 和多模态生成模型 GPT-4,它们可以根据输入内容进行文章、对话以及代码程序等内容创造,生成的内容质量堪比专家级,在编程、专业考试等多项任务中也达到了人类优秀选手的水平。

1.3　本书的内容

本书以 AIGC 为立足点,系统介绍深度学习生成理论、技术及应用。本书共包含 8 章,以下介绍第 2～8 章的内容。

第 2 章介绍 AI 艺术创造所涉及的深度生成模型:2.1 节和 2.2 节首先介绍高斯混合模型、朴素贝叶斯模型和隐马尔可夫模型等传统的概率生成模型,以及玻尔兹曼机和深度信念网络等基于概率和能量函数的模型;2.3 节和 2.4 节介绍自编码生成模型以及生成对抗网络;2.5 节和 2.6 节介绍基于流的生成模型和扩散生成模型,这两类模型近些年在一些特定的图像和文本生成任务中具有突出的表现。

第 3 章介绍 AI 视觉生成:3.1 节为图像生成,根据人脸生成、场景生成、风格迁移等不同任务场景介绍相关前沿算法,并介绍文本到图像生成、图像间转换以及超分辨率图像生成等若干跨模态生成工作;3.2 节为视频生成,从生成对抗网络和流模型两种不同技术角度,系统介绍不同方法的原理、优势及挑战;3.3 节为 3D 生成,重点从基于传统三维重建方法和基于体素、点云和网格数据的端到端深度学习重建方法分别介绍相关的原理和模型,还介绍基于文本的 3D 生成的最新进展。

第 4 章介绍 AI 序列生成:4.1 节为文本生成,介绍从经典 RNN、LSTM 到更具表征能力的 Transformer 模型,并介绍基于编解码器的文本生成模型;4.2 节为语音生成,介绍声音的原理、声学模型的建立、语音合成的方法及评测指标;4.3 节为对话生成。

第 5 章～第 8 章介绍 AI 在各个艺术创作相关领域的应用。

第 5 章介绍文艺创作中的 AI:5.1 节为 AI 与文学,描述诗歌创作、小说创作以及文学翻译相关案例及模型;5.2 节为 AI 作曲,以该方向发展为脉络,介绍机器学习和深度学习等人工智能发展不同阶段的 AI 作曲模型;5.3 节为 AI 绘画,重点介绍基于 GAN 和基于 DM 的两种绘画模型;5.4 节介绍 AI 在广播电视领域的若干应用。

第 6 章介绍工业设计中的 AI:6.1 节为 AI 广告设计,从广告的不同发展阶段介绍广告设计,并详细介绍智能化广告设计里的一些代表性案例;6.2 节为 AI 3D 建模,介绍 3D 建模不同领域的相关技术及典型应用;6.3 节为 AI 人机交互,就语音交互、视觉交互和多模融合人机交互分别介绍经典和前沿的应用案例。

第 7、8 章主要介绍基于现实场景感官的 AI 艺术创造:第 7 章介绍虚拟现实、数字孪生、增强现实和混合现实这四类比较常见的技术;第 8 章围绕 AI 与元宇宙介绍相关概念、技术应用和未来展望。

1.4　本　章　小　结

人工智能在音乐、美术、工业和科学等领域的创造性过程中发挥着非常重要的作用。事实上，计算机已经可以作为一块画布、一支画笔、一种乐器等进行自由创造，计算机的创造力同样体现在广告创意、产品建模等工业生产领域。更进一步，伴随着 AI 技术飞速发展，虚拟现实、增强现实以及元宇宙等新概念、新模式正在改变着教育、医疗、购物等生产生活的方式。

第 2 章
深度生成模型

2.1 概率生成模型

概率生成模型,简称生成模型,是概率统计和机器学习中的一类重要模型,指能够随机生成可观测数据的模型。通过构建已知数据 X 和未知数据 Y 的联合概率密度模型 $P(X,Y)$,将未知数据 Y 的后验概率分布 $P(Y|X)$ 作为预测模型,即生成模型,如式(2.1)所示:

$$P(Y|X) = \frac{P(X,Y)}{P(X)} \tag{2.1}$$

该模型之所以被称为生成模型,是因为其表示了给定输入 X 产生输出 Y 的生成关系。生成模型的基本思想是首先建立样本的联合概率密度模型 $P(X,Y)$,然后得到后验概率分布 $P(Y|X)$,最后利用它进行分类。在这个过程中,需要求出已知数据 X 的概率分布 $P(X)$。生成模型可以用于图像、文本、声音等数据的建模生成以及分类等问题。

生成模型分为传统生成模型和深度生成模型两类。传统生成模型包括高斯混合模型、朴素贝叶斯模型、隐马尔可夫模型等,与传统机器学习相关,也是本节的主要内容。而深度生成模型如自编码生成模型、生成对抗网络、扩散生成模型,常用于神经网络和深度学习,这些模型将在之后的章节中详细说明。本节提到的生成模型均指传统生成模型。

与生成模型相对应的是判别模型。判别模型与生成模型都属于概率模型,但判别模型由数据直接学习条件概率分布 $P(Y|X)$ 作为预测模型,不考虑样本的生成模型。典型的判别模型包括 K 近邻、感知机、决策树和支持向量机等。以下用简单的样本数据对这两种模型进行解释说明,假设样本数据如表 2-1 所示,那么生成模型学习到的数据如表 2-2 所示,即 $\sum P(x,y) = 1$;而判别模型学习到的数据如表 2-3 所示,即 $\sum P(y|x) = 1$。判别模型与生成模型的对比如表 2-4 所示。

表 2-1 样本数据

	样本 1	样本 2	样本 3	样本 4
x	0	0	1	1
y	0	0	0	1

表 2-2　生成模型学习到的数据

	$y=0$	$y=1$
$x=0$	1/2	0
$x=1$	1/4	1/4

表 2-3　判别模型学习到的数据

	$y=0$	$y=1$
$x=0$	1	0
$x=1$	1/2	1/2

表 2-4　判别模型与生成模型的对比

模型	生成模型	判别模型
示意图		
优点	1. 收敛速度快,当样本数量较多时,生成模型能更快地收敛于真实模型; 2. 生成模型可以还原样本数据的联合概率分布 $P(X,Y)$; 3. 模型能够处理存在隐变量的情况; 4. 生成模型可以采用增量学习; 5. 能用于数据不完整情况	1. 在小数据集上表现效果好; 2. 计算量小于生成模型; 3. 准确率往往高于生成模型; 4. 直接学习 $P(Y\mid X)$,允许对输入样本数据进行处理,可以简化学习问题; 5. 能清晰区分某两类或多类
缺点	1. 需要大量样本数据; 2. 计算量大于判别模型; 3. 在大多数实际情况下,分类效果没有判别模型好	1. 不能反映样本数据本身特征; 2. 不能处理存在隐变量的情况; 3. 难以利用无标签数据; 4. 添加新类需要全部重新训练

2.1.1 节～2.1.3 节对概率生成模型进行更加详细的说明:首先介绍几种常见的概率分布;其次对基于这些概率分布的更为复杂的概率生成模型进行说明,阐述经典生成模型的建立、生成模型未知参数的估计;最后介绍概率生成模型的应用。

2.1.1　常见概率分布

概率生成模型的构建和求解都离不开最基本的概率分布。本节对几种常见的概率分布进行说明,并介绍这几种概率分布之间的关系。

1. 均匀分布

均匀分布(uniform distribution),又叫矩形分布,是对称概率分布。均匀分布是关于定义在区间$[a,b]$ $(a<b)$上的连续变量的简单概率分布。

对于一个连续型取值的随机变量x,如果其概率密度函数如式(2.2)所示:

$$p(x|a,b)=U(x|a,b)=\frac{1}{b-a},\quad a<x<b \tag{2.2}$$

则x服从于参数为a和b的均匀分布,记为$x\sim U(a,b)$,均匀分布的概率密度函数如图2.1所示。

2. 高斯分布

高斯分布(Gaussian distribution),又叫正态分布(normal distribution),是应用最为广泛的连续概率分布。高斯分布分为一维情况和多维情况。

对于一维情况,高斯分布参数包括均值$\mu\in(-\infty,\infty)$和方差$\sigma^2>0$。对于随机变量$x\in(-\infty,\infty)$,如果其概率密度函数如式(2.3)所示:

$$p(x|\mu,\sigma^2)=N(x|\mu,\sigma^2)=\frac{1}{\sqrt{2\pi\sigma^2}}\exp\left\{-\frac{(x-\mu)^2}{2\sigma^2}\right\} \tag{2.3}$$

则x服从均值为μ,方差为σ^2的高斯分布,记为$x\sim N(\mu,\sigma^2)$。均值μ决定了概率密度函数的位置,而标准差σ则决定了分布的幅度。均值$\mu=0$,标准差$\sigma=1$时的正态分布是标准正态分布。图2.2展示了几种一维高斯分布的概率密度函数。

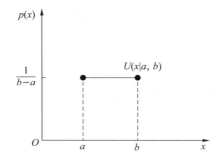

图2.1　均匀分布的概率密度函数

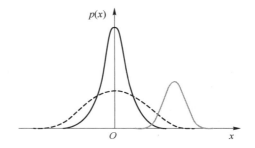

图2.2　几种一维高斯分布的概率密度函数

对于多维情况,如d维时,高斯分布参数包括d维均值向量μ和$d\times d$的对称正定协方差矩阵Σ。对于d维随机向量x,多维高斯分布的概率密度函数如式(2.4)所示:

$$p(x|\mu,\Sigma)=N(x|\mu,\Sigma)=\frac{1}{\sqrt{(2\pi)^d\det(\Sigma)}}\exp\left\{-\frac{1}{2}(x-\mu)^{\mathrm{T}}\Sigma^{-1}(x-\mu)\right\} \tag{2.4}$$

3. 多项分布

在介绍多项分布前,首先对伯努利分布和二项分布进行说明。

伯努利分布(Bernoulli distribution)是关于布尔变量$x\in\{0,1\}$的概率分布,其连续参数$\mu\in[0,1]$表示变量$x=1$的概率。伯努利分布的概率密度函数如式(2.5)所示:

$$p(x|\mu)=\mathrm{Bern}(x|\mu)=\mu^x(1-\mu)^{1-x} \tag{2.5}$$

二项分布(binomial distribution)用于描述N次独立的伯努利试验中有m次成功($x=1$)的概率,其中每次伯努利试验成功的概率$\mu\in[0,1]$。伯努利试验是在同样的条件下重复地、相互独立地进行的一种随机试验,只有两种可能的结果:成功($x=1$)或失败($x=0$)。二项分布的概率密度函数为

$$p(m|N,\mu)=\mathrm{Bin}(m|N,\mu)=\binom{N}{m}\mu^m(1-\mu)^{N-m} \tag{2.6}$$

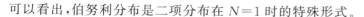

可以看出,伯努利分布是二项分布在 $N=1$ 时的特殊形式。

在伯努利分布的基础上进行推广,将一维变量扩展为 d 维向量 x, $x_i \in \{0,1\}$ 且 $\sum\limits_{i=1}^{d} x_i = 1$。设 $x_i = 1$ 的概率为 $\mu_i \in [0,1]$, $\sum\limits_{i=1}^{d} \mu_i = 1$,则可得到离散概率分布如式(2.7)所示:

$$p(x|\mu) = \prod_{i=1}^{d} \mu_i^{x_i} \tag{2.7}$$

在此基础上结合对二项分布的扩展,得到多项分布(multinomial distribution),多项分布描述了在 N 次独立的伯努利试验中有 m_i 次成功($x_i=1$)的概率。多项分布的概率密度函数为

$$p(m_1,m_2,\cdots,m_d|N,\mu) = \mathrm{Mult}(m_1,m_2,\cdots,m_d|N,\mu)$$
$$= \frac{N!}{m_1!m_2!\cdots m_d!} \prod_{i=1}^{d} \mu_i^{m_i} \tag{2.8}$$

4. 狄利克雷分布

在介绍狄利克雷分布前,首先对贝塔分布进行说明。

贝塔分布(Beta distribution)是关于连续变量 $x \in [0,1]$ 的概率分布,由两个参数 a 和 b 确定,其中 $a>0$, $b>0$,其概率密度函数如式(2.9)所示:

$$p(x|a,b) = \mathrm{Beta}(x|a,b) = \frac{\Gamma(a+b)}{\Gamma(a)\Gamma(b)} x^{a-1}(1-x)^{b-1}$$
$$= \frac{1}{\mathrm{B}(a,b)} x^{a-1}(1-x)^{b-1} \tag{2.9}$$

其中,$\Gamma(a)$ 为 Gamma 函数:

$$\Gamma(a) = \int_0^{+\infty} t^{a-1} \mathrm{e}^{-t} \mathrm{d}t \tag{2.10}$$

$\mathrm{B}(a,b)$ 为 Beta 函数:

$$\mathrm{B}(a,b) = \frac{\Gamma(a)\Gamma(b)}{\Gamma(a+b)} \tag{2.11}$$

当 $a=b=1$ 时,贝塔分布退化为均匀分布。图 2.3 展示了几种不同参数的贝塔分布。

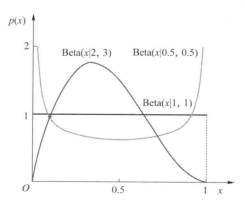

图 2.3　几种不同参数的贝塔分布

狄利克雷分布(Dirichlet distribution)也是针对取值在 $[0,1]$ 上的连续变量的概率分布。对于一个 d 维变量 x,有 $\sum\limits_{i=1}^{d} x_i = 1$,如果 x 的概率密度函数为

$$p(x\,|\,\alpha) = \mathrm{Dir}(x\,|\,\alpha) = \frac{\Gamma(\alpha_0)}{\Gamma(\alpha_1)\cdots\Gamma(\alpha_d)}\prod_{i=1}^{d}x_i^{\alpha_i-1} \qquad(2.12)$$

其中,参数 $\alpha=(\alpha_1,\alpha_2,\cdots,\alpha_d)$, $\alpha_i>0$, $\alpha_0=\sum_{i=1}^{d}\alpha_i$,则 x 服从于参数为 α 的狄利克雷分布。对称狄利克雷分布是参数 α 中每个分量都相等($\alpha_1=\alpha_2=\cdots=\alpha_d$)的狄利克雷分布。当 $d=2$ 时,狄利克雷分布退化为贝塔分布。

5. 共轭先验分布

在贝叶斯统计中,如果后验分布与先验分布属于同类,则先验分布与后验分布被称为共轭分布,先验分布被称为似然函数的共轭先验。共轭分布的具体解释为:假设变量 x 服从概率分布 $P(x\,|\,\theta)$,其中 θ 为参数, $X=\{x_1,x_2,\cdots,x_m\}$ 为变量 x 的观测样本,假设 θ 服从先验分布 $H(\theta)$,若由先验分布 $H(\theta)$ 和抽样分布 $P(X\,|\,\theta)$ 决定的后验分布 $F(\theta\,|\,X)$ 与 $H(\theta)$ 为同类型分布,则先验分布 $H(\theta)$ 与后验分布 $F(\theta\,|\,X)$ 为共轭分布,先验分布 $H(\theta)$ 为概率分布 $P(x\,|\,\theta)$ 或 $P(X\,|\,\theta)$ 的共轭先验。

下面用具体样例来说明共轭先验分布。假设 $x\sim\mathrm{Bern}(x\,|\,\mu)$, $X=\{x_1,x_2,\cdots,x_m\}$ 为观测样本, $\bar{x}$ 为观测样本的均值, $\mu\sim\mathrm{Beta}(\mu\,|\,a,b)$,其中 a、b 为已知参数,则 μ 的后验分布为

$$
\begin{aligned}
F(\mu\,|\,X) &\propto \mathrm{Beta}(\mu\,|\,a,b)P(X\,|\,\mu)\\
&= \frac{\mu^{a-1}(1-\mu)^{b-1}}{\mathrm{B}(a,b)}\mu^{m\bar{x}}(1-\mu)^{m-m\bar{x}}\\
&= \frac{1}{\mathrm{B}(a+m\bar{x},b+m-m\bar{x})}\mu^{a+m\bar{x}-1}(1-\mu)^{b+m-m\bar{x}-1}\\
&= \mathrm{Beta}(\mu\,|\,a',b')
\end{aligned}
\qquad(2.13)
$$

其中, $a'=a+m\bar{x}$, $b'=b+m-m\bar{x}$。可以看出, μ 的后验分布 $F(\mu\,|\,X)$ 也是贝塔分布,也就是说贝塔分布与伯努利分布共轭。同理,可推导出多项分布与狄利克雷分布共轭,高斯分布的共轭仍是高斯分布。各概率分布的关系如图2.4所示。

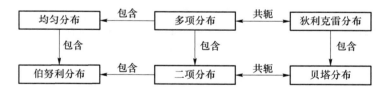

图2.4　各概率分布的关系

共轭先验分布对于概率生成模型有着重要意义。先验分布反映了某种先验信息,而后验分布反映了先验分布的信息与样本的信息。当先验分布与抽样分布共轭时,后验分布与先验分布属于同种类型,意味着先验信息与样本信息具有某种统一性。因此,共轭先验分布使得参数的后验与先验具有相同格式,这在不少情况下会使问题得以简化,如使观察变量的概率分布与用于预测未知数据的概率分布更容易计算,使模型更新也更加方便。

2.1.2　常见概率生成模型

概率生成模型包括高斯混合模型、朴素贝叶斯模型、隐马尔可夫模型、潜在狄利克雷分配模型和概率潜在语义分析模型等。本节只对前3种经典概率生成模型进行说明,讨论各模型的定义、参数估计算法、学习方法及优缺点。

1. 高斯混合模型

1）定义：

高斯混合模型（Gaussian Mixture Model，GMM）是指具有如式（2.14）形式的概率分布模型：

$$P(x \mid \theta) = \sum_{i=1}^{k} \alpha_i \phi(x \mid \theta_i) \qquad (2.14)$$

该模型由 k 个分模型组成，每个分模型对应一个高斯分布。其中，α_i 为混合系数，$\alpha_i \geqslant 0$ 且 $\sum_{i=1}^{k} \alpha_i = 1$；$\phi(x \mid \theta_i)$ 为第 i 个分模型；$\theta_i = (\mu_i, \Sigma_i)$ 为第 i 个分模型的高斯分布参数；高斯混合模型的参数 $\theta = (\alpha_1, \alpha_2, \cdots, \alpha_k; \theta_1, \theta_2, \cdots, \theta_k)$。

2）参数估计算法

假设观测数据 $X = \{x_1, x_2, \cdots, x_n\}$ 由高斯混合模型生成，分模型为一维高斯分布，采用 EM 算法（expectation maximization algorithm，期望极大算法）估计高斯混合模型的参数 θ，步骤如下。

（1）明确隐变量，写出完全数据的对数似然函数

假设观测数据 $x_j, j = 1, 2, \cdots, n$，产生过程为：首先按照概率 α_i 选择第 i 个高斯分布模型 $\phi(x \mid \theta_i)$，然后根据第 i 个分模型的概率分布 $\phi(x \mid \theta_i)$ 生成观测数据 x_j。此时，观测数据 x_j 是已知的，而反映观测数据 x_j 来自第 $i(i = 1, 2, \cdots, k)$ 个分模型的概率是未知的，此概率以隐变量 γ_{ji} 表示，其定义如式（2.15）所示：

$$\gamma_{ji} = \begin{cases} 1, & \text{第 } j \text{ 个观测数据来自第 } i \text{ 个分模型} \\ 0, & \text{其他} \end{cases} \qquad (2.15)$$

有了观测数据 x_j 及隐变量 γ_{ji}，可知完全数据：

$$(x_j, \gamma_{j1}, \gamma_{j2}, \cdots, \gamma_{jk}), \quad j = 1, 2, \cdots, n \qquad (2.16)$$

于是，可以写出完全数据的似然函数：

$$\begin{aligned} P(x, \gamma \mid \theta) &= \prod_{j=1}^{n} P(x_j, \gamma_{j1}, \gamma_{j2}, \cdots, \gamma_{jk} \mid \theta) \\ &= \prod_{i=1}^{k} \prod_{j=1}^{n} [\alpha_i \phi(x_j \mid \theta_i)]^{\gamma_{ji}} \\ &= \prod_{i=1}^{k} \alpha_i^{N_i} \prod_{j=1}^{n} [\phi(x_j \mid \theta_i)]^{\gamma_{ji}} \\ &= \prod_{i=1}^{k} \alpha_i^{N_i} \prod_{j=1}^{n} \left[\frac{1}{\sqrt{2\pi\sigma_i^2}} \exp\left(-\frac{(x_j - \mu_i)^2}{2\sigma_i^2}\right) \right]^{\gamma_{ji}} \end{aligned} \qquad (2.17)$$

其中，$N_i = \sum_{j=1}^{n} \gamma_{ji}$，$\sum_{i=1}^{k} N_i = n$。则完全数据的对数似然函数为

$$\log P(x, \gamma \mid \theta) = \sum_{i=1}^{k} \left\{ N_i \log \alpha_i + \sum_{j=1}^{n} \gamma_{ji} \left[\log\left(\frac{1}{\sqrt{2\pi}}\right) - \log \sigma_i - \frac{1}{2\sigma_i^2}(x_j - \mu_i)^2 \right] \right\} \qquad (2.18)$$

（2）EM 算法的 E 步，确定 Q 函数

$$Q(\theta, \theta^{(m)}) = E[\log P(x, \gamma \mid \theta) \mid x, \theta^{(m)}]$$

$$= E\left\{\sum_{i=1}^{k}\left\{N_i\log\alpha_i + \sum_{j=1}^{n}\gamma_{ji}\left[\log\left(\frac{1}{\sqrt{2\pi}}\right)-\log\sigma_i - \frac{1}{2\sigma_i^2}(x_j-\mu_i)^2\right]\right\}\right\}$$

$$= \sum_{i=1}^{k}\left\{\sum_{j=1}^{n}(E_{\gamma_{ji}})\log\alpha_i + \sum_{j=1}^{n}(E_{\gamma_{ji}})\left[\log\left(\frac{1}{\sqrt{2\pi}}\right)-\log\sigma_i - \frac{1}{2\sigma_i^2}(x_j-\mu_i)^2\right]\right\} \tag{2.19}$$

其中，需要计算 $E(\gamma_{ji}\,|\,x,\theta)$，记作 $\hat{\gamma}_{ji}$：

$$\hat{\gamma}_{ji} = E(\gamma_{ji}\,|\,x,\theta) = P(\gamma_{ji}=1\,|\,x,\theta)$$

$$= \frac{P(\gamma_{ji}=1,x_j\,|\,\theta)}{\sum\limits_{i=1}^{k}P(\gamma_{ji}=1,x_j\,|\,\theta)}$$

$$= \frac{P(x_j\,|\,\gamma_{ji}=1,\theta)P(\gamma_{ji}=1\,|\,\theta)}{\sum\limits_{i=1}^{k}P(x_j\,|\,\gamma_{ji}=1,\theta)P(\gamma_{ji}=1\,|\,\theta)}$$

$$= \frac{\alpha_i\phi(x_j\,|\,\theta_i)}{\sum\limits_{i=1}^{k}\alpha_i\phi(x_j\,|\,\theta_i)} \tag{2.20}$$

$\hat{\gamma}_{ji}$ 是在当前模型参数下第 j 个观测数据来自第 i 个分模型的概率，称为分模型 i 对观测数据 x_j 的响应度。将 $\hat{\gamma}_{ji} = E_{\gamma_{ji}}$ 与 $N_i = \sum\limits_{j=1}^{n}E_{\gamma_{ji}}$ 带入式（2.19），即得

$$Q(\theta,\theta^{(m)}) = \sum_{i=1}^{k}\left\{N_i\log\alpha_i + \sum_{j=1}^{n}\hat{\gamma}_{ji}\left[\log\left(\frac{1}{\sqrt{2\pi}}\right)-\log\sigma_i - \frac{1}{2\sigma_i^2}(x_j-\mu_i)^2\right]\right\} \tag{2.21}$$

（3）EM 算法的 M 步

迭代的 M 步时求函数 $Q(\theta,\theta^{(m)})$ 对于 θ 的极大值，即求新一轮迭代的模型参数：

$$\theta^{(m+1)} = \arg\max_{\theta} Q(\theta,\theta^{(m)}) \tag{2.22}$$

用 $\hat{\mu}_i$、$\hat{\sigma}_i^2$ 和 $\hat{\alpha}_i$ 表示 $\theta^{(m+1)}$ 的各参数：求 $\hat{\mu}_i$ 和 $\hat{\sigma}_i^2$ 时只需要将式（2.21）分别对二者求偏导并使偏导数等于 0 即可，求 $\hat{\alpha}_i$ 时在 $\sum\limits_{i=1}^{k}\alpha_i = 1$ 条件下对 $\hat{\alpha}_i$ 求偏导并令偏导数等于 0 即可。结果如下：

$$\hat{\mu}_i = \frac{\sum\limits_{j=1}^{n}\hat{\gamma}_{ji}x_j}{\sum\limits_{j=1}^{n}\hat{\gamma}_{ji}} \tag{2.23}$$

$$\hat{\sigma}_i^2 = \frac{\sum\limits_{j=1}^{n}\hat{\gamma}_{ji}(x_j-\mu_i)^2}{\sum\limits_{j=1}^{n}\hat{\gamma}_{ji}} \tag{2.24}$$

$$\hat{\alpha}_i = \frac{N_i}{n} = \frac{\sum\limits_{j=1}^{n}\hat{\gamma}_{ji}}{n} \tag{2.25}$$

重复式（2.22）～式（2.25），直到对数似然函数值不再有明显变化。

对上述步骤进行总结，针对高斯混合模型的参数估计算法——EM 算法如下所述。

① 输入观测数据 $X = \{x_1, x_2, \cdots, x_n\}$ 和高斯混合模型。

② 取参数初始值进行迭代。

③ E 步：根据当前模型参数，用式(2.20)计算分模型 i 对观测数据 x_j 的响应度 $\hat{\gamma}_{ji}$。

④ M 步：用式(2.23)～式(2.25)计算新一轮迭代的模型参数。

⑤ 重复③和④，直到算法收敛。

3）样例说明

下面用一个聚类问题对高斯混合模型进行说明：使用两个二元高斯分布生成 300 个混合数据点，使用参数：

$$\mu_1 = [1, 2], \quad \Sigma_1 = \begin{bmatrix} 3 & 0.2 \\ 0.2 & 2 \end{bmatrix}, \quad \mu_2 = [-1, -2], \quad \Sigma_2 = \begin{bmatrix} 2 & 0 \\ 0 & 1 \end{bmatrix}$$

其分布情况如图 2.5 所示。

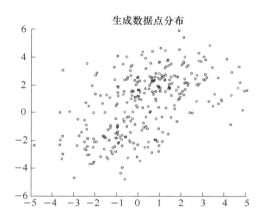

图 2.5　二元高斯分布生成数据的分布情况

设置分模型个数 $k = 2$，进行高斯混合模型聚类，经过多次迭代后，得到如图 2.6 所示结果。得到的 2 个分模型参数为

$$\hat{\mu}_1 = [0.699\,3, 1.680\,3], \quad \hat{\Sigma}_1 = \begin{bmatrix} 2.254\,0 & 0.342\,5 \\ 0.342\,5 & 1.920\,8 \end{bmatrix}$$

$$\hat{\mu}_2 = [-1.045\,5, -2.182\,4], \quad \hat{\Sigma}_2 = \begin{bmatrix} 2.076\,0 & 0.184\,9 \\ 0.184\,9 & 1.037\,9 \end{bmatrix}$$

但是当设置分模型参数为 3 时，会得到如图 2.7 所示结果。得到的 3 个分模型参数为

$$\hat{\mu}_1 = [0.757\,6, 1.730\,1], \quad \hat{\Sigma}_1 = \begin{bmatrix} 2.110\,5 & 0.255\,1 \\ 0.255\,1 & 1.844\,6 \end{bmatrix}$$

$$\hat{\mu}_2 = [-0.464\,9, -2.128\,3], \quad \hat{\Sigma}_2 = \begin{bmatrix} 1.140\,1 & 0.208\,3 \\ 0.208\,3 & 0.998\,3 \end{bmatrix}$$

$$\hat{\mu}_3 = [-3.055\,3, -1.900\,9], \quad \hat{\Sigma}_3 = \begin{bmatrix} 0.141\,8 & 0.069\,5 \\ 0.069\,5 & 1.925\,1 \end{bmatrix}$$

因此，使用高斯混合模型时，初值的选择、分模型个数的设置都会影响最终的结果，因此高斯混合模型的参数初始化方法也是一个值得探讨的问题。

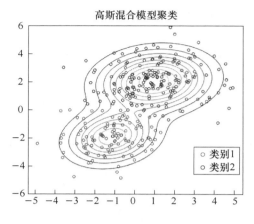

图 2.6　高斯混合模型聚类结果 1

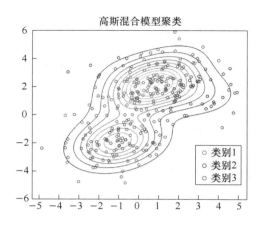

图 2.7　高斯混合模型聚类结果 2

2. 朴素贝叶斯模型

1）模型定义

图 2.6 和图 2.7 彩图

朴素贝叶斯模型（Naive Bayesian Model，NBM）是一种基于贝叶斯定理与特征条件独立假设的分类模型。对于给定的训练数据集，首先基于特征条件独立假设学习输入输出的联合概率分布，然后基于此模型对给定输入 x 利用贝叶斯定理求出后验概率最大的输出 y。

设输入空间 $\chi \subseteq R^n$ 为 n 维向量的集合，输出空间为类标记集合 $\Upsilon = \{c_1, c_2, \cdots, c_K\}$。输入为特征向量 $x \in \chi$，输出为类标记 $y \in \Upsilon$。X 是定义在 χ 上的随机向量，Y 是定义在 Υ 上的随机变量。$P(X,Y)$ 是 X 和 Y 的联合概率分布，训练数据集 $T = \{(x_1, y_1), (x_2, y_2), \cdots, (x_N, y_N)\}$ 由 $P(X,Y)$ 独立同分布产生。

朴素贝叶斯模型通过训练数据集学习联合概率分布 $P(X,Y)$，先学习先验概率分布和条件概率分布：

$$P(Y = c_k), \quad k = 1, 2, \cdots, K \tag{2.26}$$

$$P(X = x \mid Y = c_k) = P(X^{(1)} = x^{(1)}, \cdots, X^{(n)} = x^{(n)} \mid Y = c_k) \tag{2.27}$$

据此可得到联合概率分布 $P(X,Y)$。

同时，朴素贝叶斯模型对条件概率分布做了特征条件独立假设，即

$$P(X = x \mid Y = c_k) = P(X^{(1)} = x^{(1)}, \cdots, X^{(n)} = x^{(n)} \mid Y = c_k)$$

$$= \prod_{j=1}^{n} P(X^{(j)} = x^{(j)} \mid Y = c_k) \tag{2.28}$$

2）参数估计算法

下面对朴素贝叶斯模型的参数估计算法进行介绍。朴素贝叶斯模型的学习就是对 $P(Y = c_k)$ 与 $P(X^{(j)} = x^{(j)} \mid Y = c_k)$ 的估计，可以采用极大似然法估计相应概率。先验概率 $P(Y = c_k)$ 的极大似然估计为

$$P(Y = c_k) = \frac{\sum_{i=1}^{N} I(y_i = c_k)}{N} \tag{2.29}$$

设第 j 个特征 $x^{(j)}$ 可能取值的集合为 $\{a_{j1}, a_{j2}, \cdots, a_{jS_j}\}$，条件概率 $P(X^{(j)} = a_{jl} \mid Y = c_k)$ 的极大

似然估计为

$$P(X^{(j)} = a_{jl} \,|\, Y = c_k) = \frac{\sum_{i=1}^{N} I(x_i^{(j)} = a_{jl}, y_i = c_k)}{\sum_{i=1}^{N} I(y_i = c_k)} \tag{2.30}$$

$$j = 1, 2, \cdots, n; \ l = 1, 2, \cdots, S_j; \ k = 1, 2, \cdots, K$$

其中，$x_i^{(j)}$ 为第 i 个样本的第 j 个特征；a_{jl} 是第 j 个特征可能取的第 l 个值；I 为指示函数。

采用极大似然估计可能会出现概率为 0 的情况。为了解决这一问题，可以采用贝叶斯估计。对于条件概率的贝叶斯估计公式为

$$P(X^{(j)} = a_{jl} \,|\, Y = c_k) = \frac{\sum_{i=1}^{N} I(x_i^{(j)} = a_{jl}, y_i = c_k) + \lambda}{\sum_{i=1}^{N} I(y_i = c_k) + S_j\lambda} \tag{2.31}$$

其中，$\lambda \geqslant 0$。当 $\lambda = 0$ 时，上式表示极大似然估计；$\lambda > 0$ 等价于在随机变量各取值的频数上加一个正数，常取 $\lambda = 1$，这个过程也被称为拉普拉斯平滑。显然，对于任何 $l = 1, 2, \cdots, S_j, k = 1, 2, \cdots, K$，有以下性质：

$$P(X^{(j)} = a_{jl} \,|\, Y = c_k) > 0 \tag{2.32}$$

$$\sum_{l=1}^{S_j} P(X^{(j)} = a_{jl} \,|\, Y = c_k) = 1 \tag{2.33}$$

可知式（2.31）符合概率分布要求。同样，先验概率的贝叶斯估计公式为

$$P(Y = c_k) = \frac{\sum_{i=1}^{N} I(y_i = c_k) + \lambda}{N + K\lambda} \tag{2.34}$$

3）学习与分类

采用朴素贝叶斯模型进行分类时，对于给定输入 x，计算后验概率分布 $P(Y = c_k \,|\, X = x)$，将后验概率最大的类作为 x 的类别输出。后验概率根据式（2.35）进行计算：

$$P(Y = c_k \,|\, X = x) = \frac{P(X = x \,|\, Y = c_k)P(Y = c_k)}{\sum_k P(X = x \,|\, Y = c_k)P(Y = c_k)} \tag{2.35}$$

将式（2.28）带入式（2.35），得到

$$P(Y = c_k \,|\, X = x) = \frac{P(Y = c_k)\prod_j P(X^{(j)} = x^{(j)} \,|\, Y = c_k)}{\sum_k P(Y = c_k)\prod_j P(X^{(j)} = x^{(j)} \,|\, Y = c_k)} \tag{2.36}$$

这就是朴素贝叶斯模型分类的基本公式。朴素贝叶斯分类器可以表示为

$$y = f(x) = \arg\max_{c_k} \frac{P(Y = c_k)\prod_j P(X^{(j)} = x^{(j)} \,|\, Y = c_k)}{\sum_k P(Y = c_k)\prod_j P(X^{(j)} = x^{(j)} \,|\, Y = c_k)}$$

$$= \arg\max_{c_k} P(Y = c_k)\prod_j P(X^{(j)} = x^{(j)} \,|\, Y = c_k) \tag{2.37}$$

4）样例说明

下面对一个简单的小数据集基于朴素贝叶斯模型进行学习与分类。该数据集如表 2-5 所示，其中，$X^{(1)}$ 和 $X^{(2)}$ 为特征，取值集合为 $A_1 = \{1, 2, 3\}$ 与 $A_2 = \{S, M, L\}$，Y 为类标记，$Y \in C = \{1, -1\}$。

表 2-5　训练用数据集

	1	2	3	4	5	6	7	8	9	10	11	12	13	14	15
$X^{(1)}$	1	1	1	1	1	2	2	2	2	2	3	3	3	3	3
$X^{(2)}$	S	M	M	S	S	S	M	M	L	L	L	M	M	L	L
Y	-1	-1	1	1	-1	-1	-1	1	1	1	1	1	1	1	-1

针对这一训练用数据集,朴素贝叶斯模型的学习过程如下。

根据式(2.29)和式(2.30)可以得到

$$P(Y=1)=\frac{9}{15}, \quad P(Y=-1)=\frac{6}{15}$$

$$P(X^{(1)}=1|Y=1)=\frac{2}{9}, \quad P(X^{(1)}=2|Y=1)=\frac{3}{9}, \quad P(X^{(1)}=3|Y=1)=\frac{4}{9}$$

$$P(X^{(2)}=S|Y=1)=\frac{1}{9}, \quad P(X^{(2)}=M|Y=1)=\frac{4}{9}, \quad P(X^{(2)}=L|Y=1)=\frac{4}{9}$$

$$P(X^{(1)}=1|Y=-1)=\frac{3}{6}, \quad P(X^{(1)}=2|Y=-1)=\frac{2}{6}, \quad P(X^{(1)}=3|Y=1)=\frac{1}{6}$$

$$P(X^{(2)}=S|Y=-1)=\frac{3}{6}, \quad P(X^{(2)}=M|Y=-1)=\frac{2}{6}, \quad P(X^{(2)}=L|Y=-1)=\frac{1}{6}$$

对于数据集中没有出现过的 $x_1=(1,L)$ 进行分类:

$$P(Y=1)P(X^{(1)}=1|Y=1)P(X^{(2)}=L|Y=1)=\frac{9}{15}\times\frac{2}{9}\times\frac{4}{9}=\frac{8}{135}$$

$$P(Y=-1)P(X^{(1)}=1|Y=-1)P(X^{(2)}=L|Y=-1)=\frac{6}{15}\times\frac{3}{6}\times\frac{1}{6}=\frac{1}{30}$$

因为 $P(Y=1)P(X^{(1)}=1|Y=1)P(X^{(2)}=L|Y=1)$ 较大,所以 $y_1=1$。

上例仅是最简单的一种朴素贝叶斯分类,事实上根据数据先验概率 $P(Y)$ 的不同,还可以将其进一步分为高斯朴素贝叶斯、伯努利朴素贝叶斯、多项式朴素贝叶斯等,这样,在计算条件概率 $P(X|Y)$ 时可以直接采用对应概率分布已有的公式,降低复杂度。

3. 隐马尔可夫模型

1)定义

隐马尔可夫模型(Hidden Marlov Model,HMM)是一种可用于标注问题的统计学习模型。隐马尔可夫模型是关于时序的概率模型,描述先由一个隐马尔可夫链随机生成不可观测的状态随机序列,再由各个状态生成一个观测,从而产生观测随机序列的过程。隐马尔可夫链随机生成的状态构成的序列,称为状态序列;每个状态生成一个观测,由此产生的观测的随机序列,称为观测序列。

对隐马尔可夫模型的形式定义如下:设 Q 为所有可能的状态的集合,$Q=\{q_1,q_2,\cdots,q_N\}$;V 为所有可能的观测的集合,$V=\{v_1,v_2,\cdots,v_M\}$;I 为长度为 T 的状态序列 $I=\{i_1,i_2,\cdots,i_T\}$;O 为对应的观测序列 $O=\{o_1,o_2,\cdots,o_T\}$;A 是状态转移概率矩阵,$A=[a_{ij}]_{N\times N}$,其中 $a_{ij}=P(i_{t+1}=q_j|i_t=q_i)$,$a_{ij}$ 表示时刻 t 处于状态 q_i 而时刻 $t+1$ 处于状态 q_j 的概率;B 是观测概率矩阵,$B=[b_j(k)]_{N\times M}$,其中 $b_j(k)=P(o_t=v_k|i_t=q_j)$,$b_j(k)$ 表示时刻 t 处于状态 q_j 时生成观测 v_k 的概率;π 是初始状态概率向量,$\pi=(\pi_i)$,其中 $\pi_i=P(i_1=q_i)$,π_i 表示时刻 $t=1$ 处于状态 q_i 的概率。隐马尔可夫模型由状态转移概率矩阵 A、观测概率矩阵 B 和初始状态概率向量 π 决定,π 和 A 决定状态序列,B 决定观测序列。因此,隐马尔可夫模型 λ 可以表示为 $\lambda=$

(A,B,π)，而 A、B 和 π 被称为隐马尔可夫模型三要素。

隐马尔可夫模型包含以下两个基本假设：

① 齐次马尔可夫性，即假设隐马尔可夫链在任意时刻 t 的状态只与前一时刻的状态有关，而与其他时刻的状态及观测无关，也与时刻 t 无关。

$$P(i_t \mid i_{t-1}, o_{t-1}, \cdots, i_1, o_1) = P(i_t \mid i_{t-1}) \tag{2.38}$$

② 观测独立性，即假设任意时刻的观测只与该时刻的马尔可夫链的状态有关，而与其他观测及状态无关。

$$P(o_t \mid i_T, o_T, i_{T-1}, o_{T-1}, \cdots, i_{t+1}, o_{t+1}, i_t, i_{t-1}, o_{t-1}, \cdots, i_1, o_1) = P(o_t \mid i_t) \tag{2.39}$$

2）三个基本问题

隐马尔可夫模型存在三个基本问题，下面针对这三个基本问题进行说明。

（1）概率计算问题

对于给定模型 $\lambda = (A, B, \pi)$ 和观测序列 $O = \{o_1, o_2, \cdots, o_T\}$，计算在模型 λ 下观测序列 O 出现的概率 $P(O \mid \lambda)$。求解这一问题有两种算法——前向算法与后向算法，下面对这两种算法分别进行介绍。

介绍前向算法前，首先定义前向概率 $\alpha_t(i) = P(o_1, o_2, \cdots, o_t, i_t = q_i \mid \lambda)$，这样就可以递推求得前向概率 $\alpha_t(i)$ 与观测序列概率 $P(O \mid \lambda)$。前向算法的步骤如下：

① 输入为隐马尔可夫模型 λ 与观测序列 O；

② 计算初值 $\alpha_1(i) = \pi_i b_i(o_1)$；

③ 递推，对于 $t = 2, \cdots, T-1$，有

$$\alpha_{t+1}(i) = \left[\sum_{j=1}^{N} \alpha_t(j) a_{ji}\right] b_i(o_{t+1}) \tag{2.40}$$

④ 终止递推，得到

$$P(O \mid \lambda) = \sum_{i=1}^{N} \alpha_T(i) \tag{2.41}$$

在介绍后向算法前，先定义后向概率 $\beta_t(i) = P(o_{t+1}, o_{t+2}, \cdots, o_T \mid i_t = q_i, \lambda)$，这样就可以递推求得后向概率 $\beta_t(i)$ 与观测序列概率 $P(O \mid \lambda)$。后向算法的步骤如下：

① 输入为隐马尔可夫模型 λ 与观测序列 O；

② 计算初值 $\beta_T(i) = 1$；

③ 递推，对于 $t = T-1, T-2, \cdots, 1$，有

$$\beta_t(i) = \sum_{j=1}^{N} a_{ij} b_j(o_{t+1}) \beta_{t+1}(j) \tag{2.42}$$

④ 终止递推，得到

$$P(O \mid \lambda) = \sum_{j=1}^{N} \pi_i b_i(o_1) \beta_1(i) \tag{2.43}$$

结合前向概率和后向概率，可以将观测序列概率 $P(O \mid \lambda)$ 表示为

$$P(O \mid \lambda) = \sum_{i=1}^{N} \sum_{j=1}^{N} \alpha_t(i) a_{ij} b_j(o_{t+1}) \beta_{t+1}(j) \tag{2.44}$$

（2）参数估计问题

对于隐马尔可夫模型的参数估计问题，根据训练数据是包括观测序列和对应状态序列还是只有观测序列，将机器学习分为两种情况：监督学习与无监督学习。下面对这两种情况的参数估计方法分别进行说明。

在监督学习时,假设训练数据包括 S 个长度相同的观测序列和对应的状态序列$\{(O_1,I_1),(O_2,I_2),\cdots,(O_S,I_S)\}$,利用极大似然估计法来计算隐马尔可夫模型的参数。设样本中时刻 t 处于状态 i 而时刻 $t+1$ 处于状态 j 的频数为 A_{ij},则状态转移概率 a_{ij} 的估计为

$$\hat{a}_{ij} = \frac{A_{ij}}{\sum\limits_{j=1}^{N} A_{ij}} \tag{2.45}$$

设样本中状态为 j 且观测为 k 的频数为 B_{jk},则观测概率 $b_j(k)$ 的估计为

$$\hat{b}_j(k) = \frac{B_{jk}}{\sum\limits_{k=1}^{M} B_{jk}} \tag{2.46}$$

而初始状态概率 π_i 的估计$\hat{\pi}_i$为 S 个样本中初始状态为 q_i 的概率。

在无监督学习时,假设训练数据只包括 S 个长度为 T 的观测序列$\{O_1,O_2,\cdots,O_S\}$,将观测序列数据看作观测数据 O,状态序列数据看作隐变量 I,则隐马尔可夫模型变成了一个含有隐变量的概率模型:

$$P(O|\lambda) = \sum_I P(O|I,\lambda)P(I|\lambda) \tag{2.47}$$

其参数估计可以采用 EM 算法实现。首先确定完全数据的对数似然函数,将所有观测数据 $O=\{o_1,o_2,\cdots,o_T\}$ 和隐数据 $I=(i_1,i_2,\cdots,i_T)$ 合为完全数据 $(O,I)=\{o_1,o_2,\cdots,o_T,i_1,i_2,\cdots,i_T\}$,其对数似然函数为 $\log P(O,I|\lambda)$;然后通过 EM 算法的 E 步,求 Q 函数 $Q(\lambda,\bar{\lambda})$。

$$Q(\lambda,\bar{\lambda}) = E_I[\log P(O,I|\lambda)|O,\bar{\lambda}] = \sum_I \log P(O,I|\lambda)P(O,I|\bar{\lambda}) \tag{2.48}$$

式(2.48)中省略了常数因子 $\dfrac{1}{P(O|\bar{\lambda})}$。其中,$\bar{\lambda}$ 为参数当前估计值,λ 是要极大化的参数。可知:

$$P(O,I|\lambda) = \pi_{i_1} b_{i_1}(o_1) a_{i_1 i_2} b_{i_2}(o_2) \cdots a_{i_{T-1} i_T} b_{i_T}(o_T) \tag{2.49}$$

于是,$Q(\lambda,\bar{\lambda})$ 可写为

$$Q(\lambda,\bar{\lambda}) = \sum_I \log \pi_{i_1} P(O,I|\bar{\lambda}) + \sum_I \left(\sum_{t=1}^{T-1} \log a_{i_t a_{i_{t+1}}} \right) P(O,I|\bar{\lambda}) + \sum_I \left(\sum_{t=1}^{T} \log b_{i_t}(o_t) \right) P(O,I|\bar{\lambda}) \tag{2.50}$$

之后进行 EM 算法的 M 步,极大化 Q 函数 $Q(\lambda,\bar{\lambda})$ 求解模型参数,因为存在约束条件 $\sum\limits_{i=1}^{N}\pi_i=1$,$\sum\limits_{i=1}^{N}a_{ij}=1$,$\sum\limits_{k=1}^{M}b_j(k)=1$ 且只有在 $o_t=v_k$ 时 $b_j(o_t)$ 对于 $b_j(k)$ 的偏导不为 0,利用拉格朗日乘子法构造拉格朗日函数并求偏导使其为 0,得到各模型参数计算公式如下:

$$\pi_i = \frac{P(O,i_1=i|\lambda)}{P(O|\bar{\lambda})} \tag{2.51}$$

$$a_{ij} = \frac{\sum\limits_{t=1}^{T-1} P(O,i_t=i,i_{t+1}=j|\bar{\lambda})}{\sum\limits_{t=1}^{T-1} P(O,i_t=i|\bar{\lambda})} \tag{2.52}$$

$$b_j(k) = \frac{\sum\limits_{t=1}^{T} P(O,i_t=j|\bar{\lambda})I(o_t=v_k)}{\sum\limits_{t=1}^{T} P(O,i_t=j|\bar{\lambda})} \tag{2.53}$$

对上述步骤进行总结,针对无监督学习情况的隐马尔可夫模型参数估计的 EM 算法如下所述:

① 输入观测数据 $O=\{o_1,o_2,\cdots,o_T\}$;

② 初始化,对 $n=0$,选取 $a_{ij}^{(0)}$,$b_j^{(0)}(k)$,$\pi_i^{(0)}$ 得到模型 $\lambda^{(0)}=(A^{(0)},B^{(0)},\pi^{(0)})$;

③ 递推,对于 $n=0,1,\cdots$,将 $O=\{o_1,o_2,\cdots,o_T\}$ 和模型 $\lambda^{(n)}=(A^{(n)},B^{(n)},\pi^{(n)})$ 带入式(2.51)~式(2.53)计算获得新的模型参数用于迭代;

④ 终止递推,得到最终的模型参数 $\lambda^{(n+1)}=(A^{(n+1)},B^{(n+1)},\pi^{(n+1)})$。

(3) 预测问题

对于给定模型 $\lambda=(A,B,\pi)$ 和观测序列 $O=\{o_1,o_2,\cdots,o_T\}$,求对于给定观测序列使得条件概率 $P(I|O)$ 最大的状态序列 $I=\{i_1,i_2,\cdots,i_T\}$,也就是求给定观测序列最有可能对应的状态序列。求解这一问题主要采用维特比算法,下面对这一算法进行说明。

维特比算法采用动态规划求解预测问题,即用动态规划求概率最大路径,这一路径对应一个状态序列。根据动态规划原理,最优路径满足:如果最优路径在时刻 t 通过结点 i_t^*,那么从结点 i_t^* 到终点 i_T^* 的部分路径必然是所有可能中最优的,否则就可以找到另一条更优的完整路径,这与最优路径相互矛盾。根据这一原理,只需从时刻 $t=1$ 开始,递推计算在时刻 t 状态为 i 的各条部分路径的最大概率,直到得到时刻 T 状态为 i 的各条路径的最大概率。时刻 $t=T$ 的最大概率即为最优路径的概率 P^*,对应的状态 i_T^* 就是最优路径的终结点。之后从终结点 i_T^* 开始向前逐步求结点 $i_{T-1}^*,\cdots,i_1^*$,从而获得最优路径 $I^*=(i_1^*,i_2^*,\cdots,i_T^*)$。

维特比算法的具体步骤如下。

① 输入模型 $\lambda=(A,B,\pi)$ 和观测序列 $O=\{o_1,o_2,\cdots,o_T\}$。

② 初始化:

$$\delta_1(i)=\pi_i b_i(o_1),\quad i=1,2,\cdots,N \tag{2.54}$$

$$\psi_1(i)=0,\quad i=1,2,\cdots,N \tag{2.55}$$

③ 递推,对于 $t=2,3,\cdots,T$,有

$$\delta_t(i)=\max_{1\leqslant j\leqslant N}[\delta_{t-1}(j)a_{ji}]b_i(o_t),\quad i=1,2,\cdots,N \tag{2.56}$$

$$\psi_t(i)=\arg\max_{1\leqslant j\leqslant N}[\delta_{t-1}(j)a_{ji}],\quad i=1,2,\cdots,N \tag{2.57}$$

④ 终止递推,得到

$$P^*=\max_{1\leqslant i\leqslant N}\delta_T(i) \tag{2.58}$$

$$i_T^*=\arg\max_{1\leqslant i\leqslant N}[\delta_T(i)] \tag{2.59}$$

⑤ 回溯最优路径,对于 $t=T-1,T-2,\cdots,1$,有

$$i_t^*=\psi_{t+1}(i_{t+1}^*) \tag{2.60}$$

获得最优路径 $I^*=(i_1^*,i_2^*,\cdots,i_T^*)$。

3) 样例说明

首先举例说明较为简单的概率计算问题与预测问题。设有隐马尔可夫模型 $\lambda=(A,B,\pi)$,状态集合 $Q=\{1,2,3\}$,观测集合 $V=\{M,N\}$,模型参数为

$$A=\begin{bmatrix}0.5 & 0.2 & 0.3\\0.3 & 0.5 & 0.2\\0.2 & 0.3 & 0.5\end{bmatrix},\quad B=\begin{bmatrix}0.5 & 0.5\\0.4 & 0.6\\0.7 & 0.3\end{bmatrix},\quad \pi=\begin{bmatrix}0.2\\0.4\\0.4\end{bmatrix}$$

设 $T=3$,观测序列 $O=\{M,N,M\}$,以下采用前向算法计算 $P(O|\lambda)$。

（1）计算初值

$$\alpha_1(1)=\pi_1 b_1(o_1)=0.1, \quad \alpha_1(2)=\pi_2 b_2(o_1)=0.16, \quad \alpha_1(3)=\pi_3 b_3(o_1)=0.28$$

（2）递推计算

$t=2$ 时：

$$\alpha_2(1)=\Big[\sum_{j=1}^{3}\alpha_1(j)a_{j1}\Big]b_1(o_2)=0.154\times0.5=0.077$$

$$\alpha_2(2)=\Big[\sum_{j=1}^{3}\alpha_1(j)a_{j2}\Big]b_2(o_2)=0.184\times0.6=0.1104$$

$$\alpha_2(3)=\Big[\sum_{j=1}^{3}\alpha_1(j)a_{j3}\Big]b_3(o_2)=0.202\times0.3=0.0606$$

$t=3$ 时：

$$\alpha_3(1)=\Big[\sum_{j=1}^{3}\alpha_2(j)a_{j1}\Big]b_1(o_3)=0.08374\times0.5=0.04187$$

$$\alpha_3(2)=\Big[\sum_{j=1}^{3}\alpha_2(j)a_{j2}\Big]b_2(o_3)=0.08878\times0.4=0.035512$$

$$\alpha_3(3)=\Big[\sum_{j=1}^{3}\alpha_2(j)a_{j3}\Big]b_3(o_3)=0.07548\times0.7=0.052836$$

（3）终止

$$P(O|\lambda)=\sum_{i=1}^{3}\alpha_3(i)=0.130218$$

已知观测序列 $O=\{M,N,M\}$，以下采用维特比算法求最优状态序列 $I^*=(i_1^*,i_2^*,i_3^*)$。

（1）初始化

$$\delta_1(1)=\pi_1 b_1(o_1)=0.1, \quad \delta_1(2)=\pi_2 b_2(o_1)=0.16, \quad \delta_1(3)=\pi_3 b_3(o_1)=0.28$$

$$\psi_1(i)=0, \quad i=1,2,3$$

（2）递推

$t=2$ 时：

$$\delta_2(1)=\max_{1\leqslant j\leqslant 3}[\delta_1(j)a_{j1}]b_1(o_2)=0.028, \quad \psi_2(1)=\arg\max_{1\leqslant j\leqslant 3}[\delta_1(j)a_{j1}]=3$$

$$\delta_2(2)=\max_{1\leqslant j\leqslant 3}[\delta_1(j)a_{j2}]b_2(o_2)=0.0504, \quad \psi_2(2)=\arg\max_{1\leqslant j\leqslant 3}[\delta_1(j)a_{j2}]=3$$

$$\delta_2(3)=\max_{1\leqslant j\leqslant 3}[\delta_1(j)a_{j3}]b_3(o_2)=0.042, \quad \psi_2(3)=\arg\max_{1\leqslant j\leqslant 3}[\delta_1(j)a_{j3}]=3$$

$t=3$ 时：

$$\delta_3(1)=\max_{1\leqslant j\leqslant 3}[\delta_2(j)a_{j1}]b_1(o_3)=0.00756, \quad \psi_3(1)=\arg\max_{1\leqslant j\leqslant 3}[\delta_2(j)a_{j1}]=2$$

$$\delta_3(2)=\max_{1\leqslant j\leqslant 3}[\delta_2(j)a_{j2}]b_2(o_3)=0.01008, \quad \psi_3(2)=\arg\max_{1\leqslant j\leqslant 3}[\delta_2(j)a_{j2}]=2$$

$$\delta_3(3)=\max_{1\leqslant j\leqslant 3}[\delta_2(j)a_{j3}]b_3(o_3)=0.0147, \quad \psi_3(3)=\arg\max_{1\leqslant j\leqslant 3}[\delta_2(j)a_{j3}]=3$$

（3）终止

$$P^*=\max_{1\leqslant i\leqslant 3}\delta_3(i)=0.0147, \quad i_3^*=\arg\max_{1\leqslant i\leqslant N}[\delta_3(i)]=3$$

（4）回溯最优路径

$t=2$ 时，$i_2^*=\arg\max_{1\leqslant i\leqslant N}[\delta_2(i)]=3$；$t=1$ 时，$i_1^*=\arg\max_{1\leqslant i\leqslant N}[\delta_1(i)]=3$。所以，最优状态序

列 $I^* = (i_1^*, i_2^*, i_3^*) = (3, 3, 3)$。

接下来举例说明参数估计问题。设有隐马尔可夫模型 $\lambda = (A, B, \pi)$，状态集合 $Q = \{1, 2\}$，观测集合 $V = \{a, b, c\}$，模型参数为

$$A = \begin{bmatrix} 0.8 & 0.2 \\ 0.3 & 0.7 \end{bmatrix}, \quad B = \begin{bmatrix} 0.2 & 0.7 & 0.1 \\ 0.4 & 0.2 & 0.4 \end{bmatrix}, \quad \pi = \begin{bmatrix} 0.8 \\ 0.2 \end{bmatrix}$$

生成 5 000 个训练数据分别进行监督学习和无监督学习，结果如表 2-6 和表 2-7 所示。

表 2-6　不同数量训练数据情况下隐马尔可夫模型监督学习结果

训练数据样本数	训练结果
500	$A = \begin{bmatrix} 0.781\,7 & 0.218\,3 \\ 0.288\,4 & 0.711\,6 \end{bmatrix}$, $B = \begin{bmatrix} 0.207\,0 & 0.687\,7 & 0.105\,3 \\ 0.376\,7 & 0.204\,7 & 0.418\,6 \end{bmatrix}$
5 000	$A = \begin{bmatrix} 0.801\,7 & 0.198\,3 \\ 0.299\,8 & 0.700\,2 \end{bmatrix}$, $B = \begin{bmatrix} 0.204\,9 & 0.696\,1 & 0.099\,0 \\ 0.372\,0 & 0.194\,1 & 0.433\,9 \end{bmatrix}$

表 2-7　不同数量训练数据情况下隐马尔可夫模型无监督学习结果

训练数据样本数	训练结果(初始化参数为随机参数)
500	$A = \begin{bmatrix} 0.768\,7 & 0.231\,3 \\ 0.447\,3 & 0.552\,7 \end{bmatrix}$, $B = \begin{bmatrix} 0.273\,3 & 0.726\,6 & 0 \\ 0.293\,0 & 0.003\,1 & 0.703\,9 \end{bmatrix}$
5 000	$A = \begin{bmatrix} 0.746\,0 & 0.254\,0 \\ 0.404\,9 & 0.595\,1 \end{bmatrix}$, $B = \begin{bmatrix} 0.168\,8 & 0.762\,5 & 0.068\,7 \\ 0.434\,9 & 0.072\,1 & 0.492\,9 \end{bmatrix}$

4. 各模型优缺点

1）高斯混合模型

高斯混合模型是一个无监督学习的密度估计算法，通常用于聚类操作。这里将其与传统聚类方法 K-means 进行对比。

优点：提供软聚类（数据集中的样本可以划分到一个或多个簇）；聚类的外观具有灵活性、一般性，能形成各种不同大小和形状的簇；使用较少参数就可以较好地描述数据。

缺点：采用的高斯分模型个数难以确定；参数估计的 EM 算法对初始值敏感；可能存在局部最优的情况；模型计算量较大，收敛速度慢；数据量较少时效果不好。

2）朴素贝叶斯模型

朴素贝叶斯模型是一种得到广泛应用的分类方法，这里将其与其他分类方法进行对比。

优点：具有稳定的分类效率；在小规模数据上表现好，能处理多分类任务，适合增量式训练；在大数据量训练和查询时具有较高速度，大规模训练集针对每个项目通常也只有较少的特征数；对缺失数据不敏感，算法较为简单；对结果的可解释性较好。

缺点：理论上具有最小的误差率，但其采用的特征独立假设在实际应用中往往不成立，当特征数较多或者特征之间相关性较大时，分类效果变差；需要知道先验概率，假设的先验模型也会影响分类精度；对输入数据的表达形式敏感；分类决策存在错误率。

3）隐马尔可夫模型

隐马尔可夫模型是可用于标注问题的统计学习模型，广泛应用在时序问题以及语音识别

等问题上。下面对其优缺点进行说明。

优点:模型较为简单,具有广泛的适应性;与神经网络等算法相比,其参数具有较为实质的含义;任何时刻的观测结果只与该时刻的状态有关,适合解释不确定中间状态的情况。

缺点:无记忆性,不能充分利用上下文信息,如果想利用更多已知信息,需要建立高阶隐马尔可夫模型;目标函数与预测目标函数不匹配,学习到状态和观测序列联合分布 $P(I,O)$,而需要条件概率 $P(I|O)$。

2.1.3　概率生成模型应用

概率生成模型在模式识别、机器学习等领域都有着广泛应用。概率生成模型通过对已知数据和未知数据的联合概率进行建模,利用贝叶斯法则计算未知数据的后验概率,从而实现对未知数据的预测。下面对之前介绍的几种经典概率生成模型的实际应用进行说明。

高斯混合模型相较于其他模型而言,在图像识别、物体检测、声音识别等方面具有较高的准确性和稳定性。高斯混合模型在数据集分类、图像分割、特征提取、声音分割和识别等领域已经得到了成熟的应用。例如,采用高斯混合模型根据消费数据识别客户群,检测视频中运动的物体,在嘈杂的室外声音中提取出特定声音等。

朴素贝叶斯模型作为得到广泛应用的分类模型之一,在许多场合都可以与决策树和神经网络分类算法相媲美。朴素贝叶斯模型可以运用到大型数据库中,而且方法简单、分类准确率高、速度快。朴素贝叶斯模型主要运用于文本分类、垃圾邮件分类、信用评估、钓鱼网站检测等领域。

隐马尔可夫模型一开始用于处理语音和语言问题,如语音识别、机器翻译和拼写错误检查等领域。现在,隐马尔可夫模型在生物研究上,也被用于基因序列分析和蛋白质序列观测等。除此之外,金融界也采用隐马尔可夫模型辅助预测量化交易趋势,进行股票预测和投资等。

下面对隐马尔可夫模型的一个经典应用案例——*Illiac Suite* 的生成进行说明。1957 年,莱杰伦·希勒(Lejaren Hiller)和伦纳德·艾萨克森(Leonard Isaacson)使用隐马尔可夫模型生成了 *Illiac Suite*,这是世界上第一个完全使用计算机生成的音乐。为了生成这一组曲,他们先对用于训练的原始乐曲进行数字化处理,将传统的乐曲转变为适用于模型的一种时间序列,在这一序列中每个元素代表音乐在该时间节点的状态;之后,使用马尔可夫模型分析乐曲并进行推断,获得这些乐曲中包含的重复规律;在获得这些乐曲的规律之后,根据规律生成的随机音符组成相应的乐曲片段,并用乐曲中的和声、复调等规则对生成乐曲进行测试并进行适当修改,最终获得了包含 4 个乐章的 *Illiac Suite*。随着技术的不断进步,现在也已经有了多种可以生成音乐的传统模型和深度学习模型,这些模型现在已经在音乐创作、后期处理等领域得到了广泛应用。

除了已经介绍的几种经典概率生成模型外,其他概率生成模型也已被广泛应用:潜在狄利克雷分配(Latent Dirichlet Allocation,LDA)是文本集合的生成模型,作为基于贝叶斯学习的话题模型,是潜在语义分析(Latent Semantic Analysis,LSA)的扩展,在文本数据挖掘、图像处理、生物信息处理等领域广泛应用;受限玻尔兹曼机(Restricted Boltzmann Machine,RBM)也是一种生成模型,属于概率图模型,可以用于降维、分类、协同过滤、特征学习和主题建模等。

2.1.4　小结

（1）概率模型包括生成模型和判别模型。生成模型是先对已知数据 X 和未知数据 Y 的联合概率 $P(X,Y)$ 进行建模，然后将未知数据 Y 的后验概率分布 $P(Y\,|\,X)$ 作为预测模型。而判别模型由数据直接学习条件概率分布 $P(Y\,|\,X)$ 作为预测模型，而不考虑样本的生成模型。

（2）概率分布是概率生成模型的基础，常见概率分布之间存在相互关系，其中有一种重要关系就是共轭。共轭先验分布使生成模型参数的后验与先验具有相同格式，简化了模型参数的计算与更新问题。

（3）高斯混合模型由多个高斯分布的分模型混合组成，可以采用 EM 算法进行参数估计。当用于聚类时，相比于其他聚类算法，该模型具有灵活、简单的优势，但是要考虑参数初始化问题。

（4）朴素贝叶斯模型是一种基于贝叶斯定理与特征条件独立假设的分类模型，利用贝叶斯定理和输入与输出的联合概率模型进行分类预测。朴素贝叶斯模型可以使用极大似然估计模型参数，在特殊情况时需要采用贝叶斯估计。朴素贝叶斯模型的基本假设是条件独立性，这一假设简化了朴素贝叶斯的学习预测，使朴素贝叶斯模型高效且易于实现，但是也导致其分类性能不高。

（5）隐马尔可夫模型是关于时序的概率模型，先由一个隐马尔可夫随机链生成不可观测的状态序列，再由状态序列生成观测序列。隐马尔可夫模型包含三个基本问题：概率计算问题、参数估计问题和预测问题。虽然隐马尔可夫模型具有简单且适应性强的优势，但由于模型本身的限制，通常只应用于特定领域。

（6）概率生成模型已被成功应用在人工智能、模式识别、数据挖掘、自然语言处理、计算机视觉、信息检索、生物信息等领域，为其提供了关键技术。随着社会的发展与进步，概率生成模型将成为数据处理中不可或缺的关键技术之一。

2.1.5　习题

1. 列出几种常用的判别模型，并将判别模型与本节列出的生成模型进行比较，了解两者的联系与区别。

2. 根据已经证明的贝塔分布与伯努利分布共轭，尝试证明多项分布与狄利克雷分布共轭、高斯分布与自身共轭。

3. 参照 2.1.2 节的样例说明，实现基于高斯混合模型的样本数据生成和样本数据聚类算法，并了解高斯混合模型的参数初始化方法。

4. 参照 2.1.2 节的样例说明，按照拉普拉斯平滑进行估计，即 $\lambda=1$。

5. 参照 2.1.2 节的样例说明中针对概率计算问题与预测问题的模型参数，采用后向算法计算 $P(O\,|\,\lambda)$，并采用维特比算法计算在观测序列为 $O=\{N,M,N\}$ 时的最优状态序列 $I^{*}=(i_1^{*},i_2^{*},i_3^{*})$。

6. 查阅相关资料，了解概率生成模型在不同领域的具体应用。

2.2　玻尔兹曼机和深度信念网络

2.2.1　玻尔兹曼机

玻尔兹曼机(Boltzmann machine)是一种随机反馈神经网络,其结构和行为受到了统计力学中玻尔兹曼分布的启发。该模型由多个神经元组成,这些神经元可以相互连接并具有随机状态。在训练过程中,玻尔兹曼机通过学习数据的统计规律来调整神经元之间的连接权重,从而实现对数据的表征和分类。它由杰弗里·辛顿(Geoffrey Hinton)和特里·谢泽诺斯基(Terry Sejnowski)在 1983 年发明。其结构如图 2.8 所示。

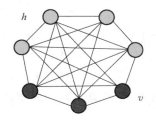

图 2.8　玻尔兹曼机结构图

玻尔兹曼机的节点间可建立任意连接,它的节点(变量)按类型可以分为可观测变量(可见层)v 和不可观测变量(隐层)h,且每个节点都符合 $\{0,1\}$ 的伯努利分布。玻尔兹曼机是一种随机反馈神经网络,其运行机制基于概率和统计学。它引入统计概率来描述神经元的状态变化,而网络的平衡状态则服从 Boltzmann 分布。玻尔兹曼机使用模拟退火算法来寻找能量函数的最小值,从而实现学习和预测任务。在该算法中,网络通过随机地改变神经元的状态探索能量函数的更低状态。该过程中,温度参数起关键作用,它控制了退火过程中神经元状态转换的随机程度,从而决定了网络是否会陷入局部最优解。对数据的概率分布进行描述,简单来说就是取高斯分布、伯努利分布的形式。这些概率分布都可以写成基于能量函数(energy function)的形式 $E(x)$,在这里 $E(x)$ 被用来衡量输入(可见层)和输出(隐层)之间的匹配关系,能量越小,匹配度越高。基于能量的学习为各种概率和非概率的学习方法提供了一个统一的框架,特别是在图模型和其他结构化模型的非概率训练中发挥了关键作用。与传统的概率估计方法相比,基于能量的学习提供了一种替代方案,能够处理预测、分类或决策任务。相较于概率模型,基于能量的方法避免了估计归一化常数的相关问题,因此在许多应用场景中得到了广泛应用。此外,由于不存在标准化条件,基于能量的学习方法在机器学习模型的设计方面具有更大的灵活性。

在大多数概率模型中,能量函数也是一个核心概念。通常情况下,能量函数是从数据样本到实数值的映射,用于度量样本的质量或不合理程度:较低的能量值对应于更可能生成的样本,而较高的能量值对应于不太可能生成的样本。因此,通过最小化能量函数来生成样本,是许多基于能量的学习方法的核心思想之一。在机器学习中,常见的基于能量的模型包括受限玻尔兹曼机(restricted Boltzmann machine)和深度玻尔兹曼机(deep Boltzmann machine)等。

通过学习网络参数,这些模型能够捕捉输入数据的统计规律,并产生高质量的新样本。在能量模型中,能量函数是由多个能量项组成的,每个能量项对应于一个特定的模型约束或限制。例如,在因子分析模型中,能量函数可以包含一个用于限制隐变量间相关性的项,以及一个用于限制隐变量的数量的项。在计算机视觉、图像处理等任务中,能量函数可以包含一项表示像素间相似性的项,以及一项表示标签与数据之间一致性的项。

对于连续变量,每个数据点对应一个概率密度函数值,对应一个能量值,如此概率分布即可写成如下玻尔兹曼分布的形式,也叫作吉布斯分布(Gibbs distribution):

$$p(x) = \frac{e^{-E(x)}}{Z} \tag{2.61}$$

其中,Z 为概率归一化的分母,也称为配分函数(partition function),$Z = \int e^{-E(x)} dx$。由以上公式可知,概率值较高的位置对应着能量较低的点。

玻尔兹曼机是一种基于离散 Hopfield 网络的学习模型,结合了多层前馈神经网络和离散 Hopfield 网络的优点。它具有学习能力,并通过模拟退火算法寻求最优解。在这个模型中,需要学习的模型被视为高温物体,学习过程被视为一个降温达到热平衡的过程。在全局极小能量上下波动时,模型的能量将会收敛为一个分布,这个过程称为"模拟退火"。其名字来自冶金学中的专有名词"退火",即将材料加热后再以一定的速度冷却,可以减少晶格中的缺陷。最终,模型能量收敛得到的分布即为玻尔兹曼分布。与其他模型相比,玻尔兹曼机避免了概率模型中与估计归一化常数相关的问题,并允许更多的灵活性。这种基于能量的学习方法可以看作预测、分类或决策任务的概率估计的替代方法,而能量函数是机器学习中能量模型的核心概念,它从数据样本到实数值的映射度量样本的质量或不合理程度。

通俗地说,模拟退火是一种寻找全局最优解的方法。可以将其类比为一个人走在山路上,这个人想要到达山的最低点,如果他只是选择每一步都往下坡的方向走,他可能会到达山的某个局部最低点,而不一定是整座山的最低点。模拟退火的思想是,先把整个山加热,让山上的每个点都变得不稳定,再慢慢冷却,让山上的每个点都逐渐稳定下来,最终可以找到整座山的最低点,也就是全局最优解。这个思想在物理学里也有应用,即通过加热和冷却的过程,让物质达到平衡态,并找到能量最低、最稳定的状态。玻尔兹曼机给出了学习方式,该学习方式是一个简单的随机梯度上升(Stochastic Gradient Ascend,SGA)。SGA 的学习规则为

$$\Delta w_{ij} = \alpha \left[E_{P_{(data)}} \left[v_i h_j \right] - E_{P_{(model)}} \left[v_i h_j \right] \right]$$
$$P_{(data)} = P_{(data)}(v,h) = P_{(data)}(v) \cdot P_{(model)}(h \mid v)$$
$$P_{(model)} = P_{(model)}(v,h)$$

其中,$P_{(data)}(v)$ 表示由 N 个样本组成的经验分布,即数据本身;$P_{(model)}(h \mid v)$ 是由模型得出的后验分布,是联合概率分布,也就是模型本身。在玻尔兹曼机中,配分函数 Z 通常很难计算,因此分布的计算都是通过马尔可夫链蒙特卡罗(Markov Chain Monte Carlo,MCMC)采样来完成的。玻尔兹曼机采用了基于吉布斯采样的样本生成方法进行训练。玻尔兹曼机的吉布斯采样过程为:随机选择一个变量 X_i,然后根据其全条件概率 $P(X_i \mid X_{-i})$ 来设置其状态值,即以 $E(v,h)$ 的概率将变量 X_i 设为 1,否则为 0。经过一定时间的运行,玻尔兹曼机可以达到热平衡状态,此时系统的全局状态服从玻尔兹曼分布 $P(x)$,只与系统的能量有关,而与初始状态无关。然而,这个过程存在一个明显的缺点,即在面对过于复杂的问题时,很容易遇到收敛时间过长的问题。

　　尽管如此,玻尔兹曼机仍然是最早能够学习内部表示并能够(在足够的时间内)解决复杂组合优化问题的神经网络之一。然而,没有特定约束连接方式的玻尔兹曼机在实际机器学习问题中并没有被证明有实际用途,因此目前仅在理论上具有一定的意义。然而,受限玻尔兹曼机具有局部性和训练算法的赫布性质(Hebbian nature),以及类似于简单物理过程的并行性,如果连接方式受到约束,学习方式将足够高效,可以解决实际问题。

2.2.2　受限玻尔兹曼机

　　受限玻尔兹曼机(Restricted Boltzmann Machine,RBM)是一种随机生成神经网络,它能够通过输入数据集来学习概率分布。RBM 最初被发明者保罗·斯莫伦斯基于 1986 年命名为簧风琴(Harmonium),直到 2000 年代中期,杰弗里·辛顿及其合作者发明了快速学习算法,受限玻尔兹曼机才变得知名。受限玻尔兹曼机在许多领域中得到了应用,如降维、分类、协同过滤、特征学习和主题建模等。受限玻尔兹曼机可以使用监督学习或无监督学习的方法进行训练,其结构如图 2.9 所示。

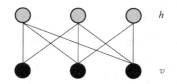

图 2.9　受限玻尔兹曼机结构

　　受限玻尔兹曼机是一种基于二分图限制的玻尔兹曼机变体。它包含了输入数据的可见层单元和学习数据潜在特征的隐层单元,并且在模型中只允许连接可见层单元和隐层单元的边。与无限制玻尔兹曼机不同,受限玻尔兹曼机没有隐层单元之间的连接,从而使得模型更易于训练。这个限制结构使得基于梯度的对比散度(Contrastive Divergence,CD)等高效的训练算法成为可能。因此,限制玻尔兹曼机在许多机器学习任务上都表现出色,如数据降维、分类、协同过滤、特征学习和主题建模等。通常,受限玻尔兹曼机中的可见层单元和隐层单元都是二值的(布尔/伯努利),但也可以采用其他类型的单元,如高斯单元。权重矩阵 $W=(w_{i,j})$ 的每个元素指定了隐层单元 h_j 和可见层单元 v_i 之间边的权重。此外,对于每个可见层单元 v_i 有偏置 a_i,对每个隐层单元 h_j 有偏置 b_j。在这些定义下,一种受限玻尔兹曼机配置(给定每个单元取值)的"能量"$E(v,h)$ 定义为

$$E(v,h) = -\sum_i a_i v_i - \sum_j b_j h_j - \sum_i \sum_j h_j w_{i,j} v_i \tag{2.62}$$

用矩阵的形式表示如下:

$$E(v,h) = -a^{\mathrm{T}} v - b^{\mathrm{T}} h - h^{\mathrm{T}} W v \tag{2.63}$$

　　与霍普菲尔德神经网络类似,玻尔兹曼机的能量函数定义了可见层和隐层之间的联合概率分布。一般来说,玻尔兹曼机的能量函数由以下公式给出:

$$P(v,h) = \frac{1}{Z} e^{-E(v,h)} \tag{2.64}$$

其中,Z 为配分函数,定义为在节点的所有可能取值下 $e^{-E(v,h)}$ 的和,即 Z 是使得概率分布和为 1 的归一化常数。类似地,可见层取值的边缘分布可通过对所有隐层配置求和得到。

$$P(v) = \frac{1}{Z} \sum_h e^{-E(v,h)} \tag{2.65}$$

由于 RBM 是一个二分图,隐层内的节点不会相互连接,因此在给定可见层节点取值的情况下,隐层节点能否激活是相互独立的。同样地,在给定隐层节点取值的情况下,可见层节点的激活状态也是相互独立的。也可以说,对 m 个可见层节点和 n 个隐层节点,可见层的配置 v 对于隐层配置 h 的条件概率如下:

$$P(v|h) = \prod_{i=1}^{n} P(v_i|h) \tag{2.66}$$

类似地,h 对于 v 的条件概率为

$$P(h|v) = \prod_{i=1}^{n} P(h_j|v) \tag{2.67}$$

其中,单个节点的激活概率为

$$P(h_j = 1|v) = \sigma\Big(b_j + \sum_{i=1}^{m} w_{i,j} v_i\Big) \tag{2.68}$$

$$P(v_i = 1|h) = \sigma\Big(a_i + \sum_{j=1}^{n} w_{i,j} h_j\Big) \tag{2.69}$$

其中,σ 代表逻辑函数。

受限玻尔兹曼机的训练目标是针对某一训练集 V 最大化概率的乘积。其中,V 被视为一矩阵,每个行向量作为一个可见单元向量 v:

$$\arg\max \prod_{v \in V} P(v) \tag{2.70}$$

等价地,最大化 V 的对数概率期望:

$$\arg\max E\Big[\sum_{v \in V} \log P(v)\Big] \tag{2.71}$$

训练受限玻尔兹曼机的最常用算法是 CD 算法,它是由杰弗里·辛顿(Geoffrey Hinton)提出的,比吉布斯采样更高效。这种算法最初被用于训练由辛顿提出的"专家积"模型。CD 算法在梯度下降过程中利用吉布斯采样更新权重,类似于训练前馈神经网络时使用的反向传播算法。

对于一个样本,RBM 的 CD-1 过程可以总结为以下几个步骤:

① 取一个训练样本 v,计算隐层节点的概率,然后从此概率分布中获取一个隐层节点的激活向量样本 h;

② 计算 v 和 h 的外积,称为"正梯度";

③ 从 h 获取一个重构的可见层节点的激活向量样本 v',此后从 v' 再次获得一个隐层节点的激活向量样本 h';

④ 计算 v' 和 h' 的外积,称为"负梯度";

⑤ 使用正梯度和负梯度的差值以一定的学习率更新学习权重。

偏置 a 和 b 也可以使用类似的方法更新。

受限玻尔兹曼机也可作为深度学习网络的组成部分。

2.2.3　深度信念网络

深度信念网络(Deep Belief Network,DBN)是杰弗里·辛顿于2006 年提出的一种深层概

率有向图模型。该模型采用多层结构,每层的节点之间无连接,但相邻两层节点之间为全连接,如图 2.10 所示。网络的最底层是可观测变量,而其他层的节点则为隐变量。网络的最顶部采用了无向连接,形成了一个受限玻尔兹曼机的结构,而其余层采用有向连接。

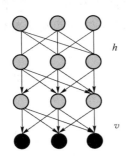

图 2.10　深度信念网络结构

深度信念网络是一种用于解决深度神经网络中训练困难问题的方法。传统的 BP 算法在应用于深度神经网络时会遇到多种问题,如需要有标记数据、学习过程缓慢、容易陷入局部最优解等。DBN 通过一种自顶向下的生成权值指导网络连接的方法解决了这些问题,其训练过程中使用了非监督贪婪逐层方法进行预训练,通过 CD 算法来更新权值。在这个过程中,通过反复执行吉布斯采样实现深度信念网络的训练,隐层激活单元和可视层输入之间的相关性差别作为权值更新的主要依据,训练时间得到了显著缩短。随着每一层的加入,网络对于数据的表达也越来越接近真实的表达。在最高的两层中,权值被连接到一起,从而更低层的输出可以给顶层提供参考线索或关联,以便顶层将其联系到记忆内容。DBN 可用于解决分类等判别性能问题。相较于传统和深度分层的 sigmoid 信念网络,DBN 由于易于连接权值的学习而受到广泛关注。

DBN 是一种多层神经网络,由多个 RBM 从下到上进行堆叠。DBN 的训练模型主要分为两步。第一步是预训练,分别单独无监督地训练每一层 RBM 网络。这样可以确保特征向量在映射到不同特征空间时都尽可能多地保留特征信息,RBM 网络的每一层只能确保自身层内的权值对该层的特征向量映射达到最优,而不是对整个 DBN 的特征向量映射达到最优。因此,在第二步中,需要在 DBN 的最后一层设置 BP 网络,接收 RBM 的输出特征向量作为它的输入特征向量,有监督地训练实体关系分类器。此时,反向传播网络将梯度信息自顶向下传播至每一层 RBM,以微调整个 DBN 网络。

DBN 的灵活性使得它的拓展比较容易。一个拓展就是卷积深度信念网络(Convolutional Deep Belief Networks,CDBN)。DBN 存在一个局限性,即没有考虑到图像的二维结构信息,因为输入是简单地从一个图像矩阵一维向量化得到的。而 CDBN 考虑到了这个问题,它利用邻域像素的空域关系,通过一个称为卷积 RBM 的模型区达到生成模型的变换不变性,而且可以容易地变换到高维图像。DBN 还存在一个局限性,即没有明确地处理对观察变量的时间序列的学习。虽然目前已经有这方面的研究,如堆叠时间 RBM,但是在这个领域还存在很多问题需要解决。以此为推广,有序列学习的时间卷积机制的应用,给语音信号处理问题指引了一个让人激动的研究方向。

目前,DBN 的研究已经扩展到了堆叠自编码器(stacked autoencoder)领域。堆叠自编码器用自编码器替代 DBN 中的受限玻尔兹曼机,仍然使用相同的规则来训练生成深度多层神经网络结构,但是它不需要对层进行参数化的严格要求。相比 DBN,堆叠自编码器使用判别模型,这使得其在采样输入空间方面面临一定的挑战,因此更难捕捉其内部表达。而降噪自编码器能很好地避免这个问题。在训练过程中,降噪自编码器会添加随机的噪声,并通过堆叠多个层来增强其泛化性能。与训练生成模型的 RBM 过程相似,单个降噪自编码器的训练过程也需要经过多轮迭代训练。值得注意的是,尽管在理论上,DBN 可能比堆叠自编码器更强大,但是在实际应用中,堆叠自编码器已经被证明在许多任务上表现得非常出色。

2.2.4　深度玻尔兹曼机

深度玻尔兹曼机是一种深度学习模型,是基于 RBM 的特殊构造的神经网络。与 DBN 不同,深度玻尔兹曼机的中间层与相邻层是双向连接的,其结构由多层受限玻尔兹曼机叠加而成,由多层随机的可见层和隐层单元组成。其中,隐层单元的目的是捕获输入数据的高级表示,而可见层单元用于从模型生成样本。深度玻尔兹曼机是一种生成模型,其采用基于能量的方法,通过最小化可见层单元和隐层单元特定配置实现能量最小化。深度玻尔兹曼机的一些流行应用包括无监督学习、降维和生成建模。

深度玻尔兹曼机的思想最初由 Salakhutdinov 和 Hinton 于 2009 年提出,他们还开发了一种用于训练深度玻尔兹曼机的学习算法。该算法利用变分近似法估计依赖数据的期望值,并利用马尔可夫链估计模型的期望值。此外,逐层预训练法和退火重要性抽样也被应用于深度玻尔兹曼机的学习中,以更有效地学习和估计对数似然函数的下界。在 MNIST 手写数字数据集和视觉目标识别任务 NORB 数据集上进行实验,实验结果表明深度玻尔兹曼机可以通过学习得到性能很好的输出模型。

2010 年,Salakhutdinov 提出了一种名为耦合自适应模拟回火(Coupled Adaptive Simulated Tempering,CAST)的方法来训练深度玻尔兹曼机。该方法能够得到更好的多模态能量图,并通过在 MNIST 和 NORB 数据集上的实验证明了该方法可以有效地改进参数估计。

2012 年,Salakhutdinov 和 Hinton 又提出了一种相当有效的预训练学习方法,该方法通过学习使真实后验分布和平均场变分推理假定因子分布接近来实现对数据期望值的估计。通过学习马尔可夫链之间的相互作用,少量缓慢混合链可以从多模态能量图中快速采样,从而估计独立于数据的期望值。图 2.11 所示是一个带有三个隐层的深度玻尔兹曼机结构图。

DBM 的训练通常使用反向传播算法和梯度下降法,这两种算法使得它能够更好地拟合数据。反向传播算法是深度学习中一种常用的优化算法,它被用于计算误差的导数。梯度下降法被用于更新模型的参数。但是在深度玻尔兹曼机的训练过程中,由于其复杂的结构,传统的反向传播算法并不适用。在这种情况下,使用高效的算法来优化模型的参数是非常必要的。

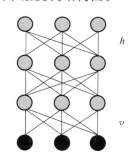

图 2.11　带有三个隐层的深度玻尔兹曼机结构图

虽然用于解决受限玻尔兹曼机问题的 SGA 算法也可以用于深度玻尔兹曼机的训练,但是在处理大规模数据时其性能会受到很大影响。因此,许多研究者致力于寻找高效的训练策略。目前,一种比较有效的方法是先用预训练找到一些比较好的权值,再用 SGA 算法微调模型的参数。具体地,可以先使用堆栈式受限玻尔兹曼机进行预训练,然后使用 SGA 算法进一步优化模型的性能。值得注意的是,如果不进行预训练,SGA 的效果就很差,而且训练时间非常长。

下面用公式推导说明为什么 DBM 好于 RBM,换句话说,为什么堆叠的 RBM 可以得到更好的性能。以三层的受限玻尔兹曼机为例,可见层节点为 v,两个隐层节点分别为 $h^{(1)}$ 和 $h^{(2)}$,两层之间的参数分别为 $\omega^{(1)}$ 和 $\omega^{(2)}$,则 RBM 的下界计算为

$$\log P(v) = \log \sum_{h^{(1)}} P(v, h^{(1)})$$

$$= \log \sum_{h^{(1)}} Q(h^{(1)} \mid v) \frac{P(v, h^{(1)})}{Q(h^{(1)} \mid v)}$$

$$= \log E_{Q(h^{(1)} \mid v)} \left[\frac{P(v, h^{(1)})}{Q(h^{(1)} \mid v)} \right]$$

$$\geqslant E_{Q(h^{(1)} \mid v)} \log \left[\frac{P(v, h^{(1)})}{Q(h^{(1)} \mid v)} \right]$$

$$= \sum_{h^{(1)}} Q(h^{(1)} \mid v) \left[\log P(v, h^{(1)}) - Q(h^{(1)} \mid v) \right]$$

$$= \sum_{h^{(1)}} Q(h^{(1)} \mid v) \left[\log P(v \mid h^{(1)}) + \log P(h^{(1)}) - \log Q(h^{(1)} \mid v) \right] \quad (2.72)$$

那么，$\sum_{h^{(1)}} Q(h^{(1)} \mid v) \left[\log P(v \mid h^{(1)}) + \log P(h^{(1)}) - \log Q(h^{(1)} \mid v) \right]$ 就是原来的 RBM 的下界。在 RBM 中，在整个模型训练完毕之后，ω 已经是确定的了，那么 $P(v \mid h^{(1)})$ 和 $Q(h^{(1)} \mid v)$ 都是常数，而 $Q(h^{(1)} \mid v)$ 是一个后验。所以下界可以写为

$$\sum_{h^{(1)}} Q(h^{(1)} \mid v) \log P(h^{(1)}) + C$$

$P(h^{(1)})$ 在 RBM 中是固定的，而在 DBM 中并不是固定的，可以通过优化 $P(h^{(1)})$ 来提升模型的性能。$h^{(2)}$ 的目的就是令 $h^{(1)}$ 的似然性达到最大。如果不加层，那么在 RBM 中上式中的所有项都是确定的，而加了层之后，$P(h^{(1)})$ 不是确定的，而且可以被进一步优化。经过这样的操作，就相当于提高了 $\log P(v)$ 的 ELBO。ELBO 被称为证据下界（evidence of lower bound），其本质就是对数似然函数的下界结果。如果能够使证据下界达到最大，那么当前迭代步骤的对数似然函数也能够被提升到极致。但在正常的梯度上升过程中，可以通过上一迭代步骤产生的模型参数计算出当前步骤的 ELBO，但不能保证它是当前步骤的最大值。而下界增大，$P(v)$ 的拟合度更高，所以加层以后，模型的性能会更好。加层以后，$\omega^{(2)}$ 是需要赋予初始值的，那么令 $\omega^{(2)} = \omega^{(1)\mathrm{T}}$。这样做的意义在于，第二层还没有学习，其性能就已经达到不加层时的效果了，因此可以保证加层之后模型的性能是有下界的，大于或等于原始的 RBM。随着学习的进行，ELBO 会提高从而获得比 RBM 更高的 $P(v)$。更高的 $P(v)$ 就意味着结果越接近真实分布，性能越好。RBM 中的 $P(h^{(1)})$ 参数是由 $\omega^{(1)}$ 决定的，加层以后的 $P(h^{(1)})$ 参数是由 $\omega^{(2)}$ 决定的。

深度玻尔兹曼机推理学习过程的算法复杂度很高，限制了其在大规模学习问题中的应用。为了解决这个问题，研究人员提出了多种方法，如简化网络拓扑结构、改进学习算法和合理近似非线性寻优过程，以缩短学习时间并提高算法效率。此外，学者们还在尝试研究深度玻尔兹曼机的网络结构特点和规律，试图找到更好的方法用深结构建立数据的模型，从而充分利用其内在优势，与现有的社会网络、稀疏化建模理论结合，获得更加有效的算法。

2.2.5　小结

本节详细介绍了神经网络中的玻尔兹曼机、受限玻尔兹曼机、深度信念网络和深度玻尔兹曼机的发展历程、原理、构成和应用场景。

玻尔兹曼机和受限玻尔兹曼机是最早的随机神经网络之一，诞生于 20 世纪 80 年代，以其

根植于统计力学的概率模型而著称。这些网络的神经元只有两种状态(未激活、激活),分别用二进制 0、1 表示。节点状态的取值由概率统计法则决定,并具有物理中玻尔兹曼分布的概率表达形式,因此得名玻尔兹曼机。玻尔兹曼机是第一个能够学习到内部表达,并能够(在充足时间内)解决复杂的组合优化问题的神经网络。但由于其收敛时间较长,玻尔兹曼机在实际应用中并不实用。限制节点之间的连接,将玻尔兹曼机变为受限玻尔兹曼机,可以显著提高其收敛速度,使其具有广泛的应用价值。

21 世纪,深度学习的爆发促使研究人员将受限玻尔兹曼机发扬光大。Hinton 在受限玻尔兹曼机的基础上提出了深度信念网络和深度玻尔兹曼机,两种深度模型均具有学习高维数据潜在表示的能力。其中,深度信念网络是一种生成式模型,它以训练数据的分布为目标,学习数据的内部结构和特征表示,可用于图像、音频和文本等领域的数据处理。深度玻尔兹曼机则是一种具有更强表达能力和更复杂的数据建模能力的模型,可应用于语音识别、图像处理、自然语言处理等领域。它将多个简单的玻尔兹曼机堆叠起来,形成一个深层结构,从而能够捕捉数据间的复杂关系。深度玻尔兹曼机也是一种生成式模型,类似于深度信念网络,但具有不同的训练方法和不同的应用领域。与深度信念网络不同,深度玻尔兹曼机允许两个隐层之间的双向关系,并且可以利用马尔可夫链蒙特卡罗采样方法进行训练,这使得深度玻尔兹曼机更适合于学习高维数据的复杂概率分布。

2.2.6　习题

1. 写出高斯函数的能量函数。
2. 建立一个 RBM 模型,用来生成新的图像。
3. 实现一个基于玻尔兹曼机的生成模型,并使用它生成文本数据。
4. 使用深度信念模型实现一个生成式对抗网络。
5. 画出 BM、RBM、DBM、DBN 的示意图,并指出它们之间的区别。

2.3　自编码生成模型

2.3.1　自编码器

自编码器是一种应用于无监督学习和半监督学习的神经网络。它以无监督学习的方式,自动地从目标样本中学习到一种有效的编码方式。这种编码方式可以用于生成与原样本相似但略有差异的新样本,也可以用于特征提取、降维等任务。自编码器在机器学习和深度学习领域有着广泛的应用。

假设存在一组 D 维的样本数据 $x^{(n)} \in R^D, 1 \leqslant n \leqslant N$,自编码器的目标是通过将输入数据映射到特征空间,并生成与之对应的编码 $1 \leqslant n \leqslant N$,从而将原来的样本重构出来。

自编码器包含编码器和解码器两个部分。

(1) 编码器(encoder)$f: R^D \rightarrow R^M$。

(2) 解码器(decoder)$g: R^M \rightarrow R^D$。

最小化重构误差实际上就是自编码器的学习目标,即

$$L = \sum_{n=1}^{N} \| x^{(n)} - g(f(x^{(n)})) \|^2 = \sum_{n=1}^{N} \| x^{(n)} - f \circ g(x^{(n)}) \|^2 \tag{2.73}$$

从维度角度来看,若特征空间的维度小于原始空间的维度,即 $M < D$,则可以将自编码器视为一种特征抽取或者降维的方法,但如果 $M \geqslant D$,就意味着存在多组使得 $f \circ g$ 为单位函数的解,使得自编码器的重构误差为 0,但这些解的实际意义有限。通过添加附加约束,如编码的取值范围和稀疏性、f 和 g 的具体形式等,可以获得更有现实意义的解。如果设定自编码器的编码只能取 K 个不同的特定值($K < N$)时,就又可以把自编码器转换为一个类似 K-聚类的问题进行研究。

图 2.12 所示的两层神经网络就是一种最经典的自编码器。从输入层到隐层进行编码,从隐层到输出层进行解码,通过全连接的方式将各个层连接起来。对样本 x 进行编码,就得到了自编码器的隐层中的 z,即

$$z = f(W^{(1)} x + b^{(1)}) \tag{2.74}$$

而自编码器的输出则是重构之后的数据:

$$x' = f(W^{(2)} z + b^{(2)}) \tag{2.75}$$

其中,$f(\cdot)$ 为激活函数,$W^{(1)}$、$W^{(2)}$、$b^{(1)}$、$b^{(2)}$ 为网络参数。如果设定 $W^{(2)}$ 为 $W^{(1)}$ 的转置形式,就能够在很大程度上起到正则化的作用,这样也可以使得自编码器的参数更少,更便于学习。

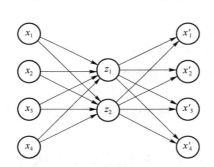

图 2.12　自编码器经典网络结构

给定一组样本 $x^{(n)} = [0,1]^D, 1 \leqslant n \leqslant N$,其重构误差为

$$L = \sum_{n=1}^{N} \| x^{(n)} - x'^{(n)} \|^2 + \lambda \| W \|^2 \tag{2.76}$$

其中,λ 是设定好的正则化项系数。若能达到最小化重构误差的目标,就可以不断有效地学习到网络参数了。

通常在整个训练过程结束后,保留自编码器中的编码器部分,而去掉解码器部分。这是因为自编码器可以生成有效的数据表示,编码器的输出可以直接在后续的模型中使用。

2.3.2　含隐变量的生成模型

以图 2.13 为例,考虑一个生成模型,其中包含了隐变量,也就是说模型中的某些变量无法通过观测得到。在这个生成模型中,观测变量 X 和隐变量 Z 都是随机向量,观测变量 X 处于

一个高维空间,而隐变量 Z 处于一个维度相对较低的空间。换句话说,生成模型将高维观测变量映射到较低维的隐变量空间中。

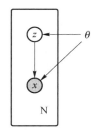

图 2.13 变分自编码器

为便于分析,将生成模型的联合概率密度函数分解为式(2.77)的形式:

$$p(x,z;\theta) = p(x|z;\theta)p(z;\theta) \tag{2.77}$$

其中,$p(x|z;\theta)$ 是在 z 已知的条件下观测变量 x 的条件概率密度函数,θ 则是两个密度函数的参数。假定 $p(z;\theta)$ 和 $p(x|z;\theta)$ 均为参数化的正态分布族,除了参数 θ 以外所有分布均已知,可以通过对观测数据进行最大化来估计这些参数。

给定一个样本 x,其对数边际似然 $\log p(x;\theta)$ 可以分解为

$$\log p(x;\theta) = \text{ELBO}(q,x;\theta,\phi) + \text{KL}(q(z;\phi),p(z|x;\theta)) \tag{2.78}$$

其中,$\text{ELBO}(q,x;\theta,\phi)$ 为证据下界,$q(z;\phi)$ 是为方便计算推导而引入的变分密度函数。

$$\text{ELBO}(q,x;\theta,\phi) = E_{z \sim q(z;\phi)}\left[\log \frac{p(x,z;\theta)}{q(z;\phi)}\right] \tag{2.79}$$

最大化对数边界似然 $\log p(x;\theta)$ 可以使用 EM 算法进行求解,步骤如下。

(1)E 步(expectation step):固定模型参数 θ,通过计算期望来确定密度函数 $q(z;\phi)$,使其能够拟合出与后验密度函数 $p(z|x;\theta)$ 一样的效果。使用隐变量的后验概率作为期望,计算隐变量的期望值。

(2)M 步(maximization step):固定期望值 $q(z;\phi)$,通过寻找参数值 θ 来最大化 $\text{ELBO}(q,x;\theta,\phi)$。这可以通过对期望似然函数取梯度并解析地或数值地最大化 ELBO 来实现。

在 EM 算法的迭代中,$q(z;\phi)$ 为隐变量 $p(z|x;\theta)$ 的后验概率密度函数,后者的形式为

$$p(z|x;\theta) = \frac{p(x|z;\theta)p(z;\theta)}{\int_z p(x|z;\theta)p(z;\theta)\mathrm{d}z} \tag{2.80}$$

尽管在隐变量 z 是有限的一维离散变量的情况下计算后验概率是比较简单的,但在大多数情况下,直接计算后验概率密度函数非常困难,因此需要使用变分推断等方法来进行近似估计。

为了简化过程,在进行变分推断时,常常会用一些简单的分布 $q(z;\phi)$ 近似推断 $p(z|x;\theta)$ 的目标分布,如高斯分布、均匀分布等。这些简单的分布通常属于参数化的分布族,便于计算和优化。然而,当真实后验概率密度函数 $p(z|x;\theta)$ 比较复杂时,使用简单分布进行近似推断容易效果不佳,导致估计结果的精度降低。此外,概率密度函数通常本身就很复杂,难以直接用已知的分布函数族来建模。这可能需要采用非参数化方法,如核密度估计、高斯混合模型等来灵活地对复杂概率密度函数进行建模。因此,在实际应用中,计算后验概率密度函数和建模复杂概率密度函数都可能面临挑战,需要根据实际情况进行近似估计和建模,以获得准确和可靠的结果。

变分自编码器(Variational Autoencoder,VAE)是经典的深度生成模型之一,它由**推断网**

络和**生成网络**两个神经网络组成。

（1）**推断网络**用神经网络来建模变分分布 $q(z;\phi)$。一般来讲，$q(z;\phi)$ 与 x 无关，但由于 $q(z;\phi)$ 的目标和 x 相关，且其形式近似后验分布 $p(z\,|\,x;\theta)$，所以又可以将其写为 $q(x\,|\,z;\phi)$。

（2）**生成网络**用神经网络来建模概率分布 $p(x\,|\,z;\theta)$。

VAE 的整个网络结构由推断网络和生成网络合并组成。如图 2.14 所示，其中采样的步骤用带箭头的虚线表示，网络计算的步骤用带箭头的实线表示。VAE 就是这样一种神经网络结构，其名称虽然与自编码器类似，但其底层原理和自编码器完全不同。可以分别将推断网络和生成网络看作编码器和解码器，它们各自用于将可观测变量映射为隐变量以及将隐变量映射为可观测变量。与传统自编码器的区别在于，VAE 中编码器和解码器的输出编码均不是确定的，而是表示为概率密度分布或是分布的参数。

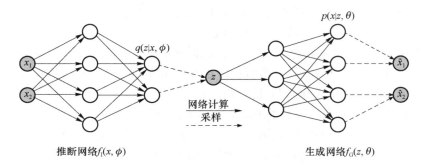

图 2.14　VAE 的网络结构

2.3.3　推断网络

为方便理论推导，令 $q(z\,|\,x;\phi)$ 服从高斯分布，其中协方差作对角化处理：

$$q(z\,|\,x;\phi)=N(z;\mu_{\mathrm{I}},\sigma_{\mathrm{I}}^2 I) \tag{2.81}$$

其中，μ_{I} 和 σ_{I}^2 分别是高斯分布的均值和方差，均由推断网络 $f_{\mathrm{I}}(x;\phi)$ 预测。

$$\begin{bmatrix}\mu_{\mathrm{I}}\\\sigma_{\mathrm{I}}^2\end{bmatrix}=f_{\mathrm{I}}(x;\phi) \tag{2.82}$$

推断网络 $f_{\mathrm{I}}(x;\phi)$ 一般是卷积网络，也可以是全连接网络。

$$h=\sigma(W^{(1)}x+b^{(1)}) \tag{2.83}$$
$$\mu_{\mathrm{I}}=W^{(2)}h+b^{(2)} \tag{2.84}$$
$$\sigma_{\mathrm{I}}^2=\mathrm{softplus}(W^{(3)}h+b^{(3)}) \tag{2.85}$$
$$\mathrm{softplus}(x)=\log(1+\mathrm{e}^x) \tag{2.86}$$

其中，σ 和 softplus 为激活函数，ϕ 代表所有的网络参数 $\{W^{(1)},W^{(2)},W^{(3)},b^{(1)},b^{(2)},b^{(3)}\}$。选择使用激活函数 softplus 是因为方差始终为非负值。在实际的实现中，也可以使用线性层（无需激活函数）来预测 $\log(\sigma_{\mathrm{I}}^2)$。

推断网络的目标是通过调整网络参数 ϕ^*，使得网络生成的后验分布 $q(z\,|\,x;\phi)$ 尽量符合真实后验分布 $p(z\,|\,x;\theta)$，从而最小化两者之间的 KL 散度，也就是式（2.87）所示的形式：

$$\phi^*=\arg\min_{\phi}\mathrm{KL}(q(z\,|\,x;\phi),p(z\,|\,x;\theta)) \tag{2.87}$$

然而，直接计算上述 KL 散度在一般情况下是不可行的，因为 $p(z\,|\,x;\theta)$ 通常无法解析计

算。对其进行估计的传统方法包括采样或者变分推断。采样方法虽然简单,但效率较低且估计不够准确。因此,在深度生成模型中大都采用变分推断方法,即通过使用简单的分布 q 来近似复杂的分布 $p(z\,|\,x;\theta)$。然而,在深度生成模型中,由于分布 $p(z\,|\,x;\theta)$ 通常比较复杂,很难使用简单分布进行准确近似。因此,需要寻找一种计算方法,以间接地估计 KL 散度。

由式(2.78)可知,$q(z\,|\,x;\phi)$ 与 $p(z\,|\,x;\theta)$ 的 KL 散度加上证据下界 $\mathrm{ELBO}(q,x;\theta,\phi)$ 就等于对数边际似然 $\log p(x;\theta)$,那么就可以将式(2.78)转换为式(2.88)的形式:

$$\mathrm{KL}(q(z\,|\,x;\phi),p(z\,|\,x;\theta)) = \log p(x;\theta) - \mathrm{ELBO}(q,x;\theta,\phi) \tag{2.88}$$

那么,推断网络的目标函数可推导为式(2.89)所示的形式:

$$\begin{aligned}
\phi^* &= \arg\min_{\phi} \mathrm{KL}(q(z\,|\,x;\phi),p(z\,|\,x;\theta)) \\
&= \arg\min_{\phi} \log p(x;\theta) - \mathrm{ELBO}(q,x;\theta,\phi) \\
&= \arg\max_{\phi} \mathrm{ELBO}(q,x;\theta,\phi)
\end{aligned} \tag{2.89}$$

即推断网络的目标是最大化证据下界 $\mathrm{ELBO}(q,x;\theta,\phi)$,其目标类似于变分推断中的转换思想,需要通过调整网络参数 ϕ^* 来优化证据下界。

2.3.4　生成网络

生成模型的联合分布 $p(x,z;\theta)$ 通常由条件概率分布 $p(x\,|\,z;\theta)$ 和隐变量 z 的先验分布 $p(z;\theta)$ 两部分组成。条件概率分布 $p(x\,|\,z;\theta)$ 一般可以通过生成网络进行建模,通常情况下表示为参数化的分布族。通常会将隐变量 z 的先验分布 $p(z;\theta)$ 设定为标准高斯分布 $N(z\,|\,0,I)$,各个隐变量维度之间相互独立,以简化模型。结合实际应用情况,本节令 $p(x\,|\,z;\theta)$ 服从不同的分布族。

(1) 如果 $x \in \{0,1\}^D$ 是一个 D 维的二值向量,那么就可以令 $p(x\,|\,z;\theta)$ 服从伯努利分布,也就是式(2.91)所示的形式:

$$p(x\,|\,z;\theta) = \prod_{d=1}^{D} p(x_d\,|\,z;\theta) \tag{2.90}$$

$$= \prod_{d=1}^{D} \gamma_d^{x_d} (1-\gamma_d)^{1-x_d} \tag{2.91}$$

其中,$\gamma_d = p(x_d=1\,|\,z;\theta)$ 为 D 维二值向量中第 d 维分布的参数,而伯努利分布的参数 $\gamma = [\gamma_1,\cdots,\gamma_D]^{\mathrm{T}}$ 由生成网络负责预测。

(2) 如果 $x \in R^D$ 是一个 D 维的连续向量,那么就可以假设 $p(x\,|\,z;\theta)$ 是一个高斯分布,其中协方差服从对角化,也就是式(2.92)所示的形式:

$$p(x\,|\,z;\theta) = N(x;\mu_{\mathrm{G}},\sigma_{\mathrm{G}}^2 I) \tag{2.92}$$

其中,$\mu_{\mathrm{G}} \in R^D$ 和 $\sigma_{\mathrm{G}} \in R^D$ 与第(1)种情况一样,都可以用生成网络 $f_{\mathrm{G}}(z;\theta)$ 来预测。

生成网络的目标是通过调整网络参数 θ^*,使得证据下界 $\mathrm{ELBO}(q,x;\theta,\phi)$ 最大化,其中:

$$\theta^* = \arg\max_{\theta} \mathrm{ELBO}(q,x;\theta,\phi) \tag{2.93}$$

2.3.5　模型汇总

通过 2.3.3 节和 2.3.4 节分析,可以发现推断网络和生成网络两个部分的目标都是将证

据下界 $\text{ELBO}(q,x;\theta,\phi)$ 最大化。因此,VAE 的总目标函数就可以写为式(2.94)所示的形式:

$$\max_{\theta,\phi}\text{ELBO}(q,x;\theta,\phi)=\max_{\theta,\phi}E_{z\sim q(z;\phi)}\left[\log\frac{p(x\mid z;\theta)p(z;\theta)}{q(z;\phi)}\right]$$

$$=\max_{\theta,\phi}E_{z\sim q(z\mid x;\phi)}[\log p(x\mid z;\theta)]-\text{KL}(q(z\mid x;\phi),p(z;\theta))\quad(2.94)$$

其中,$p(z;\theta)$ 为先验分布,θ 代表生成网络的网络参数,ϕ 代表推断网络的网络参数。

在 VAE 中,优化推断网络和生成网络的过程被合并为一步,即最大化证据下界。此外,VAE 可以被看作贝叶斯网络和神经网络的融合。与贝叶斯网络不同的是,在 VAE 中,只是把隐藏编码对应的节点视为随机变量,而其他节点仍然以普通神经元的形式出现。经过这般处理,编码器在 VAE 中充当了变分推断网络的角色,负责将观测变量映射到隐变量;而解码器则扮演了生成网络的角色,负责将隐变量映射到观测变量。

下面分别分析式(2.94)中的两项。

(1) 通常情况下,式(2.94)的第一项——期望 $E_{z\sim q(z\mid x;\phi)}[\log p(x\mid z;\theta)]$,可以用采样的形式来进行近似运算。对于每个样本 x,根据 $q(z\mid x;\phi)$ 采集 M 个 $z^{(m)}$,$1\leqslant m\leqslant M$,有

$$E_{z\sim q(z\mid x;\phi)}[\log p(x\mid z;\theta)]\approx\frac{1}{M}\sum_{m=1}^{M}\log p(x\mid z^{(m)};\theta)\quad(2.95)$$

期望值 $E_{z\sim q(z\mid x;\phi)}[\log p(x\mid z;\theta)]$ 通常会受到参数 ϕ 的影响,但在以上近似方法中,期望值与参数 ϕ 之间不再有直接的依赖关系。当使用梯度下降法学习参数时,$E_{z\sim q(z\mid x;\phi)}[\log p(x\mid z;\theta)]$ 对参数 ϕ 的梯度将变为零。这是因为变量 z 和参数 ϕ 之间不是确定性的关系,而是一种类似于"采样"的关系。可采用 2.3.6 节的重参数化方法解决这种问题。

(2) 式(2.94)中第二项的 KL 散度是非常好计算的。尤其是当 $q(z\mid x;\phi)$ 和 $p(z;\theta)$ 均为正态分布时,它们的 KL 散度就能够计算出闭式解,下面展开简单分析。

给定 D 维空间中的两个正态分布 $N(\mu_1,\Sigma_1)$ 和 $N(\mu_2,\Sigma_2)$,它们的 KL 散度为

$$\text{KL}(N(\mu_1,\Sigma_1),N(\mu_2,\Sigma_2))=\frac{1}{2}(\text{tr}(\Sigma_2^{-1}\Sigma_1)+(\mu_2-\mu_1)^T\Sigma_2^{-1}(\mu_2-\mu_1)-D+\log\frac{|\Sigma_2|}{|\Sigma_1|})$$

$$(2.96)$$

当 $p(z;\theta)=N(z;0,I)$ 且 $q(z\mid x;\phi)=N(x;\mu_1,\sigma_1^2 I)$ 时,

$$\text{KL}(q(z\mid x;\phi),p(z;\theta))=\frac{1}{2}(\text{tr}(\sigma_1^2 I)+\mu_1^T\mu_1-d-\log(|\sigma_1^2 I|))\quad(2.97)$$

其中,μ_1 和 σ_1 为推断网络 $f_1(x;\phi)$ 的输出。

2.3.6 重参数化

重参数化是一种将函数的参数表示为另一组参数的方式,能够将原始函数转换成以新参数为输入的函数。重参数化方法是处理大型矩阵的一种常见的技术,将原始参数转化为具有特定属性的参数,常见的重参数化技巧就是对两个低秩矩阵进行乘积运算,以达到减少参数数量的目的。这样既可以有效地降低计算和存储成本,还可以保持模型的性能。

在式(2.94)中,期望值 $E_{z\sim q(z\mid x;\phi)}[\log p(x\mid z;\theta)]$ 由分布的参数来决定。然而,随机变量 z 是从后验分布 $q(z\mid x;\phi)$ 中采样得到的,它们之间的关系并不确定,因此直接计算 z 关于参数 ϕ 的导数是不可能的。为了解决这个问题,可以通过重参数化技术将随机采样和参数之间的

关系转换为确定性函数关系。

本节引入一个分布为 $p(\varepsilon)$ 的随机变量 ε，将期望值 $E_{z \sim q(z \mid x;\phi)}\left[\log p(x \mid z;\theta)\right]$ 重新表达为式(2.98)所示的形式：

$$E_{z \sim q(z \mid x;\phi)}\left[\log p(x \mid z;\theta)\right] = E_{\varepsilon \sim p(\varepsilon)}\left[\log p(x \mid g(\phi,\varepsilon);\theta)\right] \tag{2.98}$$

其中，$z = g(\phi,\varepsilon)$ 为一个确定性函数。假设 $q(z \mid x;\phi)$ 服从正态分布 $N(\mu_1,\sigma_1^2 I)$，其中 $\{\mu_1,\sigma_1\}$ 是推断网络 $f_1(x;\phi)$ 的输出，可以通过式(2.99)所示的方式进行重参数化：

$$z = \mu_1 + \sigma_1 \odot \varepsilon \tag{2.99}$$

其中，$\varepsilon \sim N(0,1)$。这样，z 和参数 ϕ 的关系就从采样关系变为确定性关系，从而可以求得 z 关于 ϕ 的导数。

2.3.7　模型训练

通过重参数化，VAE 可以利用梯度下降的方法来学习参数，从而提高 VAE 的训练效率。

这里假设数据集 $D = \{x^{(n)}\}_{n=1}^N$，对于任一样本 $x^{(n)}$，随机采样 M 个变量 $\varepsilon^{(n,m)}$，其中 $1 \leqslant m \leqslant M$，并通过式(2.99)计算 $z^{(n,m)}$，那么 VAE 的目标函数就可以近似写为式(2.100)所示的形式：

$$J(\phi,\theta \mid D) \approx \sum_{n=1}^N \left(\frac{1}{M} \sum_{m=1}^M \log p(x^{(n)} \mid z^{(n,m)};\theta) - \mathrm{KL}(q(z \mid x^{(n)};\phi), N(z;0,I)) \right) \tag{2.100}$$

若使用随机梯度方法，从数据集中任意选择样本 x，使其与对应的随机变量 ε 配对，这里令 $p(x \mid z;\theta)$ 服从高斯分布 $N(x \mid \mu_G, \lambda I)$，其中 λ 以超参数的形式用于控制方差，而 $\mu_G = f_G(z;\theta)$ 就是生成网络的输出，目标函数就被简化为式(2.101)所示的形式：

$$J(\phi,\theta \mid x) = -\frac{1}{2} \| x - \mu_G \|^2 - \lambda \mathrm{KL}(N(\mu_1,\sigma_1), N(0,I)) \tag{2.101}$$

式(2.101)中的第一项可以被视为衡量输入 x 重构正确性的部分，而第二项中的 λ 可以被视为正则化项，它在数学形式上类似于正则化系数。这种形式上的相似性让人联想到自编码器，但这两者的内在机制完全不同。

VAE 的训练过程如图 2.15 所示。

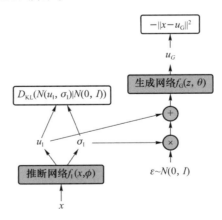

图 2.15　VAE 的训练过程

2.3.8　小结

深度生成模型是一种结合了概率图模型和神经网络的生成模型,通过神经网络对难以表述的概率分布进行逼近,从而能够对高度复杂的数据分布进行建模。

变分自编码器是深度生成模型中非常典型的案例,它利用神经网络的强大拟合能力,有效地解决了含有隐变量的概率模型中难以估计后验分布的问题。而重参数化是变分自编码器的一种重要技术,能够用于对隐变量进行重新参数化,从而实现对梯度的有效计算和对模型的训练优化。

2.3.9　习题

1. 对于分布为 $p_\theta(z)$ 的离散随机变量 z 及其函数 $f(z)$,如何计算期望 $L(\theta)=E_{z\sim p(\theta)}[f(z)]$ 关于分布参数 θ 的导数。

2. 在变分自编码器的目标函数推导过程中,已经得到

$$L=E_{x\sim p(x)}\left[E_{z\sim q(z|x)}\left[\log p(x|z)\right]-\mathrm{KL}(q(z|x),p(z))\right]$$

其中,$p(z)=N(z;0,I)$。而后验概率 $q(z|x)$ 被建模为

$$q(z|x)=\frac{1}{\prod_{k=1}^{d}\sqrt{2\pi\sigma_{(k)}^2(x)}}\exp\left(-\frac{1}{2}\left\|\frac{z-\mu(x)}{\sigma(x)}\right\|^2\right)$$

其中,$\mu(x),\sigma(x)$ 的第 k 项分别为 $\mu_{(k)}(x),\sigma_{(k)}(x)$。试证明:

$$\mathrm{KL}(q(z|x),p(z))=\frac{1}{2}\sum_{k=1}^{d}(\mu_{(k)}^2(x)+\sigma_{(k)}^2(x)-\ln\sigma_{(k)}^2(x)-1)$$

3. 考虑一个伯努利混合分布,即

$$p(x;\mu,\pi)=\sum_{k=1}^{K}\pi_k p(x;\mu_k)$$

其中,$p(x;\mu_k)=\mu_k^x(1-\mu_k)^{(1-x)}$ 为伯努利分布。给定训练集 $D=\{x^{(1)},\cdots,x^{(n)}\}$,若用 EM 算法进行参数估计,试推导其每步的参数更新公式。

2.4　生成对抗网络

2.4.1　显式和隐式密度模型

经典的深度生成模型大都采用最大似然估计解决参数问题,显式地构建样本密度函数 $p(x;\theta)$,这种建模方式被称为**显式密度模型**。VAE 的密度函数就表示为 $p(x,z;\theta)=p(x|z;\theta)p(z;\theta)$。但是,即使使用神经网络来预测参数分布族 $p(x|z;\theta)$,过程中仍然对参数分布族做了一些假设,这大大限制了神经网络的表达能力。

如果我们的目标是生成符合数据分布 $p_r(x)$ 的样本模型,那么可以考虑通过隐式密度模型来估计数据分布的密度函数,而无需显式地计算。假设一个低维空间 Z 中采样了最基础的

服从标准多元正态分布 $N(0,I)$ 的数据分布 $p(z)$；接着利用神经网络搭建一个**生成网络** $G:Z \to X$，用于拟合这个数据分布 $p_r(x)$。该模型称为**隐式密度模型**，通过建模生成过程实现，能够非显式地计算数据分布的概率密度函数 $p_r(x)$。

2.4.2　网络分解

　　与显式密度模型相比，隐式密度模型需要考虑这样一个问题，那就是如何使得生成的样本符合真实的数据分布。既然没有选择显式密度函数用于构建，训练时就不能采用传统的最大似然估计等方法。生成对抗网络采用对抗训练的方式来优化生成网络，使生成的样本服从真实数据分布。GAN 由判别网络和生成网络两部分组成，这两个网络不断进行对抗训练以达到优化的目的。判别网络和生成网络的目标分别是准确判断样本是否为真实数据以及生成能欺骗判别网络的样本。由于两个网络的目标相反，因此它们需要不断地进行交替训练。当判别网络认为生成网络生成的样本是真实数据时，生成网络的预期目标（生成符合真实数据分布的样本，达到以假乱真的目的）就达到了。GAN 的训练流程如图 2.16 所示。

　　GAN 的学习重点是通过揭示生成器如何学习生成以假乱真的样本，以及判别器如何学习区分真假样本，寻找数据之间的本质联系、迁移表象特征，从而提供一种"无中生有"的创造数据的方法。

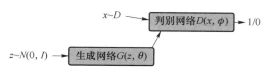

图 2.16　GAN 的训练流程

　　区分一个样本 x 是来自 $p_r(x)$ 还是来自 $p_\theta(x)$ 是判别网络 $D(x;\phi)$ 的目标，简单来说，判别网络就是一个二分类的分类器。若分类器给样本的标签为 $y=1$，就表示该样本来自真实分布；若分类器给样本的标签为 $y=0$，就表示该样本来自生成模型。我们用判别网络 $D(x;\phi)$ 输出的实数 x 表示样本属于 $p_r(x)$ 的概率，即

$$p(y=1|x)=D(x;\phi) \tag{2.102}$$

同理，样本来自生成模型的概率可以表示为 $p(y=0|x)=1-D(x;\phi)$。

　　对于样本 x，判断其来自 $p_r(x)$ 还是 $p_\theta(x)$ 一般用 $y=\{1,0\}$ 表示，这里 y 为样本标签，选择最小化交叉熵作为判别网络的目标函数，即

$$\min_\phi -\{E_x[y\log p(y=1|x)+(1-y)\log p(y=0|x)]\} \tag{2.103}$$

　　假设分布 $p(x)$ 是由 $p_r(x)$ 和 $p_\theta(x)$ 等比例混合而成的，即 $p(x)=\frac{1}{2}(p_r(x)+p_\theta(x))$，则式(2.103)等价于

$$\max_\phi E_{x \sim p_r(x)}[\log D(x;\phi)]+E_{x' \sim p_\theta(x')}[\log(1-D(x';\phi))]$$
$$= \max_\phi E_{x \sim p_r(x)}[\log D(x;\phi)]+E_{z \sim p_\theta(z)}[\log(1-D(G(z;\theta);\phi))] \tag{2.104}$$

其中，ϕ 是判别网络的网络参数，θ 是生成网络的网络参数。

　　与判别网络的目标相反，生成网络的目标是尽可能地欺骗判别网络，让它分不清真实样本和自己生成的样本之间的区别：

$$\max_\theta\{E_{z \sim p(z)}[\log D(G(z;\theta);\phi)]\}=\min_\theta\{E_{z \sim p(z)}[\log(1-D(G(z;\theta);\phi))]\} \tag{2.105}$$

　　判别网络和生成网络的目标函数在理论上是等价的，但由于前者具有更好的梯度性质，在实际训练中更加常用。进一步分析 $\log(x),x \in (0,1)$ 可得，当 x 接近 1 时，其梯度远小于函数

值接近 0 时的梯度,即更接近"饱和"区间。这意味着,如果判别网络 D 很有把握地将生成网络 G 产生的样本判别为"假"样本,也就是 $1-D(G(z;\theta);\phi)\rightarrow 0$,则目标函数关于 θ 的梯度会很小,这将不利于优化过程。

2.4.3　模型训练

相对于其他单目标优化任务,GAN 的两个网络具有截然不同的优化目标,这使得 GAN 的训练非常困难且稳定性较差,因此需要尽可能平衡两个网络的能力。在对抗训练过程中,判别网络的能力应该适中地强于生成网络,但又不能过于强大,以避免出现生成器无法提升的问题。为了平衡两个网络的能力,可以采用各种技巧,如调整网络结构、超参数或训练策略,又如使用正则化技术来限制判别网络的复杂性;还可以使用一些先进的技术,如渐进式训练、生成器投影梯度下降等,来提高 GAN 的训练稳定性和性能。

GAN 的训练流程可以参考算法 2.1。每次迭代,判别网络和生成网络交替更新,判别网络先更新 K 次,然后生成网络更新一次。这意味着判别网络必须具备足够的能力才能开始训练生成网络。在实践中,这个 K 值通常是一个超参数,其取值取决于具体的任务。

算法 2.1　GAN 的训练过程

输入:设定训练集为 D,样本小批量数量为 M,训练对抗网络迭代的次数为 T,训练判别网络迭代的次数为 K。

1　将超参数随机地进行 θ,ϕ 初始化;
2　for $t\leftarrow 1$ to T do
3　　for $k\leftarrow 1$ to K do
　　　　// 判别网络 $D(x;\phi)$ 训练开始
4　　　采集 M 个样本 $\{x^{(m)}\}$,$1\leqslant m\leqslant M$,样本来自训练集 D;
5　　　采集 M 个样本 $\{z^{(m)}\}$,$1\leqslant m\leqslant M$,样本来自正态分布 $N(0,I)$;
6　　　超参数 ϕ 利用随机梯度法进行更新,即
$$\frac{\partial}{\partial\phi}\Big[\frac{1}{M}\sum_{m=1}^{M}(\log D(x^{(m)};\phi)+\log(1-D(G(z^{(m)};\theta);\phi)))\Big];$$
7　　end
　　　// 生成网络 $G(z;\theta)$ 训练开始
8　　采集 M 个样本 $\{z^{(m)}\}$,$1\leqslant m\leqslant M$,样本来自正态分布 $N(0,I)$;
9　　超参数 θ 利用随机梯度法进行更新,即
$$\frac{\partial}{\partial\theta}\Big[\frac{1}{M}\sum_{m=1}^{M}D(G(z^{(m)};\theta),\phi)\Big];$$
10　end
输出:生成网络 $G(z;\theta)$。

2.4.4　深度卷积生成对抗网络——DCGAN

在深度卷积生成对抗网络中,判别网络是经典的深度卷积网络,但是去除了原来的最大池化操作,改为在实现下采样的操作中使用带有步长的卷积;生成网络则在深度卷积网络的基础上进行了较大改进,这种新的网络结构被称为微步卷积网络,如图 2.17 所示。首先从一个100 维的均匀分布中随机采样一个向量 z 作为网络输入,然后将其重构为 $4 \times 4 \times 1\,024$ 的张量,最后使用四层微步卷积将其转换为 64×64 大小的图像。这个过程取消了汇聚层的设计。

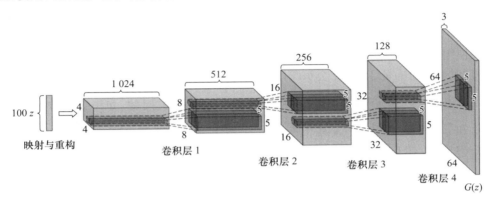

图 2.17　DCGAN 中的生成网络

DCGAN 采用了一些经验性的网络结构设计来稳定对抗训练过程,包括以下主要改进。

(1) 在判别网络中舍弃以往的池化操作,用步长的卷积代替。为进一步提高稳定性,判别网络均采用 LeakyReLU 激活函数。

(2) 生成网络中采用微步卷积避免损失信息,激活函数大都采用 ReLU 函数,只有最后一层使用 tanh 函数。

(3) 把批量归一化加入训练过程,加速训练并提高稳定性。

(4) 为降低模型复杂度,抛弃了原本在卷积层后的全连接层。

2.4.5　模型分析

将判别网络和生成网络视为一个整体,可以把整个 GAN 的目标函数看作一种最小化最大化博弈,也就是式(2.106)所示的形式:

$$\min_{\theta} \max_{\phi} \{ E_{x \sim p_r(x)}[\log D(x;\phi)] + E_{x \sim p_\theta(x)}[\log(1 - D(x';\phi))] \}$$

$$= \min_{\theta} \max_{\phi} \{ E_{x \sim p_r(x)}[\log D(x;\phi)] + E_{z \sim p_\theta(z)}[\log(1 - D(G(z;\theta);\phi))] \} \quad (2.106)$$

由于生成网络存在梯度问题,因此式(2.106)大都作为理论推导来使用,应用时还是要根据实际情况改动训练时的目标函数。

假设分布 $p_r(x)$ 和 $p_\theta(x)$ 已知,则最优判别器为

$$D^*(x) = \frac{p_r(x)}{p_r(x) + p_\theta(x)} \quad (2.107)$$

将 $D^*(x)$ 代入式(2.106),其目标函数可推导为式(2.108)所示的形式:

$$L(G \mid D^*) = E_{x \sim p_r(x)} \left[\log D^*(x) \right] + E_{x \sim p_\theta(x)} \left[\log(1 - D^*(x)) \right]$$

$$= E_{x \sim p_r(x)} \left[\log \frac{p_r(x)}{p_r(x) + p_\theta(x)} \right] + E_{x \sim p_\theta(x)} \left[\log \frac{p_\theta(x)}{p_r(x) + p_\theta(x)} \right]$$

$$= \mathrm{KL}(p_r, p_a) + \mathrm{KL}(p_\theta, p_a) - 2\log 2$$

$$= 2\mathrm{JS}(p_r, p_\theta) - 2\log 2 \tag{2.108}$$

其中,JS($\cdot$)表示 JS 散度;$p_a(x) = \frac{1}{2}(p_r(x) + p_\theta(x))$表示一个平均分布。

生成网络的优化目标在判别网络训练到最优时就等价于最小化 p_r 和 p_θ 之间的 JS 散度。当 p_r 和 p_θ 完全一致时,JS 散度的值就变为 0,最优生成网络 G^* 也得到了它的最小损失值,即 $L(G^* \mid D^*) = -2\log 2$。

但是使用 JS 散度训练 GAN 在特殊情况下会产生这样一个问题:考虑两个分布没有重叠的情况,这时两个分布的 JS 散度会恒等于常数 $\log 2$。这也直接导致生成网络的目标函数关于参数 θ 的梯度 $\frac{\partial L(G \mid D^*)}{\partial \theta} = 0$,也就是通常提到的梯度消失问题,如图 2.18 所示。可以看到,当 p_r 和 p_θ 完全不重叠时,对于所有的生成数据,最优判别器 D^* 的输出都为 0,即 $D^*(G(z; \theta)) = 0$,对于所有的 z,生成网络的梯度也因此直接消失。

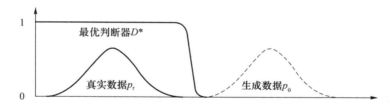

图 2.18　GAN 中的梯度消失问题

综上所述,为了确保生成网络的梯度仍然存在,通常会限制判别网络进行梯度下降的步数,而不是将其训练到最优状态;此外,为了避免生成网络出现梯度错误,判别网络的判别能力也不能太弱。然而,难点就在于如何平衡梯度消失和梯度错误,这也是 GAN 在训练时稳定性较差的主要因素。

2.4.6　KL 散度与模型坍塌

由于 KL 散度是一种非对称散度,因此 p_r 和 p_θ 之间的 KL 散度的计算结果与其计算顺序有关。因此,可以定义两种不同的 KL 散度:前向 KL 散度 $\mathrm{KL}(p_r, p_\theta)$ 和逆向 KL 散度 $\mathrm{KL}(p_\theta, p_r)$。具体而言,前向 KL 散度和逆向 KL 散度的定义如下:

$$\mathrm{KL}(p_r, p_\theta) = \int p_r(x) \log \frac{p_r(x)}{p_\theta(x)} \mathrm{d}x \tag{2.109}$$

$$\mathrm{KL}(p_\theta, p_r) = \int p_\theta(x) \log \frac{p_\theta(x)}{p_r(x)} \mathrm{d}x \tag{2.110}$$

图 2.19 展示了利用前向 KL 散度和逆向 KL 散度进行模型优化的例子,其中 p_r 由一个高斯混合分布建模而成,p_θ 由一个单一高斯分布建模而成。其中,黑色曲线和灰色曲线分别表示 p_r 和 p_θ 的等高线。

在前向 KL 散度中：

(1) 当 $p(x)\to 0$ 且 $q(x)>0$ 时，$p(x)\log\dfrac{p(x)}{q(x)}\to 0$。前向 KL 散度的计算基本上和 $q(x)$ 的取值没有太大的关系。

(2) 当 $p(x)>0$ 且 $q(x)\to 0$ 时，$p(x)\log\dfrac{p(x)}{q(x)}\to\infty$。前向 KL 散度会趋于无限大。

所以，前向 KL 散度不用回避 $p(x)\approx 0$ 的点，而应该促使 $q(x)$ 尽可能涵盖所有 $p(x)>0$ 的点。

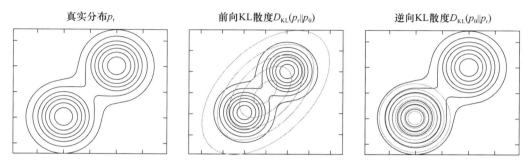

图 2.19　利用前向 KL 散度和逆向 KL 散度进行模型优化的例子

在逆向 KL 散度中：

(1) 当 $p(x)\to 0$ 而 $q(x)>0$ 时，$q(x)\log\dfrac{q(x)}{p(x)}\to\infty$。即当 $p(x)\to 0$，而 $q(x)$ 有一定的密度时，逆向 KL 散度会变得非常大。

(2) 当 $q(x)\to 0$ 时，不管 $p(x)\to 0$ 如何取值，$q(x)\log\dfrac{q(x)}{p(x)}\to 0$。

同理，逆向 KL 散度不需要顾及有没有覆盖所有 $p(x)>0$ 的点，而应该促使 $q(x)$ 尽可能避开所有 $p(x)\approx 0$ 的点。

若把式(2.105)当作生成网络的目标函数，并代入最优判别器 $D^*(x)$，就得到式(2.111)所示的推导结果：

$$
\begin{aligned}
L'(G\,|\,D^*)&=E_{x\sim p_\theta(x)}\left[\log D^*(x)\right]\\
&=E_{x\sim p_\theta(x)}\left[\log\frac{p_r(x)}{p_r(x)+p_\theta(x)}\cdot\frac{p_\theta(x)}{p_\theta(x)}\right]\\
&=-E_{x\sim p_\theta(x)}\left[\log\frac{p_\theta(x)}{p_r(x)}\right]+E_{x\sim p_\theta(x)}\left[\log\frac{p_\theta(x)}{p_r(x)+p_\theta(x)}\right]\\
&=-\mathrm{KL}(p_\theta,p_r)+E_{x\sim p_\theta(x)}\left[\log(1-D^*(x))\right]\\
&=-\mathrm{KL}(p_\theta,p_r)+2\mathrm{JS}(p_r,p_\theta)-2\log 2-E_{x\sim p_\theta(x)}\left[\log D^*(x)\right]\quad(2.111)
\end{aligned}
$$

其中，后两项和生成网络无关，因此

$$\arg\max_\theta L'(G\,|\,D^*)=\arg\min_\theta \mathrm{KL}(p_\theta,p_r)-2\mathrm{JS}(p_r,p_\theta)\qquad(2.112)$$

由于 JS 散度 $\mathrm{JS}(p(x),q(x))\in[0,\log 2]$ 是一个有界函数，因此逆向 KL 散度 $\mathrm{KL}(q(x),p(x))$ 会更多地影响到生成网络的优化目标，这也导致生成网络更多地生成"安全"样本，进而引起**模式坍塌**的问题。

2.4.7　改进模型 W-GAN

通过以上分析,可以得出以下结论:在 GAN 中,JS 散度并不适合作为衡量生成数 p_r 和 p_θ 之间距离的指标,因为通过 JS 散度优化训练 GAN 通常会伴随着模型崩溃和训练不稳定问题。因此,如果希望进一步改进 GAN,就需要在损失函数方面进行改动。

W-GAN 是一种进阶版的 GAN。在优化训练时,W-GAN 舍弃了 JS 散度,选用 1st-Wasserstein 距离。对于 p_r 和 p_θ,它们的 1st-Wasserstein 距离定义为

$$W^1(p_r, p_\theta) = \inf_{\gamma \sim \Gamma(p_r, p_\theta)} E_{(x,y) \sim \gamma}[\|x - y\|] \tag{2.113}$$

其中,$\Gamma(p_r, p_\theta)$ 是边际分布为 p_r 和 p_θ 的所有可能的联合分布集合。需要注意的是:KL 散度和 JS 散度在 p_r 和 p_θ 没有重叠时不会因为两个分布之间的距离而改变,此时 KL 散度为 $+\infty$,JS 散度为 $\log 2$,但 1st-Wasserstein 距离却依然能够衡量 p_r 和 p_θ 之间的距离。

p_r 和 p_θ 的 1st-Wasserstein 距离在大多数情况下是无法计算的,然而对偶形式的 1st-Wasserstein 距离提供了一个解法:

$$W^1(p_r, p_\theta) = \sup_{\|f\|_L \leqslant 1} (E_{x \sim p_r}[f(x)] - E_{x \sim p_\theta}[f(x)]) \tag{2.114}$$

其中,$f: R^d \to R$ 为 1-Lipschitz 函数,定义为

$$\|f\|_L = \sup_{x \neq y} \frac{|f(x) - f(y)|}{|x - y|} \leqslant 1 \tag{2.115}$$

式(2.114)称为 Kantorovich-Rubinstein 对偶定理。

由 Kantorovich-Rubinstein 对偶定理可知,两个分布 p_r 和 p_θ 之间的 1st-Wasserstein 距离可以转化为一个满足 1-Lipschitz 连续条件的函数在分布差期望上限处的取值。一般来讲,1-Lipschitz 连续可以松弛为 K-Lipschitz 连续。这种转换使得分布之间的 1st-Wasserstein 距离可以表示为一个最大化函数和一个最小化函数的差值,也就是式(2.116)所示的形式,从而可以通过梯度下降算法进行优化。

$$W^1(p_r, p_\theta) = \frac{1}{K} \sup_{\|f\|_L \leqslant K} (E_{x \sim p_r}[f(x)] - E_{x \sim p_\theta}[f(x)]) \tag{2.116}$$

式(2.116)中的上界在大多数情况下是很难达到的。通过结合神经网络通用近似定理,假设存在神经网络 $f(x; \phi)$ 能够达到式(2.116)的上界,同时存在一个参数集合 Φ,其中 $\phi \in \Phi$,而神经网络 $f(x; \phi)$ 实际上就是 K-Lipschitz 连续函数,因此式(2.116)中的上界可以改写为

$$\max_{\phi \in \Phi}(E_{x \sim p_r}[f(x; \phi)] - E_{x \sim p_\theta}[f(x; \phi)]) \tag{2.117}$$

这里提到的神经网络 $f(x; \phi)$ 被称为**评价网络**。标准 GAN 中判别网络的值域范围为 $[0,1]$,但由于 $f(x; \phi)$ 评价网络的最后一层是线性层,其值域是没有限制的,因此这时候评价网络 $f(x; \phi)$ 的目标就是最大化在两个分布 p_r 和 p_θ 下期望的差。也就是说,$f(x; \phi)$ 需要对真实样本打出尽可能高的分数,而对于生成的模型样本打出尽可能低的分数。

为了满足 K-Lipschitz 连续性的要求,限制神经网络 $f(x; \phi)$ 参数的取值范围是一种不错的近似方法。这种方法也会使得神经网络的偏导数的模 $\left\|\frac{\partial f(x; \phi)}{\partial x}\right\|$ 小于某个上界,从而满足 K-Lipschitz 连续的要求。这里采用限制参数 ϕ 的取值范围的方法来实现这一目标,因为偏导数的大小与参数的取值范围有直接关系。令参数 ϕ 的值始终在一个有限的范围内,这个范围可以通过一个比较小的正数 c 来界定,即 $\phi \in [-c, c]$。

生成网络的目标是生成能够获得评价网络 $f(x;\phi)$ 高分的样本。也就是尽可能提高其生成样本的质量，以便能够获得更高的评分：

$$\max_{\theta} E_{z \sim p(z)} \left[f(G(z;\theta);\phi) \right] \qquad (2.118)$$

评价网络 $f(x;\phi)$ 的网络参数 θ 的梯度不会消失，这是因为评价网络本身被设计为一个不饱和函数，这也从理论上避免了 GAN 的训练不稳定问题，有助于缓解模型崩溃问题并增加生成样本的多样性。

W-GAN 的训练过程如算法 2.2 所示。

算法 2.2 W-GAN 的训练过程

输入：设定训练集为 D，样本小批量数量为 M，训练对抗网络迭代的次数为 T，训练判别网络迭代的次数为 K，参数 c 用于限制大小。

1   将超参数随机地进行 θ,ϕ 初始化；
2   for $t \leftarrow 1$ to T do
       // 评价网络 $f(x;\phi)$ 训练开始
3   for $k \leftarrow 1$ to K do
4   采集 M 个样本 $\{x^{(m)}\}$，$1 \leqslant m \leqslant M$，样本来自训练集 D；
5   采集 M 个样本 $\{z^{(m)}\}$，$1 \leqslant m \leqslant M$，样本来自正态分布 $N(0,I)$；
          // 计算评价网络参数 ϕ 的梯度
6          $g_{\phi} = \dfrac{\partial}{\partial \phi} \left[\dfrac{1}{M} \sum\limits_{m=1}^{M} (f(x^{(m)};\phi) - f(G(z^{(m)};\theta);\phi)) \right]$；
7          $\phi \leftarrow \phi + \alpha \cdot \text{RMSProp}(\phi, g_{\phi})$
8          $\phi \leftarrow \text{clip}(\phi, -c, c)$；
9   end
       // 生成网络 $G(z;\theta)$ 训练开始
10   从分布 $N(0,I)$ 中采集 M 个样本 $\{z^{(m)}\}$，$1 \leqslant m \leqslant M$；
       // 更新生成网络参数 θ
11       $g_{\phi} = \dfrac{\partial}{\partial \theta} \left[\dfrac{1}{M} \sum\limits_{m=1}^{M} f(G(z^{(m)};\theta),\phi) \right]$；
12       $\theta \leftarrow \theta + \alpha \cdot \text{RMSProp}(\theta, g_{\theta})$
13   end

输出：生成网络 $G(z;\theta)$。

2.4.8 GAN 在不同领域的应用

GAN 模型最显著的特点在于无需显式地对数据分布进行建模或专门设计损失函数，这也促使它被研究者们在多个领域应用。

（1）传统的深度学习方法在从低分辨率图像重建高分辨率图像时，往往会出现模糊的纹理细节问题。相比之下，GAN 通过生成模型的方式，更加有效地解决了这个问题，生成的高分辨率图像更加逼真、具有更多的细节,并在监控设备、医学影像等领域得到广泛应用。

（2）在图像检测任务中,小目标对象通常由于分辨率低而难以被准确检测。为提高目标检测的准确性,研究者使用 GAN 技术,以低分辨率图像为基础生成高分辨率图像。这一过程中,判别器分为对抗分支和感知分支,对抗分支用于生成高分辨率图像,感知分支则确保生成的高分辨率图像对目标检测具有实际用途。

（3）在数字媒体生成领域,GAN 也得到了广泛应用。GAN 可以用于生成逼真的虚拟现实场景、电影特效和人工动画,通过对现有视频数据的学习,GAN 可以生成具有不同特征的新视频,如场景、人物、动作和光影等,这种技术可以用于电影和游戏的制作中,使得创作更加高效。在音乐生成方面,GAN 可以生成具有不同风格和情感的音乐,可以学习音乐数据的模式,然后生成新的音乐作品,如电子音乐、古典音乐和流行音乐等,这种技术可以用于音乐创作、电影配乐和游戏音效等领域。在语言生成方面,GAN 可以用于自然语言处理,如生成具有不同主题、风格和情感的文本内容,可以学习自然语言数据的结构和语法,然后生成新的文本作品,如小说、新闻报道和社交媒体帖子等,这种技术可以用于自然语言生成、文本摘要和机器翻译等领域。在语音生成方面,GAN 可以用于生成逼真的人工语音和声音效果,可以学习语音数据的声音特征和语音模式,然后生成新的语音作品,如配音、语音合成和音效设计等,这种技术可以用于语音合成、音频处理和语音识别等领域。

总之,GAN 网络被广泛应用于图像生成、目标检测、数字媒体生成等领域,在许多应用场景中都已经取得了显著的成功,可以为各个领域的创作者和技术人员提供有力的工具和创新性的思路。

2.4.9　小结

GAN 在深度生成模型领域具有开创性意义,它突破了传统概率模型的限制,不用再通过最大似然估计来学习参数。但 GAN 的训练依然较为困难。DCGAN 是 GAN 的一个成功实现,能够生成高度逼真的自然图像。此外,在文本生成任务上通过将 GAN 与强化学习结合,能够建立文本生成模型。为了解决 GAN 训练中的不稳定性问题,W-GAN 舍弃原本的 JS 散度,选用 1st-Wasserstein 距离进行训练。

尽管深度生成模型已经取得了很大的成功,但作为一种无监督模型,它们仍存在一些缺陷。其中之一是缺乏有效的客观评估方法,这使得人们很难客观地比较不同模型之间的优劣。

这种缺陷使得深度生成模型的性能评估变得困难。由于生成模型没有明确的标签或目标函数来指导训练,评估生成模型的质量变得更加主观。一些常用的评估方法包括使用人类评价、评估生成样本的多样性和质量、计算生成样本与真实数据之间的相似度等。然而,这些评估方法都存在一定的局限性和主观性,难以提供全面且客观的性能评估。

因此,如何有效、客观地评价深度生成模型的性能仍然是一个值得研究的问题。需要进一步探索新的评估指标和方法,以提高生成模型性能评估的客观性和全面性,从而促进深度生成模型的发展和应用。

2.4.10　习题

1. 简单描述 GAN 的基本思想。

2. 结合 GAN 的损失函数简要分析其优化目标。

3. 考虑一个二分类器 $f(x)$,其目标是将样本分类为 c_1 和 c_2,其中 $p(c_1)=p(c_2)$。分类器 $f(x)=p(c_1|x)$ 用于预测一个样本 x 来自类别 c_1 的后验概率,样本 x 在两个类中的条件分布分别为 $p(x|c_1)$ 和 $p(x|c_2)$。试证明若采用交叉熵损失函数:
$$L(f)=E_{x\sim p(x|c_1)}\left[\log f(x)\right]+E_{x\sim p(x|c_2)}\left[\log(1-f(x))\right]$$
则最优分类器 $f^*(x)$ 为
$$f^*(x)=\frac{p(x|c_1)}{p(x|c_1)+p(x|c_2)}$$

4. GAN 的判别器 D 采用的一类常见优化目标是最大化真实数据分布 $p(x)$ 和生成器 G 所产生的估计数据分布 $q(x)$ 之间的 JS 散度,其定义如下:
$$\mathrm{JS}(p(x)\|q(x))=\frac{1}{2}\mathrm{KL}\left(p(x)\left\|\frac{p(x)+q(x)}{2}\right.\right)+\frac{1}{2}\mathrm{KL}\left(q(x)\left\|\frac{p(x)+q(x)}{2}\right.\right)$$
证明:$\mathrm{JS}(p(x)\|q(x))$ 是 $[0,\log 2]$ 范围内的有界函数。

5. 在给定判别器 D 的条件下,GAN 的生成器 G 的优化目标通常是最大化 $L(G|D)=E_{x\sim q(x)}\left[\log D^*(x)\right]$。将理论上的最优判别器 $D^*(x)=\dfrac{p(x)}{p(x)+q(x)}$ 代入上述生成器优化目标,证明下式成立:
$$L(G|D)=E_{x\sim q(x)}\left[\log D^*(x)\right]$$
$$=-\mathrm{KL}(q(x),p(x))+2\mathrm{JS}(p(x),q(x))-2\log 2-E_{x\sim p(x)}\left[\log D^*(x)\right]$$

2.5　基于流的生成模型

基于流的生成模型参考资料

基于流的生成模型,也叫流模型,是一种机器学习模型。这类模型通常使用神经网络来学习数据的潜在分布,并使用这些学到的概率分布来生成新的数据。它使用了一种叫作归一化流(normalizing flow)的技术来学习数据的潜在分布。这类模型通过变换数据的分布来生成新的数据。归一化流模型的基本思想是将数据的分布变换为一个标准分布,如高斯分布。这样做的好处是,标准分布的概率密度函数可以直接计算,这样就可以计算出新生成的数据的概率密度函数。由于其能生成高质量的数据并具有较高的可解释性,该方法在生成领域场景中得到了广泛的应用。在艺术生成领域中,它可以通过学习艺术作品的数据分布来生成新的艺术作品。例如,通过学习画家的风格来生成新的画作,通过学习音乐家的风格来生成新的音乐。流模型生成的图像、音乐、视频都具有很高的质量,细节和色彩都很好。此外,流模型还可以用来生成虚拟现实和增强现实的内容。例如,可以通过学习真实世界的场景生成虚拟现实世界。这样的虚拟现实世界不仅看起来更加逼真,而且可以通过控制流模型的参数调整虚拟世界的不同特征,如光线、颜色等。

流模型中,通常使用两种基本变换:线性变换和非线性变换。线性变换可以表示为
$$y=Ax+b \tag{2.119}$$
其中,A 是线性变换矩阵,x 是输入数据,b 是偏移量。非线性变换可以表示为
$$y=f(x) \tag{2.120}$$
其中,f 是非线性函数。

流模型通常使用多个变换 $f_1, f_2, \cdots, f_K$ 来学习复杂的分布。这些变换可以组合起来,形成一个流网络。组合多个变换后,可以得到一个变换函数:

$$y = f_K(f_{K-1}(\cdots f_2(f_1(x)))) \tag{2.121}$$

如果 $f_1, f_2, \cdots, f_K$ 可逆,那么对于这个变换函数,我们可以计算出对应的逆变换函数,表示为

$$x = f_1^{-1}(f_2^{-1}(\cdots f_{K-1}^{-1}(f_K^{-1}(y)))) \tag{2.122}$$

这样就可以通过变换函数将标准分布的数据转换为潜在分布的数据,并通过逆变换将潜在分布的数据转换为标准分布的数据。在计算过程中,还需要计算变换函数的导数矩阵,这个矩阵称为流网络的 Jacobian 矩阵。这个矩阵可以通过链式法则计算出:

$$J = \prod_{i=1}^{K} J_i \tag{2.123}$$

其中,J_i 是第 i 个变换函数的 Jacobian 矩阵。

由于流模型使用了归一化流的技术,所以它还需要计算出对数似然函数的导数。对数似然函数表示为

$$\log p(x) = \log p_0(x) - \sum_{i=1}^{K} \log|\det(J_i)| \tag{2.124}$$

其中,$p_0(x)$ 是标准分布的概率密度函数,$\det(J_i)$ 是第 i 个变换函数的 Jacobian 矩阵的行列式。根据上式,流模型就可以通过训练数据来学习潜在分布的概率密度函数,并可以生成新的数据。接下来详细介绍当前流行的流模型方法。图 2.20 所示为流模型示例。

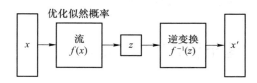

图 2.20　流模型示例

2.5.1　归一化流模型

归一化流模型是一种可逆生成模型,能够学习复杂的分布并生成高维数据。它通过一系列可逆变换将简单的基本分布(如高斯分布)映射到目标分布。该模型通过学习这些转换的参数进行训练,并可用于各种任务,如密度估计、生成建模和基于模型的强化学习。归一化流模型背后的主要思想是使用一系列可逆转换将简单的基本分布转换为更复杂的目标分布。这些转换通常是用神经网络实现的。归一化流模型的关键特性是转换后的样本仍然是来自有效概率分布的样本,这意味着它们是归一化的,且它们的概率是定义良好的。这允许我们使用转换后的样本估计目标分布并执行各种任务。归一化流模型的一个优点是能够对复杂和高维的分布进行建模。这是因为它们可以由多个转换组成,每个转换可以学习目标分布的不同方面。此外,归一化流模型可以设计得很灵活,这意味着它们可以适应目标分布的形状,这使得归一化流模型非常适合于密度估计等任务,其目标是估计一组数据的底层分布。归一化流模型的另一个优点是能够从目标分布中生成高维样本。该模型使用基本分布中的样本作为输入,然后应用一系列转换从目标分布中获得转换后的样本,从而将归一化流模型用于生成与目标分布相似的新数据。图 2.21 所示为归一化流模型示例。

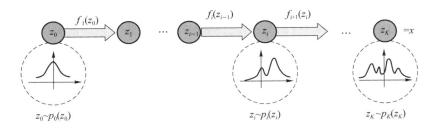

图 2.21　归一化流模型示例

　　除了密度估计和生成建模,归一化流模型也被用于基于模型的强化学习任务的过渡动态,允许我们在给定当前状态和行动的情况下估计未来状态和奖励的分布。然后,这些信息可以用来提高强化学习算法的性能,让它们做出更明智的决策。

　　总之,归一化流模型是一种强大而灵活的工具,可以为复杂的分布建模和生成高维数据。它已被应用于完成各种任务,包括密度估计、生成建模和基于模型的强化学习,并在这些领域中都显示出了有前景的结果。随着流模型规范化领域的不断发展,我们很可能会在未来看到更令人兴奋的发展和应用。

2.5.2　I-ResNet

　　可逆残差网络(i-ResNet)是一种用于生成模型的深度神经网络架构,非常适用于图像生成等任务。残差网络和可逆函数的结合使该模型能够处理高维数据并有效地生成高质量的样本。i-ResNet 高效生成样本和处理高维数据的能力使其成为广泛应用的强大工具。

　　i-ResNet 旨在通过将随机噪声转换为类似于目标分布的样本,从而有效地生成高维样本。i-ResNet 是一种归一化流模型,它是一种数学技术,允许模型将随机噪声转换为类似于目标分布的样本。与生成对抗网络等其他生成模型不同,i-ResNet 不使用采样技术生成样本。相反,它们使用一系列可逆函数将随机噪声映射到目标数据。i-ResNet 的一个优点是能够处理高维数据,使其非常适合图像生成等任务。该模型可以在高维图像上进行训练,生成具有高分辨率和精细细节的新图像。i-ResNet 的另一个优点是能够有效地生成样本。与使用马尔可夫链蒙特卡罗等采样技术的其他生成模型不同,i-ResNet 通过一系列可逆函数转换随机噪声来生成样本。这使得模型生成样本的效率比传统采样技术高得多。i-ResNet 的结构基于残差网络。残差网络是 2015 年引入的一种深度神经网络架构,其旨在解决深度神经网络中梯度消失的问题,该问题可能会使训练模型变得困难。在残差网络中,每一层的输入被添加到该层的输出中,允许模型学习残差函数,而不是从输入到输出的完整映射。在 i-ResNet 中,残差结构与可逆函数相结合,创建了一个强大的生成模型。可逆函数允许模型学习将随机噪声映射到目标数据,然后从学习到的分布中生成新的样本;残差结构允许模型处理高维数据并生成高质量的样本。i-ResNet 提出在神经网络中使用可逆层的思想,可以用于生成高质量的输出,同时也提供了一种反演输出以获得原始输入的方法,这使得它适用于生成模型(其目标是生成与现有数据相似的新数据)。可逆层能够将输入数据转换为易于生成的表示,同时允许从生成的表示中恢复原始数据,使它们可以在不丢失信息的情况下被重现。这通常是通过使用特定类型的可逆函数来实现的,如 Real NVP(归一化流变分自编码器)和 Glow(生成流)模型。

　　i-ResNet 的一个优点是它能够生成高质量的输出。i-ResNet 能够生成与输入数据相似的输出,这使得它适用于生成模型。此外,与其他类型的神经网络相比,它能够生成更多样化且不太容易过拟合的输出。i-ResNet的另一个优点是它能够提供一种将输出反向转换回原始输入的方法。这使得它适用于逆问题,其目标是从生成的输出中恢复原始输入,包括图像修补、超分辨率和去噪。i-ResNet还在效率和可伸缩性方面提供了许多好处:能够处理大量数据,适用于深度神经网络,可用于对输入数据和生成输出之间的复杂关系进行建模;此外,i-ResNet的计算效率很高,这使得它适合在计算资源有限的实际应用中使用。

　　i-ResNet的实现涉及几个关键组件。一是可逆函数。在i-ResNet中,可逆函数用于将随机噪声映射到目标数据。可逆函数被设计为可微的,这意味着它们的导数可以被计算出来用于训练模型。在i-ResNet中最常见的可逆函数类型是仿射耦合层,它的定义如下:

$$f(x)=y=x+t(x_1) \tag{2.125}$$
$$g(y)=x \tag{2.126}$$

其中,x是输入,y是输出,x_1是x的前半部分,$t(x_1)$是一个依赖于x_1的可逆变换。二是残差结构。i-ResNet的残差结构用于解决深度神经网络中梯度消失的问题。残差结构允许模型学习残差函数,而不是从输入到输出的完整映射。i-ResNet的残差结构实现如下:

$$h(x)=F(x)+x \tag{2.127}$$

其中,x是输入,$F(x)$是残差函数,$h(x)$是输出。三是损失函数。i-ResNet中使用的损失函数用来测量生成的样本与目标数据之间的差异。i-ResNet中最常用的损失函数是负对数似然损失(Negative Log Likelihood,NLL),其定义如下:

$$L=-\log p(x) \tag{2.128}$$

其中,x为目标数据,$p(x)$为生成样本的概率密度函数。

　　i-ResNet通过使用随机梯度下降(SGD)等优化算法最小化损失函数来训练模型。在训练过程中,通过反向传播和梯度下降来学习可逆函数和残差函数。

2.5.3　NICE

　　多元信号在信号处理中十分常见,包括音频、图像和生物医学信号。信号处理的目标是从这些信号中提取有意义的信息,这通常需要分离构成信号的独立源。独立分量分析(ICA)是一种广泛使用的方法,通过假设源是线性独立的,并由线性过程生成来实现这一目标。然而,在许多实际应用中,源是由非线性过程生成的,因此传统的ICA方法可能无法提供源的准确表示。非线性独立成分估计(Non-linear Independent Components Estimation,NICE)是一种用于分离多源信号的机器学习技术。它的基本思想是对输入数据进行非线性变换,以分离出其中的独立成分。NICE模型通过使用非线性变换函数来实现独立成分的分离。这种变换函数是通过机器学习方法训练得到的,它具有较高的非线性能力,可以处理复杂的数据分布。在训练过程中,NICE模型会学习输入数据的非线性关系,并对其进行非线性变换,以分离出其中的独立成分。NICE模型与传统的独立成分分析(ICA)相比,具有更高的分离能力。传统的ICA方法仅考虑数据的线性关系,而NICE方法则能够处理非线性关系。因此,NICE方法在处理复杂的数据分布时表现更优秀。NICE的基础是:独立源产生的非高斯信号是最大程度统计独立。NICE通过将数据转换到更高维的空间来近似非线性混合过程,使源更具线性独立性,然后使用传统的ICA方法估计转换信号,并通过将估计信号转换回原始空间来恢复原始源。

NICE 的一个优点是其能够分离高度非线性混合的信号源。这在信号源是由复杂的非线性过程生成的情况下特别有用,如在音频和图像信号中。NICE 对噪声和其他污染物存在时的表现也很强壮,并且可以用来分离随时间变化的信号。NICE 的另一个优点是可以用来估计非线性混合过程,这在信号恢复、去噪和压缩等应用中非常有用。NICE 还可以用来估计高维度信号的潜在信号源,而这对于传统的 ICA 方法是不可行的。

NICE 的目标是找到一个变化 $h=f(x)$,将数据映射到一个新的空间中;这个空间中的各个分量之间都是独立的,即 $p_H(h)=\prod_d p_{H_d}(h_d)$。通过 $h \sim p_H(h)$ 和 $x=f^{-1}(h)$,可以实现 x 的生成(采样)。NICE 采用了一种特殊的变换层,称为 Coupling layer,它用于将输入的高维向量分成两个低维向量进行变换。Coupling layer 的主要思想是将输入的高维向量分成两部分,仅对其中一部分进行变换,而另一部分保持不变。

Coupling layer 的变换公式为

$$z_1 = x_1 \tag{2.129}$$
$$z_2 = g(x_2, t(x_1)) \tag{2.130}$$

其中,$g(\cdot)$ 和 $t(\cdot)$ 是通过神经网络计算出来的变换函数。

Coupling layer 在 NICE 中起到重要作用,通过多层 Coupling layer 的叠加,可以将高维向量的概率密度函数逐渐转化为标准高斯分布,这样就可以使用简单的采样方法生成样本。需要注意的是,Coupling layer 是一种变换层,它并不是用来计算概率密度函数的参数的,而是用来转化概率密度函数的形式的。在 NICE 算法中,Coupling layer 通常与逆变换层配对使用,以实现生成样本和还原样本的转换。

NICE 的主要限制之一是它的计算复杂度在某些情况下可能很高。NICE 的计算复杂度取决于转换方法的选择和数据的维数。在某些情况下,NICE 的计算成本可能令人望而却步,这使得它难以大规模应用于实际生活。

2.5.4　IAF

逆自回归流(IAF)(一种改进变分推理)是一种用于提高变分推理的准确性和效率的技术,是机器学习和统计建模中常用的方法。变分推理是一种通过使用更简单、更容易处理的分布(称为变分分布)来近似复杂概率分布的方法。IAF 是一种基于流的模型,其背后的主要思想是使用可逆函数将变分分布转换为更精确的目标分布近似值。可逆函数被称为自回归流,易于反演,允许从转换后的分布中恢复目标分布。IAF 就是一种逆自回归流,因为它使用自回归流的逆将目标分布转换为变分分布。

与传统的变分推理方法相比,IAF 的一个优点是它能够提供更精确的目标分布近似。这是因为 IAF 能够捕获目标分布中变量之间的复杂关系,从而允许更精确地近似目标分布。此外,IAF 计算效率高,非常适合在计算资源有限的大规模机器学习应用中使用。IAF 的另一个优势是它能够处理高维数据。这是因为它使用了自回归流,能够捕获目标分布中变量之间的复杂关系。这使得 IAF 适用于目标分布是高维变量的机器学习应用,如图像处理和计算机视觉。IAF 在可解释性方面也提供了许多好处,它能够清晰地理解目标分布中变量之间的关系,这在各种应用中都很有用,包括数据分析和模型解释。此外,IAF 能够提供一种可视化目标分布的方法,允许更深入地理解目标分布中变量之间的关系。总之,利用逆自回归流改进变分推理是一种提高变分推理精度和效率的技术。

2.5.5 MAF

MAF(Masked Autoregressive Flow)是一种用于密度估计的生成模型,是学习给定数据集的底层概率分布的过程。该模型的目标是提供一个灵活而富有表现力的分布,用于从学习的分布中生成新的样本。近年来,MAF 因其处理复杂分布(包括高度相关和多模态数据)的能力而受到欢迎。MAF 是一种归一化流,能够通过一系列可逆转换将简单的基本分布转换为更复杂的基本分布。归一化流的关键优势在于,它们能够对具有任意形状的分布进行建模,同时保留执行有效计算和计算数据可能性的能力。这是通过保持可处理性来实现的,允许模型中执行有效的计算,并计算数据的可能性。MAF 使用可逆变换序列对数据的概率分布进行建模,每个变换都是一个神经网络,将一个简单的基分布映射到一个新的基分布。MAF 和其他归一化流程之间的关键区别在于,在 MAF 中,转换是隐藏的,这意味着神经网络只允许对给定其他变量子集的条件分布建模,从而提供一个更有表现力的模型,以及一个更有效的计算。MAF 体系结构可以表示为有向无环图,其中顶点是转换,边表示信息流。该模型的输入是观测到的变量,输出是基本分布的参数。训练 MAF 模型的目标是学习神经网络的权重,从而产生数据底层分布的最佳可能表示。为了训练 MAF 模型,使用一个基于可能性的目标函数,从而通过比较数据的预测概率和实际概率来衡量模型的质量;然后,使用基于梯度的优化方法,如随机梯度下降,来优化模型参数。在训练过程中,神经网络学习建模观察变量的条件分布,给定其他变量。在实践中,MAF 模型通常使用小批量梯度下降来训练,其中梯度在每次迭代中使用数据的小随机样本来估计,这允许更快的训练和更有效的计算,以降低过拟合的风险。从学习到的分布中生成新的样本,对于数据增强或探索优化问题中可能的解决方案非常有用。MAF 有两个显著作用。一是密度估计。MAF 可用于估计数据的密度,可用于各种目的,如异常检测或聚类。二是模型选择。MAF 可以用来比较不同的模型,并根据它们的可能性选择最好的模型。

2.5.6 PixelRNN

PixelRNN 是一种深度学习模型,用于图像生成和像素级预测任务。它是一个生成模型,使用循环神经网络(RNN)来模拟图像中像素的概率分布。RNN 通常是长短期记忆(LSTM)网络,非常适合于序列预测任务。PixelRNN 的目标是生成与给定训练数据集相似的新图像,或者预测给定部分或完整输入的图像的像素值。PixelRNN 背后的基本思想是使用 RNN 建模每个像素的条件概率,给定图像的同一行和同一列中的前一个像素。这意味着 PixelRNN 每次生成一个像素的图像,从左上角开始,向右下角移动。在每一步中,该模型将图像的当前状态作为输入,其中包括先前生成的像素,并输出下一个像素的概率分布。为了训练 PixelRNN,可以使用一个基于似然的目标函数,该函数通过将像素的预测概率与训练数据中的实际像素值进行比较来衡量模型的质量；然后，使用基于梯度的优化方法，如随机梯度下降，来优化模型的参数。在训练过程中，PixelRNN 通过对像素的条件概率建模来学习生成与训练数据相似的图像。一旦 PixelRNN 得到训练，它就可以用于达成各种目的，包括：①图像生成，PixelRNN 可以用来生成与训练数据相似的新图像，这对于数据增强或在优化问题中探索可能的解决方案非常有用；②图像补全，PixelRNN 可用于预测给定部分或完整输入的图像中缺失的像素，这对于修补等任务非常有用；③图像分割，PixelRNN 可用于预测图像中每个像素的类别标签，这对于语义分割之类的任务非常有用。图 2.22 所示为 PixelRNN 像素生成示例。

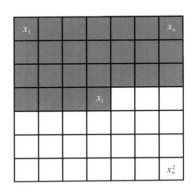

图 2.22　PixelRNN 像素生成示例

2.5.7　WaveNet

WaveNet 是谷歌 DeepMind 在 2016 年推出的用于语音合成的深度学习模型。它是一种生成模型，用于生成原始音频信号，如语音或音乐。WaveNet 的目标是生产高质量、听起来自然、与人类录制的音频没有区别的音频。WaveNet 是一种全卷积神经网络（FCN），旨在一次性生成一个音频样本。它使用一系列的扩张因果卷积来模拟音频样本的概率分布。扩张因果卷积允许网络保持因果关系，这意味着网络的输出只依赖于已经处理过的输入。WaveNet 的架构由多层扩张因果卷积组成，最后一层用于生成预测样本。WaveNet 的输入是之前的音频样本，输出是预测样本。用作输入的音频样本的数量可以根据所需的接受域大小进行调整。用于训练模型的目标函数是预测样本的负对数似然，用于训练 WaveNet 的优化算法通常是随机梯度下降。一旦 WaveNet 模型经过训练，它就可以用于各种目的，包括：①语音合成，WaveNet 可用于从文本输入中生成语音，其过程为在语音样本数据集上进行训练，然后生成与训练数据相似的新语音样本；②音乐合成，WaveNet 可以用来生成音乐，其过程为在音乐样本数据集上进行训练，然后生成与训练数据相似的新音乐样本；③音频去噪，WaveNet 可用于去除音频信号中的噪声，其过程为在噪声音频样本数据集上进行训练，然后生成与原始音频信号相似的干净音频样本。WaveNet 已被证明可以产生高质量的、与人类录制的音频难以区分的音频样本。WaveNet 的成功鼓励了其他用于音频合成的深度学习模型的发展，如 SampleRNN 和 WaveGlow。总之，WaveNet 是一个强大的音频合成深度学习模型，在许多应用中都非常成功。图 2.23 所示为 WaveNet 模型结构。

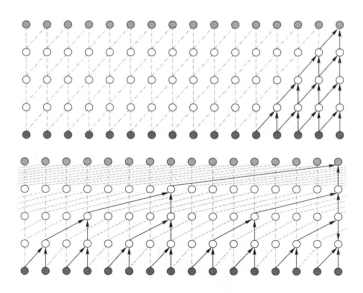

图 2.23　WaveNet 模型结构

2.5.8　Real NVP

Real NVP(Real Non-Volume Preserving)是一种用于生成复杂数据分布的生成模型。它通过对输入数据使用可逆变换来生成新的数据分布,使得生成的样本具有较高的复杂性和多样性。Real NVP 的关键特征是使用可逆变换来生成样本。在可逆变换中,每个输入的元素都有一个唯一的映射,这使得生成的样本可以逆向推断回输入。可逆性是 Real NVP 的一个关键优势,因为它使模型可以生成高质量的样本,并且可以简单地计算样本的对数概率密度函数。Real NVP 的第二个优势在于它可以同时处理高维度和复杂的数据分布,并且不需要像其他生成模型一样对数据进行预处理。它还支持随机生成样本,并且可以用于生成各种不同类型的数据,如图像、语音和文本数据。第三个优势是 Real NVP 的可扩展性,它可以使用任意数量的可逆变换堆叠来处理任意复杂的数据分布。此外,Real NVP 还可以使用许多不同类型的可逆变换,如卷积、批归一化和激活函数,以生成复杂的高维数据分布。Real NVP 是在 NICE 算法的基础上改进得到的。与 NICE 算法相比,Real NVP 更注重对生成样本的控制。不同于 NICE 中的 Coupling layer,Real NVP 中的 Coupling layer 主要分为两种:ST layer(Scale and Translation layer)以及仿射耦合层(Affine Coupling layer)。

ST layer 用来对输入的高维向量进行缩放和平移变换,公式为

$$z_1 = x_1 \tag{2.131}$$
$$z_2 = x_2 \odot s(x_1) + t(x_1) \tag{2.132}$$

仿射耦合层用来对输入的高维向量进行仿射变换,公式为

$$z_1 = x_1 \tag{2.133}$$
$$z_2 = x_2 \odot \exp(s(x_1)) + t(x_1) \tag{2.134}$$

其中,$s(x_1)$ 和 $t(x_1)$ 是通过神经网络计算出来的变换参数。

Real NVP 算法通过多层 ST layer 和仿射耦合层的叠加,可以将高维向量的概率密度函数逐渐转化为标准高斯分布。ST layer 和仿射耦合层的组合使得生成样本的效果更加优秀。

需要指出的是,规范化对于使这个网络训练良好至关重要。由于该算法有可逆性,所以在使用归一化技术时必须小心,以确保它仍可逆(如层归一化通常是行不通的)。添加归一化主要有两种情况:其一,将其添加到子网络中;其二,直接添加到耦合层路径中。Real NVP 对耦合层中使用的批处理规范层做了一个小的修改:不是直接使用小批量统计数据,而是使用一个经过动量因子加权的运行平均值。这将导致范数层中使用的平均值和方差在训练和生成中更加接近。

2.5.9 Glow

Glow 是 2018 年推出的深度生成模型。它是一种使用归一化流的生成模型,是一种数学技术,允许模型将随机噪声转换为类似于目标分布的样本。该模型被训练为学习将随机噪声映射到目标数据的转换,然后可以从学习到的分布中生成新的样本。Glow 是在 Real NVP 的基础上进行的改进。它的主要思想是将高维数据通过一系列的变换和重构,使得数据分布更加规则,便于生成样本。Glow 算法的核心思想是通过串联多层的变换和重构,将高维数据变换到低维空间,使得数据分布更加规则。这样可以使用简单的采样方法来生成样本。

Glow 的优势有五点。第一是高维数据生成,因此 Glow 非常适合执行图像生成等任务:该模型可以在高维图像上进行训练,生成具有高分辨率和精细细节的新图像。第二是高效采样,与使用马尔可夫链蒙特卡罗等采样技术的其他生成模型不同,Glow 通过一系列可逆函数转换随机噪声来生成样本,这使得模型生成样本的效率比传统采样技术高得多。第三是端到端训练,Glow 可以进行端到端训练,这意味着整个模型,包括可逆函数,都是从原始数据中训练出来的,这使得模型更加灵活,并允许它学习输入和输出数据之间的复杂关系。第四是可伸缩性,Glow 可以轻松扩展,以处理更大、更复杂的数据集,该模型可以在多个 GPU 上进行训练,从而可以处理具有数百万个样本的数据集。第五是易于实现,Glow 是作为一个神经网络实现的,这使得它易于实现并集成到现有的机器学习管道中。

Glow 算法在 Real NVP 算法基础上进行了改进,它通过使用 Act 归一化和 1×1 卷积层来提高生成样本的质量。其中,Act 归一化是对整个网络进行归一化,1×1 卷积层是对整个网络进行变换。Glow 模型的流程示意图如图 2.24 所示。

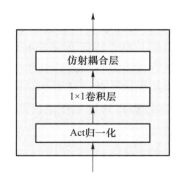

图 2.24　Glow 模型的流程示意图

Act 归一化主要用于提高网络的效率。它先对整个网络的输入数据进行归一化,并且计算出网络中的均值和方差;然后,使用网络中的均值和方差对整个网络进行归一化。涉及的公式为

$$z_i = \frac{x_i - \mu}{\sigma} \tag{2.135}$$

$$\mu = \frac{1}{n} \sum_{i=1}^{n} x_i \tag{2.136}$$

$$\sigma = \sqrt{\frac{1}{n} \sum_{i=1}^{n} (x_i - \mu)^2} \tag{2.137}$$

其中,x_i 是输入的数据,μ 和 σ 是均值和标准差,n 是数据的维度。通过归一化,Act 归一化可以帮助网络更好的收敛,并且可以提高网络的效率。

1×1 卷积层是一种卷积操作,主要用于提高网络中数据的可逆性。使用 1×1 的卷积核对整个网络进行卷积操作。卷积核的权值矩阵是可逆的,所以可以使用其逆矩阵来进行反向传播。具体来说,使用 W 作为卷积核:

$$z = Wx \tag{2.138}$$

$$x = W^{-1}z \tag{2.139}$$

其中,x 是输入数据,z 是变换后的数据,W 是卷积核。1×1 卷积层可以帮助网络更好地控制数据的分布,并且可以提高网络的效率。

通过 Act 归一化和 1×1 卷积层,Glow 算法能很好地控制生成样本的分布,并且其生成样本的质量也很高,在实际应用中取得了很好的效果。

2.5.10　flow＋＋

flow＋＋是一种新的编程语言,用于生成与现有数据相似的新数据。flow＋＋是专门为使开发人员更容易地使用基于流的生成模型而设计的,并能够提高这些模型的效率和准确性。flow＋＋提供的一个关键改进是它使用了变分去量化。变分去量化是一种可以用来提高基于流的生成模型精度的技术。它的工作原理是将作为基于流的生成模型输入的离散数据转换为连续表示,这使得模型能够更好地理解不同数据点之间的关系,并生成更高质量的输出。flow＋＋提供的另一个关键改进是它对架构设计的关注。该语言包括许多预构建的模块和库,可用于快速实现复杂的基于流的生成模型,这使得开发人员更容易创建和修改这些模型,并试验不同的体系结构设计,以便为给定的任务找到可能的最佳解决方案。flow＋＋还有帮助防止过拟合(当基于流的生成模型与训练数据联系过于紧密,并且在新的、不可见的数据上表现不佳时,就会发生过拟合)的功能。这些特征有助于确保模型能够很好地泛化,即使面对新数据也能生成高质量的输出。该语言在设计时考虑到了易用性,它提供了简单直观的语法,使开发人员更容易编写代码和理解代码的功能。这有助于减少训练和微调基于流的生成模型所需的时间,并且使开发人员更容易在协作环境中使用这些模型。

2.5.11　小结

流模型使用了一种归一化流的技术来学习数据的潜在分布,通过将数据的分布变换为一个标准分布,来计算新生成数据的概率密度函数。由于标准分布的概率密度可以直接计算,流模型具备较高的可解释性,因此其在视频、图像、语音和艺术生成等领域被广泛应用。

2.5.12　习题

1. 阐述 MAF 和归一化流模型的区别。
2. 相比 NICE，Real NVP 做了哪些改进？
3. 相比 Real NVP，Glow 做了哪些改进？
4. 阐述 PixelRNN 的工作原理。
5. 阐述 MAF 和 IAF 的区别。

2.6　扩散生成模型

扩散生成模型
参考资料

2.6.1　扩散生成模型介绍

前几节介绍的生成模型在实现高质量样本生成的同时也都有自己的局限性：生成对抗网络的对抗训练过程存在训练不稳定风险，同时存在生成样本多样性差的缺陷；变分自编码器依赖于变分后验分布的选择；基于流的生成模型必须使用专门的体系结构来构造可逆转换。扩散生成模型可以很好地解决上述问题，其训练过程只需训练生成器，并且训练使用的目标函数简单，不需要依赖判别器、后验分布等辅助网络，而且生成器没有结构限制。

扩散生成模型是深度生成模型的最新成果，已在图像生成任务中超越了 GAN，并在计算机视觉、自然语言处理、波形信号处理、多模态建模、分子图建模、时间序列建模、对抗性净化等多个应用领域表现出色。此外，扩散生成模型与稳健学习、表示学习、强化学习等研究领域密切相关。其灵感来源于非平衡热力学，其中定义了一个马尔可夫扩散步骤链，通过缓慢添加随机噪声向数据中添加随机性，并学习逆向扩散过程以从噪声中构建所需的数据样本。与 VAE 或流动模型不同，扩散模型通过固定过程进行学习，其潜在变量具有与原始数据相同的高维数。

扩散生成模型的核心思想是：从随机噪声出发按照既定的迭代步骤，一步步生成目标图像。这一点和毛泽东思想中的"星星之火，可以燎原"十分契合。"星星之火"指的是局部地区内的工农武装割据革命政权；"燎原"指的是革命的发展、红色政权的不断扩大并最终夺取全国政权。面对当时国内艰难的环境，毛泽东深入阐述了农村包围城市、武装夺取政权的工农武装割据思想，提出"星星之火，可以燎原"的思想主张，指出了中国革命的光明前景和希望。扩散生成模型的起点高斯噪声就是"星星之火"，找出正确的训练方法和迭代方向，就可以形成"燎原"之势，最终达成目标。沿着正确的方向，从无到有，从无序到有序，无论起点多低，只要有正确方向的引导，不管是实验目标，还是家国梦想，都一定能实现。

当前，最主流的扩散生成模型都是基于 2020 年的文章"Denoising Diffusion Probabilistic Models"（DDPM）建立的，作者 Jonathan Ho 等人来自加利福尼亚大学伯克利分校。后续的扩散生成模型大多在 DDPM 基础上进行应用或者对其缺陷进行改进。本节基于 DDPM 介绍扩散生成模型的基础理论以及应用。

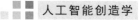

2.6.2　扩散生成模型基础

生成式建模的一个核心挑战是在灵活性和可计算性之间做出平衡。扩散生成模型通过正向扩散过程对数据分布进行扰动,并通过学习反向扩散过程来恢复数据分布,从而实现高度灵活且易于计算的生成模型。经典的 DDPM 模型由两个参数化马尔可夫链组成,包括一个前向链和一个反向链,其核心思想是利用变分推断在有限时间步骤内生成与原始数据分布一致的样本。前向链的作用是扰动数据,它根据预先设计的噪声进度逐步向数据中加入高斯噪声,直到数据的分布趋向于标准高斯分布。反向链从给定的高斯分布开始,通过使用参数化的高斯转移核逐步恢复原始数据分布。

1. 扩散前向过程

给定从真实数据分布中采样的数据 $x_0 \sim q(x)$,扩散生成模型的正向过程会逐步对采样数据添加高斯噪声,直到最终变成标准高斯噪声分布。该过程总共包含 T 步,产生一系列包含噪声的样本 $x_1, x_2, \cdots, x_T$,步长由方差表 $\beta_t \in (0,1)_{t=1}^T$ 控制。前向过程中,由于每个时刻 t 只与 $t-1$ 时刻有关,所以也可以看作马尔可夫过程。任意时刻的扩散 x_t 是在 x_{t-1} 上加噪后采样得到的,x_t 服从高斯分布:

$$q(x_t|x_{t-1}) = N(x_t; \sqrt{1-\beta_t}x_{t-1}, \beta_t I), q(x_{1:T}|x_0) = \prod_{t=1}^{T} q(x_t|x_{t-1}) \tag{2.140}$$

这个过程中,随着 t 增大,采样数据 x_0 逐渐失去其可区分的特征,越来越接近高斯噪声,最终当 $T \to \infty$ 时,x_T 等价于各向同性高斯分布。

上述前向过程的一个很好的特性是,通过使用重参数技巧(reparameterization trick),即任意时刻的 x_t 可以基于 x_0 和 β_t 计算得到,而不需要进行迭代。

如图 2.25 所示,前向过程中的每一时间步的 x_t 是从高斯分布 $q(x_t|x_{t-1})$ 中采样得到的,如果要从一个分布中随机采(高斯分布)一个样本,这个过程是无法进行梯度反向传播的,因此需要通过重参数技巧使得它可微。为了从高斯分布 $N(z; \mu, \sigma^2 I)$ 中采样,可以先从标准正态分布中采样得到 $\varepsilon \sim N(0,1)$,再通过仿射变换 $z = \mu + \sigma \cdot \varepsilon$ 生成目标采样 $z \sim N(z; \mu, \sigma^2 I)$。$z$ 是随机采样,这样采样过程的随机性就被转移到常量 ε 上,并且采样过程变得可导。

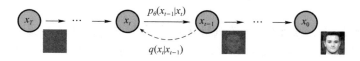

图 2.25　扩散模型的前向(q)和逆向(p)过程

通过使用重参数技巧,任意时刻的 x_t 都可以基于 x_0 和 β_t 计算得到。首先假设 $\alpha_t = 1 - \beta_t$,并且 $\bar{\alpha} = \prod_{i=1}^{T} \alpha_t$,则对 $q(x_t|x_{t-1}) = N(x_t; \sqrt{1-\beta_t}x_{t-1}, \beta_t I)$ 进行重采样得到 x_t:

$$
\begin{aligned}
x_t &= \sqrt{a_t}x_{t-1} + \sqrt{1-\alpha_t}z_1 \\
&= \sqrt{a_t}(\sqrt{a_{t-1}}x_{t-2} + \sqrt{1-\alpha_{t-1}}z_2) + \sqrt{1-\alpha_t}z_1 \\
&= \sqrt{a_t a_{t-1}}x_{t-2} + (\sqrt{a_t(1-\alpha_{t-1})}z_2 + \sqrt{1-\alpha_t}z_1) \\
&= \sqrt{a_t a_{t-1}}x_{t-2} + \sqrt{1-\alpha_t \alpha_{t-1}}\,\bar{z}_2 \\
&\cdots \\
&= \sqrt{\bar{\alpha}_t}x_0 + \sqrt{1-\bar{\alpha}_t}\,\bar{z}_t
\end{aligned}
\tag{2.141}
$$

其中，$z_1, z_2, \cdots \sim N(0, I), \overline{z}_2 \sim N(0, I)$。

由于独立高斯分布的可加性，$N(0, \sigma_1^2 I) + N(0, \sigma_2^2 I) \sim N(0, (\sigma_1^2 + \sigma_2^2) I)$，所以

$$\sqrt{a_t(1 - \alpha_{t-1})} z_2 \sim N(0, a_t(1 - \alpha_{t-1}) I)$$

$$\sqrt{1 - \alpha_t} z_1 \sim N(0, (1 - \alpha_t) I)$$

$$\sqrt{a_t(1 - \alpha_{t-1})} z_2 + \sqrt{1 - \alpha_t} z_1 \sim N(0, [a_t(1 - \alpha_{t-1}) + (1 - \alpha_t)] I)$$

$$= N(0, (1 - \alpha_t \alpha_{t-1}) I) \tag{2.142}$$

两个高斯分布可以混合得到标准差为 $\sqrt{1 - \alpha_t \alpha_{t-1}}$ 的混合高斯分布。因此任意时刻的 x_t 满足

$$q(x_t | x_0) = N(x_t; \sqrt{\overline{\alpha}_t} x_0, (1 - \overline{\alpha}_t) I) \tag{2.143}$$

通常，样本噪声越大，可以承受的迭代步长就越大，因此 β_t 的取值随着 t 的增大而递增，即 $\beta_1 < \beta_2 < \cdots < \beta_T$，因此 $\overline{\alpha}_1 > \overline{\alpha}_2 > \cdots > \overline{\alpha}_T$。

2. 逆扩散过程

扩散生成模型的前向过程可以看作对输入进行加噪的过程，那么逆向过程就可以看作扩散生成模型的去噪推断过程。如果能将上述前向过程转换方向，即从 $q(x_{t-1} | x_t)$ 中采样，那么就可以从一个随机的高斯分布 $N(0, I)$ 中重建出一个真实的原始样本 x_0，也就是从一个完全杂乱无章的噪声图片中得到一张真实图片。文献"On the theory of stochastic processes, with particular reference to applications"证明了：如果 $q(x_t | x_{t-1})$ 满足高斯分布并且 β_t 足够小，$q(x_{t-1} | x_t)$ 也将是高斯的。但是，由于需要从完整数据集中找到数据分布，不容易推断出 $q(x_{t-1} | x_t)$，因此需要学习一个模型 p_θ 来近似模拟这个条件概率，从而运行逆扩散过程。逆扩散过程仍然是一个马尔可夫链：

$$p_\theta(X_{0:T}) = p(x_T) \prod_{t=1}^{T} p_\theta(x_{t-1} | x_t) \tag{2.144}$$

$$p_\theta(x_{t-1} | x_t) = N(x_{t-1}; \mu_\theta(x_t, t), \Sigma_\theta(x_t, t)) \tag{2.145}$$

虽然无法直接得到后验分布 $q(x_{t-1} | x_t)$，但是如果已知 x_0，则可以通过贝叶斯公式得到前向过程的后验分布 $q(x_{t-1} | x_t, x_0)$：

$$q(x_{t-1} | x_t, x_0) = N(x_{t-1}; \tilde{\mu}(x_t, x_0), \tilde{\beta}_t I) \tag{2.146}$$

过程如下：

$$q(x_{t-1} | x_t, x_0) = q(x_t | x_{t-1}, x_0) \frac{q(x_{t-1} | x_0)}{q(x_t | x_0)} \tag{2.147}$$

$$\propto \exp\left(-\frac{1}{2}\left(\frac{(x_t - \sqrt{a_t} x_{t-1})^2}{\beta_t} + \frac{(x_{t-1} - \sqrt{\overline{a}_{t-1}} x_0)^2}{1 - \overline{a}_{t-1}} - \frac{(x_t - \sqrt{\overline{a}_t} x_0)^2}{1 - \overline{a}_t}\right)\right) \tag{2.148}$$

$$= \exp\left(-\frac{1}{2}\left(\left(\frac{a_t}{\beta_t} + \frac{1}{1 - \overline{a}_{t-1}}\right) x_{t-1}^2 - \left(\frac{2\sqrt{a_t}}{\beta_t} x_t + \frac{2\sqrt{\overline{a}_{t-1}}}{1 - \overline{a}_{t-1}} x_0\right) x_{t-1} + C(x_t, x_0)\right)\right) \tag{2.149}$$

利用贝叶斯公式，原本的逆向过程全部变回了前向过程，即 $(x_{t-1}, x_0) \rightarrow x_t; x_0 \rightarrow x_t; x_0 \rightarrow x_{t-1}$。式(2.148)为其对应的高斯概率密度函数，式(2.149)则整理成了 x_{t-1} 的高斯分布概率密度函数形式。一般的高斯概率密度函数的指数部分应该写为

$$\exp\left(-\frac{(x - \mu)^2}{2\sigma^2}\right) = \exp\left(-\frac{1}{2}\left(\frac{1}{\sigma^2} x^2 - \frac{2\mu}{\sigma^2} x + \frac{\mu^2}{\sigma^2}\right)\right) \tag{2.150}$$

因此，稍加整理可以得到式(2.146)中的方差和均值：

$$\frac{1}{\sigma^2} = \frac{1}{\tilde{\beta}_t} = \left(\frac{a_t}{\beta_t} + \frac{1}{1 - \overline{a}_{t-1}}\right), \quad \tilde{\beta}_t = \frac{1 - \overline{a}_{t-1}}{1 - \overline{a}_t} \cdot \beta_t$$

$$\frac{2\mu}{\sigma^2} = \frac{2\overline{\mu}_t(x_t, x_0)}{\tilde{\beta}_t} = \left(\frac{2\sqrt{a_t}}{\beta_t} x_t + \frac{2\sqrt{\overline{a}_{t-1}}}{1 - \overline{a}_{t-1}} x_0\right) \tag{2.151}$$

$$\tilde{\mu}_t(x_t, x_0) = \frac{\sqrt{a_t}(1-\overline{\alpha}_{t-1})}{1-\overline{\alpha}_t}x_t + \frac{\sqrt{\overline{\alpha}_{t-1}}\beta_t}{1-\overline{\alpha}_t}x_0 \tag{2.152}$$

根据前向扩散可知,x_t 可由 x_0 表示,所以 x_0 可由 x_t 表示为

$$x_0 = \frac{1}{\sqrt{\overline{\alpha}_t}}(x_t - \sqrt{1-\overline{\alpha}_t}\,\overline{z}_t) \tag{2.153}$$

带入式(2.152),可以得到

$$\tilde{\mu}_t = \frac{1}{\sqrt{\alpha_t}}\left(x_t - \frac{\beta_t}{\sqrt{1-\overline{\alpha}_t}}\overline{z}_t\right) \tag{2.154}$$

其中,前向过程中的高斯分布 $\overline{z}_t$ 在逆过程中可以使用深度学习进行预测,可看作 $z_\theta(x_t, t)$,对逆向过程而言,x_t 是已知的,因此只需要预测出噪声 $z_\theta(x_t, t)$。根据预测噪声可以求出均值:

$$\mu_\theta(x_t, t) = \frac{1}{\sqrt{\alpha_t}}\left(x_t - \frac{\beta_t}{\sqrt{1-\overline{\alpha}_t}}z_\theta(x_t, t)\right) \tag{2.155}$$

还需求出方差 $\Sigma_\theta(x_t, t)$,DDPM 中方差值直接使用式(2.151)中的 $\tilde{\beta}_t$,并且认为和使用 β_t 的结果近似,也有一些后续模型使用可训练的网络预测方差值。将均值和方差带入式(2.145)可以求出 $q(x_{t-1}|x_t)$,利用重参数技巧可以得到 x_{t-1}。

3. 扩散生成模型训练过程

在了解了扩散生成模型的推断过程之后,还需要知道如何训练扩散生成模型,才能得到推断过程所需要的均值 $\mu_\theta(x_t, t)$ 和方差 $\Sigma_\theta(x_t, t)$。DDPM 在真实数据分布下使用,能最大化模型预测分布的对数似然,即优化在 $x_0 \sim q(x_0)$ 下的 $p_\theta(x_0)$ 交叉熵的方式:

$$L_{CE} = \mathbb{E}_{q(x_0)}\left[-\log p_\theta(x_0)\right] \tag{2.156}$$

类似于 VAE,由于很难对噪声空间进行积分,直接优化式(2.156)很难,因此可以使用变分下限(Variational Lower Bound,VLB)来优化负对数似然。由于 KL 散度非负,可得到

$$-\log p_\theta(x_0) \leqslant -\log p_\theta(x_0) + D_{KL}(q(x_{1:T}|x_0)\|p_\theta(x_{1:T}|x_0))$$

$$= -\log p_\theta(x_0) + \mathbb{E}_{q(x_{1:T}|x_0)}\left[\log\frac{q(x_{1:T}|x_0)}{\frac{p_\theta(x_{0:T})}{p_\theta(x_0)}}\right]$$

$$= -\log p_\theta(x_0) + \mathbb{E}_{q(x_{1:T}|x_0)}\left[\log\frac{q(x_{1:T}|x_0)}{p_\theta(x_{0:T})} + \log p_\theta(x_0)\right]$$

$$= \mathbb{E}_{q(x_{1:T}|x_0)}\left[\log\frac{q(x_{1:T}|x_0)}{p_\theta(x_{0:T})}\right] \tag{2.157}$$

其中,$p_\theta(x_{1:T}|x_0) = \frac{p_\theta(x_{0:T})}{p_\theta(x_0)}$。对上式左右取期望 $\mathbb{E}_{q(x_0)}$,利用到重积分中的 Fubini 定理:

$$L_{VLB} = \mathbb{E}_{q(x_0)}\left(\mathbb{E}_{q(x_{1:T}|x_0)}\left[\log\frac{q(x_{1:T}|x_0)}{p_\theta(x_{0:T})}\right]\right)$$

$$= \mathbb{E}_{q(x_{0:T})}\left[\log\frac{q(x_{1:T}|x_0)}{p_\theta(x_{0:T})}\right] \geqslant \mathbb{E}_{q(x_0)}\left[-\log p_\theta(x_0)\right] \tag{2.158}$$

能够最小化 L_{LVB} 即可最小化目标损失。

使用詹森不等式获得相同的结果也很简单。假设将最小化交叉熵作为学习目标:

$$L_{CE} = -\mathbb{E}_{q(x_0)}\log p_\theta(x_0)$$

$$= -\mathbb{E}_{q(x_0)} \log\left(\int p_\theta(x_{0:T}) \mathrm{d}x_{1:T} \right)$$

$$= -\mathbb{E}_{q(x_0)} \log\left(\int q(x_{1:T}|x_0) \frac{p_\theta(x_{0:T})}{q(x_{1:T}|x_0)} \mathrm{d}x_{1:T} \right)$$

$$= -\mathbb{E}_{q(x_0)} \log\left(\mathbb{E}_{q(x_{1:T}|x_0)} \frac{p_\theta(x_{0:T})}{q(x_{1:T}|x_0)} \right)$$

$$\leqslant -\mathbb{E}_{q(x_{0:T})} \log \frac{p_\theta(x_{0:T})}{q(x_{1:T}|x_0)}$$

$$= \mathbb{E}_{q(x_{0:T})}\left[\log \frac{q(x_{1:T}|x_0)}{p_\theta(x_{0:T})} \right] = L_{\text{VLB}} \tag{2.159}$$

为了方便计算，可以将目标重写为多个 KL 散度和熵项的组合：

$$L_{\text{VLB}} = \mathbb{E}_{q(x_{0:T})}\left[\log \frac{q(x_{1:T}|x_0)}{p_\theta(x_{0:T})} \right]$$

$$= \mathbb{E}_q\left[\log \frac{\prod\limits_{t=1}^{T} q(x_t|x_{t-1})}{p_\theta(x_T)\prod\limits_{t=1}^{T} p_\theta(x_{t-1}|x_t)} \right]$$

$$= \mathbb{E}_q\left[-\log p_\theta(x_T) + \sum_{t=1}^{T} \log \frac{q(x_t|x_{t-1})}{p_\theta(x_{t-1}|x_t)} \right]$$

$$= \mathbb{E}_q\left[-\log p_\theta(x_T) + \sum_{t=2}^{T} \log \frac{q(x_t|x_{t-1})}{p_\theta(x_{t-1}|x_t)} + \log \frac{q(x_1|x_0)}{p_\theta(x_0|x_1)} \right]$$

$$= \mathbb{E}_q\left[-\log p_\theta(x_T) + \sum_{t=2}^{T} \log\left(\frac{q(x_{t-1}|x_t,x_0)}{p_\theta(x_{t-1}|x_t)} \cdot \frac{q(x_t|x_0)}{q(x_{t-1}|x_0)} \right) + \log \frac{q(x_1|x_0)}{p_\theta(x_0|x_1)} \right]$$

$$= \mathbb{E}_q\left[-\log p_\theta(x_T) + \sum_{t=2}^{T} \log \frac{q(x_{t-1}|x_t,x_0)}{p_\theta(x_{t-1}|x_t)} + \sum_{t=2}^{T} \log \frac{q(x_t|x_0)}{q(x_{t-1}|x_0)} + \log \frac{q(x_1|x_0)}{p_\theta(x_0|x_1)} \right]$$

$$= \mathbb{E}_q\left[-\log p_\theta(x_T) + \sum_{t=2}^{T} \log \frac{q(x_{t-1}|x_t,x_0)}{p_\theta(x_{t-1}|x_t)} + \log \frac{q(x_T|x_0)}{q(x_1|x_0)} + \log \frac{q(x_1|x_0)}{p_\theta(x_0|x_1)} \right]$$

$$= \mathbb{E}_q\left[\log \frac{q(x_T|x_0)}{p_\theta(x_T)} + \sum_{t=2}^{T} \log \frac{q(x_{t-1}|x_t,x_0)}{p_\theta(x_{t-1}|x_t)} - \log p_\theta(x_0|x_1) \right]$$

$$= \mathbb{E}_q\left[D_{\text{KL}}(q(x_T|x_0) \| p_\theta(x_T)) + \sum_{t=2}^{T} D_{\text{KL}}(q(x_{t-1}|x_t,x_0) \| p_\theta(x_{t-1}|x_t)) - \log p_\theta(x_0|x_1) \right]$$

$$\tag{2.160}$$

变分下限损失中的每个分量可以写为

$$L_{\text{VLB}} = L_T + L_{T-1} + \cdots + L_0$$
$$L_T = D_{\text{KL}}(q(x_T|x_0) \| p_\theta(x_T))$$
$$L_t = D_{\text{KL}}(q(x_t|x_{t+1},x_0) \| p_\theta(x_t|x_{t+1})) \tag{2.161}$$
$$L_0 = -\log p_\theta(x_0|x_1)$$

其中，$1 \leqslant t \leqslant T-1$；$L_T$ 是常量，在训练期间可以忽略，因为前向过程 q 没有可学习的参数并且 x_T 是高斯噪声；$L_0 = -\log p_\theta(x_0|x_1)$ 相当于最后一步的熵。文章 DDPM 指出，从 x_1 到 x_0 应

该是一个离散化过程,因为图像的 RGB 值都是离散化的。在文章 DDPM 中,L_0 可以使用一个从 $N(x_0;\mu_\theta(x_1,1),\Sigma_\theta(x_1,1))$ 推导出的独立的离散解码器进行模拟。而 L_t 可以看作两个高斯分布 $q(x_{t-1}|x_t,x_0)=N(x_{t-1};\tilde{\mu}(x_t,x_0),\tilde{\beta}_t I)$ 和 $p_\theta(x_{t-1}|x_t)=N(x_{t-1};\mu_\theta(x_t,t),\Sigma_\theta)$ 的 KL 散度,可根据多元高斯分布的 KL 散度求解:

$$L_t=\mathbb{E}_q\left[\frac{1}{2\|\Sigma_\theta(x_t,t)\|_2^2}\|\overline{\mu}_t(x_t,x_0)-\mu_\theta(x_t,t)\|^2\right]+C \tag{2.162}$$

其中,C 是与模型参数 θ 无关的常量。将式(2.154)中的 $\tilde{\mu}_t(x_t,x_0)$、式(2.155)中的 $\mu_\theta(x_t,t)$ 和式(2.141)中的 x_t 带入式(2.162)可以得到

$$
\begin{aligned}
L_t &= \mathbb{E}_{x_0,\overline{z}_t}\left[\frac{1}{2\|\Sigma_\theta(x_t,t)\|_2^2}\|\tilde{\mu}_t(x_t,x_0)-\mu_\theta(x_t,t)\|^2\right]\\
&= \mathbb{E}_{x_0,\overline{z}_t}\left[\frac{1}{2\|\Sigma_\theta(x_t,t)\|_2^2}\left\|\frac{1}{\sqrt{\alpha_t}}\left(x_t-\frac{\beta_t}{\sqrt{1-\overline{\alpha}_t}}\overline{z}_t\right)-\frac{1}{\sqrt{\alpha_t}}\left(x_t-\frac{\beta_t}{\sqrt{1-\overline{\alpha}_t}}z_\theta(x_t,t)\right)\right\|^2\right]\\
&= \mathbb{E}_{x_0,\overline{z}_t}\left[\frac{\beta_t^2}{2\alpha_t(1-\overline{\alpha}_t\|\Sigma_\theta\|_2^2)}\|\overline{z}_t-z_\theta(x_t,t)\|^2\right]\\
&= \mathbb{E}_{x_0,\overline{z}_t}\left[\frac{\beta_t^2}{2\alpha_t(1-\overline{\alpha}_t\|\Sigma_\theta\|_2^2)}\|\overline{z}_t-z_\theta(\sqrt{\overline{\alpha}_t}x_0+\sqrt{1-\overline{\alpha}_t}\,\overline{z}_t,t)\|^2\right]
\end{aligned} \tag{2.163}
$$

从上式可以看出,扩散生成模型训练的核心就是学习前向过程高斯噪声 $\overline{z}_t$ 和逆向过程预测噪声 z_θ 之间的均方误差。

文章 DDPM 中将训练目标进行进一步简化,并发现使用忽略加权项的简化目标训练扩散模型效果更好:

$$L_t^{\text{simple}}=\mathbb{E}_{x_0,\overline{z}_t}\left[\|\overline{z}_t-z_\theta(\sqrt{\overline{\alpha}_t}x_0+\sqrt{1-\overline{\alpha}_t}\overline{z}_t,t)\|^2\right] \tag{2.164}$$

文章 DDPM 中提供的训练/采样流程如图 2.26 所示。

Algorithm 1 Training	Algorithm 2 Sampling
1: **repeat**	1: $x_T \sim N(0,I)$
2: $x_0 \sim q(\mathrm{x}_0)$	2: **for** $t = T, \cdots, 1$ **do**
3: $t \sim \text{Uniform}(\{1,\cdots,T\})$	3: $z \sim N(0,I)$ **if** $t>1$, **else** $z=0$
4: $\varepsilon \sim N(0,I)$	4: $x_{t-1}=\frac{1}{\sqrt{\alpha_t}}\left(x_t-\frac{1-\alpha_t}{\sqrt{1-\overline{\alpha}_t}}\varepsilon_\theta(x_t,t)\right)+\sigma_t z$
5: Take gradient descent step on $\nabla_\theta\|\varepsilon-\varepsilon_\theta(\sqrt{\overline{\alpha}_t}x_0+\sqrt{1-\overline{\alpha}_t}\varepsilon,t)\|^2$	5: **end for**
6: **until** converged	6: **return** x_0

图 2.26　DDPM 中提供的训练/采样流程

扩散生成模型最终的优化目标非常简单,就是往网络预测前向过程添加噪声。DDPM 的训练过程也很简洁,其训练流程可以总结如下:

(1) 获取输入 x_0,从 1 到 T 随机采一个样本 t;

(2) 从标准高斯分布采样一个噪声 $\overline{z}_t \sim N(0,I)$;

(3) 最小化损失 $\|\overline{z}_t-z_\theta(\sqrt{\overline{\alpha}_t}x_0+\sqrt{1-\overline{\alpha}_t}\overline{z}_t,t)\|^2$,并更新梯度直到收敛。

4. 扩散生成模型的缺点与改进方向

虽然性能强大,但是原始扩散模型存在采样速度慢、最大化似然差、数据泛化能力弱等缺点。最近,许多研究都从这些缺点出发,尝试提升采样速度、优化最大似然和增强数据泛化能力。扩散生成模型的改进路线如图 2.27 所示。

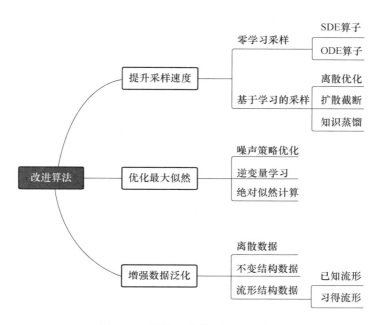

图 2.27　扩散生成模型的改进路线

（1）采样加速

为了实现最佳的生成样本质量，扩散生成模型往往需要进行数千步的计算。这限制了其在实际应用中的价值，因为通常需要生成大量新样本以供后续处理使用。因此研究者们已经进行了大量研究，以提高扩散生成模型的采样速度。其中，无训练采样改进方法包含使用常微分方程求解器采样以及使用随机微分方程求解器采样等。而基于训练的采样改进方法包含训练离散化、知识蒸馏和扩散截断等技术。

（2）优化似然

与基于似然函数的生成模型相比，扩散生成模型在最大似然估计方面表现不佳。但是最大似然估计在许多应用场景中都非常重要，如图像压缩、半监督学习和对抗性清洗等方面。由于对数似然难以直接计算，因此该方面的研究主要集中在优化和分析变分下界。对最大似然的优化可以分为三类：噪声策略优化、逆过程变量学习和绝对似然计算。

（3）增强数据泛化能力

扩散生成模型基于数据存在于欧几里得空间的假设，具有平面几何形状的流形，并且逐步添加高斯噪声会将数据转换为连续状态空间，因此最初的扩散生成模型只能处理图像等连续性数据，而将其直接应用到离散数据或其他数据类型的效果较差，这导致扩散生成模型的应用场景受到限制。因此研究者们为了增强其数据泛化能力，尝试将扩散生成模型推广到其他数据类型，如流形结构数据、不变结构数据、离散结构数据等等。

2.6.3　扩散生成模型和其他生成模型的联系

（1）DDPM 可以被视为层级马尔可夫模型，但其与一般的 VAE 有所不同。DDPM 作为 VAE，其编码器和解码器都服从高斯分布并且具有马尔可夫性质，它的隐变量维数与数据维数相同，且解码器的所有层都共用一个神经网络。

（2）DDPM 的扩散思想可以应用于 GAN，来解决训练不稳定问题。由于数据存在于高维空间中的低维流形中,因此 GAN 所生成的数据分布和真实数据分布的重合度低,从而导致训练不稳定。扩散生成模型通过向数据中加入逐渐增加的噪声,逐步地将一个简单的分布演化为目标分布,这个过程在训练判别器时非常有用。在训练 GAN 时,扩散生成模型可以作为一种正则化方法,用于在生成器和判别器之间保持平衡。通过向生成数据和真实数据添加噪声,扩散生成模型可以使 GAN 更加稳定,防止出现模式崩塌等问题。因此,扩散生成模型成了训练 GAN 的一种重要技术。

（3）归一化流模型通过可逆函数将数据映射到先验分布,这样做的局限在于其表达能力有限,应用效果有所欠缺。扩散生成模型将噪声添加到编码器中,可以增加标准流模型的表达能力,而从另一个角度看,这种方法将扩散生成模型推广为前向过程也可学习的模型。

（4）自回归模型(autoregressive model)在生成序列数据时需要保证生成的数据有一定的结构,这就导致自回归模型的设计和参数化非常困难。而扩散生成模型的训练方式启发了自回归模型的训练方法,通过引入噪声和随机采样的方式,避免了自回归模型设计中的困难。这种训练方法使得自回归模型可以像扩散生成模型一样灵活地生成高质量的序列数据,同时也避免了自回归模型面临的结构限制和设计困难的问题。

（5）能量模型(energy-based model)直接对原始数据的分布进行建模,但这种方法的学习和采样都比较困难。通过使用扩散恢复似然的技术,模型可以在对样本加入微小的噪声之后,从有略微噪声的样本分布来推断原始样本的分布,这种方法使得学习和采样过程更简单和稳定。

2.6.4　扩散生成模型的应用

得益于扩散生成模型的灵活性及其强大的性能,扩散生成模型在自然语言处理、计算机视觉、多模态学习、时间序列、对抗学习、波形信号处理以及分子图生成等领域均都得到了广泛的应用。表 2-8 总结了扩散生成模型在各领域的应用。

表 2-8　扩散生成模型在各领域的应用

一级应用	二级应用
计算机视觉	超分辨率,图像补全,图像翻译
	语义分割
	视频生成
	点云补全和生成
	异常检测
自然语言处理	自然语言处理
时序数据建模	时间序列归因
	时间序列预测
	波形信号处理
多模态学习	文字生成图像
	文字生成音频
鲁棒学习	鲁棒学习
跨学科应用	分子图建模
	材料设计
	医学图像重建

1. 计算机视觉领域

在计算机视觉领域,生成模型被广泛应用于多种图像复原任务,包括图像修复、图像超分辨率等低层次视觉任务,当前一些研究也将扩散生成模型应用于这些任务。此外,扩散生成模型也被广泛应用在语义分割、视频生成、点云生成以及异常检测等任务中。这里以超分辨率和图像修复举例说明其在计算机视觉领域的应用。

文章"Image super-resolution via iterative refinement"使用 DDPM 进行条件图像的生成,将扩散过程直接作用于输入的低分辨率图像,通过多次迭代、细化实现图像超分辨率,同时对人脸和自然图像实现了较好的超分辨率效果。为了节省扩散生成模型的训练资源,隐空间扩散模型(Latent Diffusion Model,LDM)相关的文章"High-resolution image synthesis with latent diffusion models"使用预训练的自动编码器将扩散过程转移到隐空间,在不牺牲质量的情况下简化了去噪扩散模型的训练和采样过程。图 2.28 展示了 LDM、DALL·E、VQGAN 三种算法的超分效果。

图 2.28　三种算法的超分效果

针对图像修复任务,RePaint 方法基于扩散生成模型使用了优化过的去噪策略,利用重采样迭代调节图像。图 2.29 展示了 RePaint 方法的图像修复效果。Palette 方法使用条件扩散模型创建了图像着色、图像修复、图像反裁剪和 JPEG 压缩恢复四个图像生成任务的统一框架。

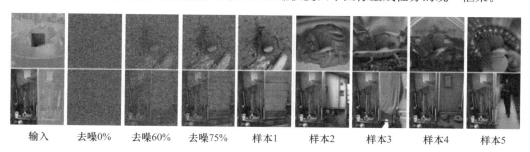

图 2.29　RePaint 方法的图像修复效果

2. 自然语言处理领域

文本生成任务是自然语言处理领域中最关键也是最具挑战性的任务之一,其目标是在给定输入数据(例如,序列和关键字)或随机噪声的情况下,用人类语言编写合理且可读的文本。扩散生成模型正在成为文本生成领域最热门的方法。斯坦福大学自然语言处理研究组开发了Diffusion-LM方法,该方法采用了一种基于连续扩散的新型语言模型。Diffusion-LM方法从一系列高斯噪声向量开始,逐渐将它们降噪为与单词对应的向量,通过渐进的去噪步骤产生分层连续的潜在表示。这种分层和连续的潜在变量使得简单的基于梯度的方法可以完成复杂的控制,从而对预训练的语言生成模型实现可插补的操控。该方法在许多任务上达到甚至超过微调的效果,大幅度超越了之前的工作。

3. 时间序列建模领域

插补方法在处理时间序列数据时非常重要,因为时间序列中通常存在缺失值。近年来,插补方法在确定性插补和概率插补方面都有很大的进展,其中包含基于扩散的方法的贡献。例如,使用基于分数的扩散生成模型对时间序列进行插补方法建模。为了利用时间数据中的相关性,CSDI方法采用自我监督训练的形式优化扩散模型,并在现实世界的一些真实数据集中获得了优于其他算法的结果。扩散生成模型在时序插补领域的应用如图2.30所示。

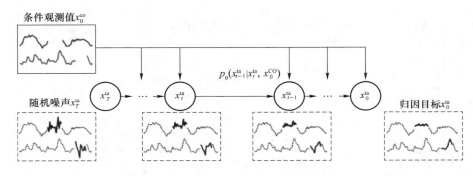

条件观测值x_0^{co}

$p_\theta(x_{t-1}^{\mathrm{ta}}|x_t^{\mathrm{ta}}, x_0^{\mathrm{CO}})$

随机噪声x_T^{ta}　x_T^{ta}　$\cdots$　x_t^{ta}　x_{t-1}^{ta}　$\cdots$　x_0^{ta}　归因目标x_0^{ta}

图2.30　扩散生成模型在时序插补领域的应用

4. 多模态学习领域

扩散生成模型在多模态学习领域,无论是文本到图像的转换还是文本到音频的转换中都获得了很高的关注度。以文本到图像的转换为例,它是从描述性文本生成相应图像的任务,如图2.31所示。unCLIP(DALL·E 2)提出了一种两阶段方法:第一阶段是先验模型,可以生成以文本标题为条件的基于CLIP的图像嵌入;第二阶段是基于扩散的解码器,可以以图像嵌入为条件生成图像。GLIDE受到引导扩散模型生成逼真样本的能力和文本到图像模型处理自由形式提示的能力的启发,将引导扩散应用到文本条件图像合成任务中,取得了目前最优的生成效果。

5. 跨学科应用

除了在计算机领域被广泛应用,扩散生成模型作为极具潜力的建模工具,在其他学科(领域)也被广泛使用,如分子图建模、材料设计、医疗图像重建等等。图2.32所示为扩散生成模型在药物分子和蛋白质分子的生成中的应用。

| "a hedgehog using a calculator" | "a corgi wearing a red bowtie and a purple party hat" | "robots meditating in a vipassana retreat" | "a fall landscape with a small cottage next to a lake" |

图 2.31　扩散生成模型在文本到图像生成中的应用

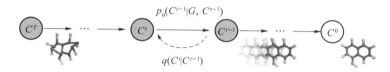

图 2.32　扩散生成模型在药物分子和蛋白质分子的生成中的应用

2.6.5　小结

扩散生成模型作为生成模型的最新发展,凭借其结构灵活性、稳定训练以及其强大的特征表示性能,在计算机视觉、自然语言处理、波形信号处理、多模态建模、分子图建模、时间序列建模、对抗性净化等多个应用领域表现出色。此外,扩散生成模型与稳健学习、表示学习、强化学习等研究领域密切相关。当然,目前扩散生成模型的研究处于早期阶段,在理论和实证方面都有很大的改进空间。其关键研究方向包括高效采样和改进似然性,探索扩散模型如何处理特殊数据结构、与其他类型的生成模型交互,以及针对一系列应用进行定制等。关于扩散生成模型的未来发展方向,这里应用文章"Diffusion models:A comprehensive survey of methods and applications"中的总结阐述如下:

(1)重审假设。需要重新审视和分析扩散模型中的许多典型假设。例如,扩散生成模型的正向过程完全消除了数据中的所有信息并且使其等效于先前分布的假设可能并不总是成立的。实际上,完全删除信息在有限时间内无法实现,了解何时停止前向噪声处理从而在采样效率和采样质量之间取得平衡是非常有意义的。

(2)扩散生成模型已经成为一个强大的框架,可以在大多数应用中与 GAN 竞争,而无需诉诸对抗性训练。对于特定的任务,我们需要了解为什么以及何时扩散生成模型会比其他生成模型更加有效,理解扩散生成模型和其他生成模型的区别将有助于阐明扩散模型为什么能够产生优秀的样本并且拥有高似然值。另外,系统地确定扩散生成模型的各种超参数也是很重要的。

(3)扩散生成模型如何在隐空间中提供良好的隐式表征,以及如何将其应用于数据操控的任务也是值得研究的。

2.6.6 习题

1. 式(2.147)的推导过程。

2. 扩散生成模型是在前向过程还是在逆向过程生成图像？详细描述一下这个过程的具体步骤。

3. 扩散生成模型的逆向过程为什么不直接学习最终目标，而是要学习前向过程的噪声？

4. 相比 GAN，扩散生成模型具有更稳定的训练过程的原因是什么？

5. 思考并列举一个简单的利用扩散生成模型进行条件生成的方法。

第3章

AI 视觉生成

3.1 图 像 生 成

图像生成是一种计算机视觉任务,指从头开始或从现有图像创建新的合成图像。图像生成任务通常使用机器学习算法来执行,如生成性对抗网络、变分自动编码器、卷积神经网络和扩散生成模型。图像生成的目标是生成具有与给定数据集相似特征的新的独特图像。在机器学习的背景下,图像生成被视为一个监督学习问题,其中模型在大的图像数据集上训练,并学习生成与数据集中的图像相似的新图像。为了实现这一点,模型需要了解训练图像中存在的基本模式、结构和分布。

总之,图像生成是一个迷人且快速发展的领域,它结合了计算机视觉和机器学习来创建新的独特图像。它具有广泛的应用,包括创建逼真的虚拟环境、生成艺术和合成图像以用于数据增强。

3.1.1 常见生成模型

生成对抗网络由两个神经网络组成,一个生成器和一个鉴别器,它们一起训练以生成越来越逼真的图像。2014 年,Ian Goodfellow 等人首次引入了 GAN。生成器网络将随机噪声向量作为输入并生成输出图像,该输出图像与真实图像不可区分。鉴别器网络将图像作为输入,并尝试将其分类为真或假。生成器网络和鉴别器网络同时进行训练,生成器尝试生成可以欺骗鉴别器的图像,鉴别器尝试从生成器生成的假图像中正确识别真实图像。训练过程是一个对抗过程,其中生成器和鉴别器处于持续的竞争中,生成器随着时间的推移而改进以产生更真实的图像,鉴别器随着时间的流逝而改进以更好地区分真实图像和假图像。训练过程继续进行,直到生成器生成与真实图像不可区分的图像,并且鉴别器无法分辨真实图像和假图像之间的差异。GAN 已被用于各种应用中,如图像生成、图像到图像转换、文本到图像合成和视频生成。GAN 已被证明能够生成高度逼真的图像,并已用于计算机视觉、艺术和娱乐等领域。但GAN 也被用来制作假视频,这引发了道德问题。

变分自编码器学习输入数据和输出图像之间的概率映射。VAE 是传统的自编码器神经网络的一种变体,其被训练以重建其输入。此外,VAE 被训练为通过从学习的概率分布中采样来生成新的图像。VAE 由两个主要部分组成:编码器网络,将输入数据映射到低维潜在空间;解码器网络,将潜在空间映射回原始输入空间。训练编码器网络以学习输入数据到潜在空间的概率映射,训练解码器网络以从潜在空间重构输入数据。VAE 的主要思想是学习潜在空间中输入数据的紧凑表示,然后使用该表示生成新图像。紧凑的表示使得 VAE 高效且可扩展,并允许它们生成与输入数据类似的新图像。VAE 已广泛应用于图像生成、图像完成和异常检测等领域。它们还被用于计算机视觉、自然语言处理和语音处理等领域。此外,还有一种 VAE 变体,称为条件变分自编码器(CVAE),它采用诸如类标签或属性之类的附加信息来控制生成的图像。

扩散生成模型模拟新数据点随时间生成的过程。它们基于将简单的先验分布逐步转化为更复杂的目标分布的思想。扩散生成模型的主要思想是将数据生成过程建模为应用于简单先验分布的一系列简单变换。扩散生成模型可分为两大类:归一化流(NF)模型和生成流(GF)模型。归一化流模型使用一系列可逆变换将简单的先验分布转换为更复杂的目标分布。这些模型能够对具有复杂相关性的高维分布进行建模,并已被应用于各种任务,如图像生成、自然语言处理和语音处理。生成流模型类似于归一化流模型,但它们通过从数据中学习而不是固定的一系列转换来建模数据分布。这些模型能够学习高度复杂的多模态分布,并且经常用于生成真实的图像、视频和其他类型的数据。扩散生成模型是 GAN、VAE 和自回归模型的替代,通常被训练为可逆的形式,以便于从模型中进行采样,并使用易于处理的密度,以大大简化似然度的计算。这些特性使得扩散生成模型对于需要采样的应用(如图像合成)和需要似然评估的应用(如密度估计)非常有用。

3.1.2　图像生成的应用

图像生成是一个包含多个子任务的广泛领域。以下列举一些最常见的子领域。

1. 人脸/对象图像生成

人脸/对象图像生成是计算机视觉和机器学习的一个子领域,其重点是生成包含人脸或特定对象(如汽车、动物)的合成图像。图像生成的目标是生成与真实照片无法区分的真实图像。人脸图像生成有着广泛的应用,包括创建化身、视频游戏角色和 deepfake 视频。

StyleGAN2 是广泛流行的 StyleGAN 的改进版本。相较于 StyleGAN,StyleGAN2 重新设计了生成器的归一化,重新讨论了渐进式增长,并对生成器进行了正则化,以鼓励从潜在代码到图像映射中的良好条件反射。除了提高图像质量,这个路径长度正则化器还产生了额外的好处,即生成器变得非常容易反演。这使得将生成的图像可靠地归因于特定的网络成为可能。总的来说,StyleGAN2 重新定义了无条件图像建模的艺术状态,无论是在现有的分布质量指标方面,还是在感知图像质量方面。

StyleGAN 网络结构如图 3.1 所示。StyleGAN 的显著特点是其特殊的生成器结构。映射网络 f 不是只将输入潜在代码(Latent Code)$z \in Z$ 提供给网络 A 的开头,而是首先将其转换为中间潜在代码 $w \in W$,然后进行仿射变换产生通过自适应实例归一化(AdaIN)控制生成网络 g 各层的样式。如图 3.1 所示,相较于只通过输入层提供潜在代码的传统生成器,StyleGAN 首先将输入映射到中间潜在空间 W,然后在每个卷积层通过自适应实例归一化控制生成器。在计算非线性之前,在每次卷积之后添加高斯噪声。"A"代表学习到的仿射变换,

"B"将学习到的各通道比例因子应用于噪声输入。映射网络 f 由 8 层全连接层(FC)组成,综合网络 g 有 18 个卷积层,一个分辨率对应两个卷积层(分辨率范围为 $4^2 \sim 1\,024^2$)。

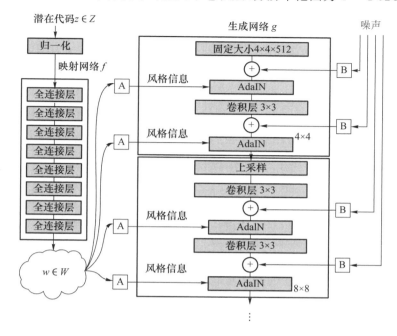

图 3.1　StyleGAN 网络结构

StyleGAN2 网络结构的改进部分如图 3.2 所示。相比 StyleGAN,StyleGAN2 将噪声和误差移动到了模块之外(使其不受风格信息的影响),同时移除了噪声和误差与常量 $4 \times 4 \times 512$ 之间的运算。

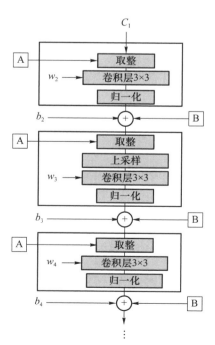

图 3.2　StyleGAN2 网络结构的改进部分

此外,还有其他方法和技术可用于面部图像生成,如 3D 建模、图像合成和图像到图像转换。随着深度学习和计算机视觉的快速发展,人脸图像生成技术正在快速发展,将在艺术、娱乐和安全等各个领域产生重大影响。

需要注意的是,人脸图像生成技术的使用引发了人们对该技术用于创建 deepfake 视频和其他恶意活动的潜在滥用的担忧。因此,研究人员、开发人员和决策者必须考虑这项技术的伦理影响,并采取适当措施来减轻潜在风险。

人脸/对象图像生成的实际应用如下。

(1)计算机图形学:图像生成技术可用于创建逼真的图像,用于电影、视频游戏等数字媒体。这些技术可用于创建逼真的角色、环境和特殊效果,还可以用于生成虚拟现实和增强现实应用的图像。

(2)广告行业:生成的图像可用于创建产品效果图、视觉效果和其他类型的视觉内容。这些图像可用于创建产品(如汽车和消费电子产品)的高度逼真的可视化,并可用于创建与印刷、在线和电视广告相关的视觉内容。图像生成技术可辅助生成现实中难以实现或成本极高的动画演示,以便在降低成本的同时带来良好的宣传效果。

(3)医学成像领域:生成的图像可用于创建合成医学图像,用于培训、教育和科研。这些图像可用于创建医疗条件和程序的真实可视化,并可用于创建医学教育和培训相关的视觉内容。

(4)工业设计:生成的图像可用于创建产品的逼真可视化。这些图像可用于创建产品的高度详细的可视化,并可用于创建与产品设计和开发相关的视觉内容,如用于设计和开发汽车和消费电子产品。

(5)机器人领域:生成的图像可用于训练计算机视觉系统,这些图像可用于创建人、地点和事务的真实可视化,并可用于创建与训练自动机器人和无人机的计算机视觉系统相关的视觉内容。

(6)艺术和设计:生成的图像可用于创建艺术和设计中使用的独特和美观的视觉内容。

2. 文本到图像转换

文本到图像转换是指将书面描述或文本转换为数字图像的过程。这是一个人工智能和计算机视觉领域的子任务,旨在缩小抽象语言世界和具体视觉图像世界之间的差距。这项技术基于深度学习算法和计算机视觉技术,使计算机能够从文本描述中理解和生成图像。

文本到图像转换可用于多种应用,包括创建数字插图、生成图像字幕、提高视障人士的可访问性,以及为机器学习模型创建数据集。该过程通常包括输入书面描述,然后通过一系列数学运算将其转换为数字图像。通过这些操作对文本进行分析,提取相关信息,并基于该信息生成视觉表示。

文本到图像转换的过程可以分为几个步骤。首先,对文本进行处理和分析,以提取相关信息,并识别单词和概念之间的模式或关系。然后,将提取到的相关信息用于创建图像的概念表示,包括形状、颜色和对象之间的关系。最后,使用计算机图形技术将概念表示转换为图像。

在文本到图像的转换过程中,图像与文本应满足三个要求:

(1)图像应该符合文本描述;

(2)在描述条件相同的情况下,生成的图像应与真实图像相匹配;

(3)每个图像区域应具有可识别性,并与文本描述中的词语一致。

文本-图像合成系统的输出应该是连贯、清晰、逼真的场景,并具有较高的语义保真度。

2022 年,谷歌公司提出了交叉模态对比生成对抗网络(XMC-GAN),通过最大化图像和文本之间的相互信息来解决这一挑战。XMC-GAN 通过捕获模态间和模态内对应的多重对比损失来实现这一点。如图 3.3 所示,XMC-GAN 使用了一个强制执行强文本图像相关的注意力自调制生成器,以及一个充当对比学习中的特征编码器的鉴别器。XMC-GAN 通过最大化对应部分之间的互信息来满足文本到图像转换的三个要求。

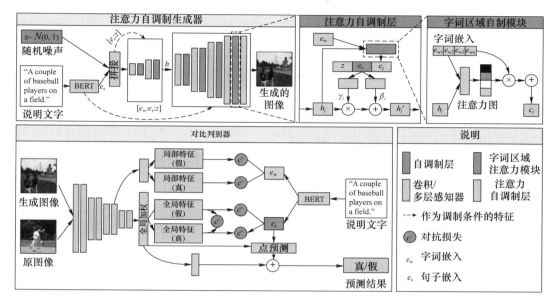

图 3.3　XMC-GAN 的概述

然而,直接最大化互信息是很困难的,因此 XMC-GAN 选择通过优化对比损失(InfoNCE)来最大化互信息的下界。

$$L_{\text{NCE}} = -E\left[\log \frac{\mathrm{e}^{S(v_{1,i},v_{2,i})}}{\sum\limits_{j=1}^{M}\mathrm{e}^{S(v_{1,i},v_{2,j})}}\right] \tag{3.1}$$

其中,v_1 和 v_2 是两个随机变量,代表两种不同的数据视图。S 为得分函数,其通常对 v_1 和 v_2 各有一个编码器。如果 v_1 和 v_2 来自相同的模态,则编码器可以共享参数。

给定一个图像 x 及其对应的描述 s,定义得分函数为

$$S_{\text{sent}}(x,s) = \cos(f_{\text{img}}(x),f_{\text{sent}}(s))/\tau \tag{3.2}$$

其中,$\cos(u,v) = u^{\mathrm{T}}v/\|u\|\|v\|$ 表示余弦相似度,τ 表示温度超参数。f_{img} 是提取整体图像特征向量的图像编码器,f_{sent} 是提取全局句子特征向量的句子编码器。这将图像和句子表示映射到联合嵌入空间 R^D 中,图像 x_i 与其配对的句子 s_i 之间的对比损失为

$$L_{\text{sent}}(x_i,s_i) = -\log \frac{\mathrm{e}^{\cos(f_{\text{img}}(x_i),f_{\text{sent}}(s_i))/\tau}}{\sum\limits_{j=1}^{M}\mathrm{e}^{\cos(f_{\text{img}}(x_i),f_{\text{sent}}(s_j))/\tau}} \tag{3.3}$$

真实图像 x_i 与生成图像 $G(z_i,s_i)$ 的图像对比损失为

$$L_{\text{img}}(x_i,G(z_i,s_i)) = -\log \frac{\mathrm{e}^{S_{\text{img}}(x_i,G(z_i,s_i))}}{\sum\limits_{j=1}^{M}\mathrm{e}^{S_{\text{img}}(x_i,G(z_j,s_j))}} \tag{3.4}$$

图像区域与单词之间的对比损失。单个图像区域应与输入描述中的相应单词一致。XMC-GAN 使用注意力机制来学习图像 x 中的区域和句子 s 中单词之间的联系,而不需要细粒度的注释来对齐单词和区域。其首先计算句子中所有单词和图像中所有区域之间的承兑余弦相似矩阵,然后计算单词 w_i 对区域 r_j 的软注意力为

$$\alpha_{i,j} = \frac{\mathrm{e}^{\rho_1 \cos(f_{\mathrm{word}}(w_i), f_{\mathrm{region}}(r_j))}}{\sum\limits_{h=1}^{R} \mathrm{e}^{\rho_1 \cos(f_{\mathrm{word}}(w_i), f_{\mathrm{region}}(r_h))}} \tag{3.5}$$

其中,f_{word} 和 f_{region} 分别表示词和区域特征编码器,R 表示图像中区域的总数,ρ_1 为锐化超参数,以降低软注意的熵。则图像 x 中所有区域与句子 s 中所有单词之间的得分函数可以定义为

$$S_{\mathrm{word}}(x,s) = \log\Big(\sum_{h=1}^{T} \mathrm{e}^{\rho_2 \cos(f_{\mathrm{word}}(w_h) \cdot c_h)}\Big)^{\frac{1}{\rho_2}} / \tau \tag{3.6}$$

其中,T 是句子的总字数;ρ_2 为超参数,其决定了对齐最多的词-区域对的权重。最后,图像 x_i 与其对齐句 s_i 中单词和区域的对比损失可定义为

$$L_{\mathrm{word}}(x_i, s_i) = -\log \frac{\mathrm{e}^{S_{\mathrm{word}}(x_i \cdot s_i)}}{\sum\limits_{j=1}^{M} \mathrm{e}^{S_{\mathrm{word}}(x_i \cdot s_j)}} \tag{3.7}$$

生成图像的质量取决于几个因素,包括文本输入的质量、所使用算法的复杂性以及系统基于文本生成图像的有意义表示的能力。尽管存在这些挑战,文本到图像转换领域仍在不断发展,研究人员正在努力开发新的技术和算法,以提高生成图像的准确性和质量。

总之,文本到图像转换是一个很有前途的领域,它有可能彻底改变我们与图像交互的方式和理解图像的方式。随着技术的不断进步,我们很可能会在各个领域看到这项技术的应用。

3. 图像到图像转换

图像到图像转换是指基于某些预定义规则和算法将给定图像转换为另一图像的过程。其包含对图像中视觉内容的处理,以及基于现有图像生成新图像。

图像到图像转换中使用了各种技术和方法,包括深度学习算法,如卷积神经网络(CNN)和生成对抗网络。这些技术可以将图像转换为不同的样式、颜色、视角,甚至是全新的图像。例如,在面部图像的大数据集上训练的模型可以用于将面部的灰度图像转换为全彩图像,或者将照片上一个人的姿势转换为其他姿势。又如,将卫星图像转换为街道地图,或将艺术草图转换为真实感图像。

在计算机视觉和图形学中,图像到图像的转换具有许多实际应用,包括风格迁移、彩色化和超分辨率等。它还可以应用于医学成像,以增强医学图像中某些结构的可见性;并可以应用于地理信息系统(GIS),以生成地形的 3D 可视化。

总体而言,图像到图像转换是一个快速发展的领域,在各个领域都有许多潜在的应用。随着深度学习和计算机视觉的进步,该技术将继续在图像处理和分析中发挥关键作用。

4. 图像超分辨率

图像超分辨率是指提高图像分辨率,从而获得比原始图像更清晰、更详细的图像的过程。这种技术是通过使用复杂的算法增加图像中的像素数量来实现的。这些算法利用各种机器学习和计算机视觉技术,包括深度学习,来分析图像并填充缺失的信息,以提高其分辨率。

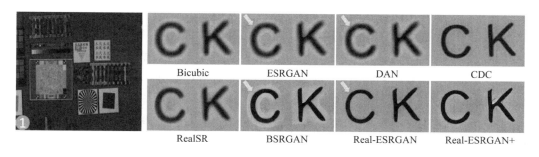

图 3.4　某些超分辨率方法的结果对比

图像超分辨率有几种方法,包括传统的方法(如插值和双三次缩放)以及更先进的方法(如单图像超分辨率和多图像超分辨率)。单图像超分辨率涉及使用深度学习算法来提高单个图像的分辨率,而多图像超分辨率则涉及使用从不同角度捕获的同一场景的多个图像来提高图像的分辨率。

提到超分辨率,就不得不提 2021 年发表的论文 Real-ESRGAN。Real-ESRGAN 将强大的 ESRGAN 扩展成能够更好地在现实生活/工业中应用的算法。Real-ESRGAN 介绍了一种高阶退化建模过程,以便更好地模拟复杂的现实图像退化过程;考虑了合成过程中常见的伪影现象;还采用了频谱归一化的 U-Net 鉴别器来提高鉴别器能力并稳定训练动态。Real-ESRGAN 使用了和 ESRGAN 相同的生成器网络(RRDBNet)。如图 3.5 所示,对于输入的低分辨率图像(LR),首先根据超分辨率倍数的不同,采用 pixel-unshuffle(pixel-shuffle 的逆操作)来减小空间大小(图片单通道面积)并扩大通道大小,然后输入 RRDB 网络。因此,大多数计算在更小的分辨率空间中执行,这可以减少 GPU 内存和计算资源的消耗。

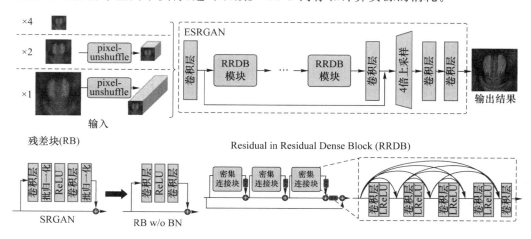

图 3.5　Real-ESRGAN 的生成器网络结构及子模块(RRDB)结构图

图像超分辨率用于多种应用,包括医学成像、卫星成像和数字摄影。它在图像分辨率太低而无法准确捕捉所需细节的情况下特别有用,如在显微镜图像或从远处捕捉的图像中。通过提高这些图像的分辨率,可以看到其中隐藏的细节。

(1) 医学成像:在医学成像中,通常需要借助高分辨率图像进行准确的诊断和治疗。图像超分辨率可用于提高低分辨率医学图像(如超声和 X 射线图像)的分辨率,从而为医生提供更清晰、更详细的患者解剖结构视图。

（2）数字摄影：图像超分辨率可用于提高数字照片的质量，特别是在低光条件下或远距离拍摄的照片。这项技术可以用来提高照片的分辨率，使它们看起来更清晰和更详细。

（3）视频制作：在视频制作行业，图像超分辨率可用于对低分辨率视频片段进行上采样，以提高其质量，并使其看起来更具视觉吸引力。

（4）卫星成像：在卫星成像中，高分辨率图像是一系列应用所必需的，包括地图制作、天气预报和环境监测。图像超分辨率可用于提高卫星图像的分辨率，从而可以看到其中隐藏的细节。

（5）虚拟和增强现实：图像超分辨率可用于虚拟和增强现实应用，以提高这些环境中显示的图像质量。这可以为用户带来更身临其境的体验，并使虚拟和增强现实环境看起来更真实。

这些只是图像超分辨率的许多应用中的几个例子。随着新算法的发展和计算能力的提高，预计未来该技术将继续以新的创新方式使用。

总体而言，图像超分辨率是一个快速发展的领域，有可能显著提高各种应用中使用的图像质量。随着先进算法的发展和计算机系统计算能力的增强，预计未来几年图像超分辨率的能力将继续增长。

5．场景生成

场景生成是图像生成的一个子领域，侧重于创建完整环境的真实图像，而不是单个对象的图像。场景生成模型可以生成整个房间、建筑物、街道、景观等的图像。这些模型可以用于创建高度逼真的环境可视化，并可以应用于建筑、城市规划、游戏开发和虚拟现实等各个领域。

场景生成模型通常使用深度学习技术（如 GAN 和 VAE）的组合来生成完整环境的图像。这些模型可以在真实世界图像的大型数据集上训练，如建筑物、街道和风景的照片。经过训练后，模型可以生成类似环境的新图像，包括逼真的照明、纹理和细节。

场景生成模型可用于如下多种应用。

（1）建筑和城市规划：场景生成模型可用于创建建筑物、街道和其他类型城市环境的真实可视化，帮助建筑师和城市规划者设计和规划新的建筑、街道和其他类型的城市环境。

（2）游戏开发：场景生成模型可用于创建视频游戏中使用的真实环境，这些环境可用于创建高度详细和逼真的游戏世界，包括逼真的照明、纹理和细节。

（3）虚拟现实：场景生成模型可用于创建虚拟现实应用中使用的真实环境，这些环境可用于创建高度详细和逼真的虚拟世界，包括逼真的照明、纹理和细节。

（4）电影和动画：场景生成可用于创建电影和动画中使用的高度逼真和动态的环境。

（5）自动系统：场景生成可用于创建逼真的合成环境，用于训练和测试自动驾驶汽车、无人机和机器人等自动系统。

GauGAN 是一种场景生成的经典模型，可以将草图或简单的绘图转换为照片级的真实感图像。该模型由 NVIDIA 公司的研究人员开发，并在图像和草图数据集上进行训练。GauGAN 允许用户从简单的绘图中创建逼真的图像，只需简单几笔即可让模型自动生成细节，完善图像。

GauGAN 提出了空间自适应归一化，这是一种简单但有效的层，用于合成给定输入语义布局的逼真图像。之前的方法直接将语义布局作为深度网络的输入，然后通过卷积、归一化和非线性层进行处理。然而,因为规范化层倾向于"洗掉"语义信息。为了解决这个问题, GauGAN 建议使用输入布局通过空间自适应的学习转换来调节归一化层中的激活。

　　GauGAN 模型架构如图 3.6 所示,模型由三部分组成:编码器,生成器,判别器。编码器用于从真实图像中获取与其分布有关的均值 mu 和方差 var,然后用得到的均值、方差和高斯分布产生的向量 x 做反归一化操作,最终得到一个包含真实图像信息的随机向量 z。生成器接收上一步产生的随机向量 z,产生一个图像 x,在生成的过程中会不断地使用语义图增强语义信息。判别器接收的是语义图与图像连接产生的张量,经过一系列的处理会输出判断结果, 如果语义图与生成器生成的图像相连接,那么就判断为假;反之,如果语义图与真实的图像相连接,那么就判断为真。

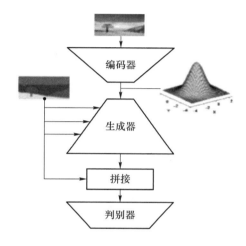

图 3.6　GauGAN 的模型架构

　　经过生成器和判别器的不断博弈训练,最终输入一个语义图,生成器会生成与该语义图相对应的真实图像。

　　此外,还有一种防止 BN(批归一化)削减输入图像的语义信息的模块 SPADE,其框架如图 3.7 所示。SPADE 是生成器里使用的模块, 它能接收上一层的输出,将其与语义图作为输入。上一层的输出经过 BN,而语义图经过尺寸归一后通过一个卷积层,然后先后通过两个卷积层,这两个卷积层输出的结果分别和 BN 的结果做点乘以及相加后得到输出。这种处理方式能够有效地弥补 BN 引起的语义信息的丢失,使得生成的图像更加逼真,因为语义图经过卷积层处理后得到的是表示语义信息的方差和均值,然后经过反归一化操作就向生成的图像中添加了语义信息。

　　利用 SPADE 可进一步搭建模块 SPADE ResBlk,其结构如图 3.8 所示。

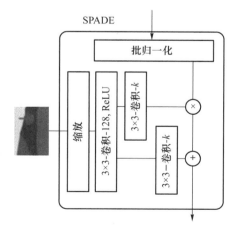

图 3.7　模块 SPADE 框架

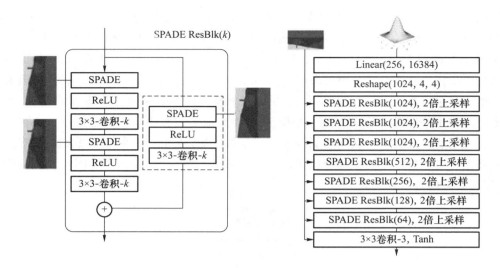

图 3.8　模块 SPADE ResBlk 结构(左)和生成器架构(右)

如图 3.9 所示,训练时输入的 z 向量是满足高斯分布的向量利用真实图经过编码器得到的均值和方差经过反归一化处理得到的,利用训练好的模型生成图像时可以直接使用满足高斯分布的向量作为生成器的输入。

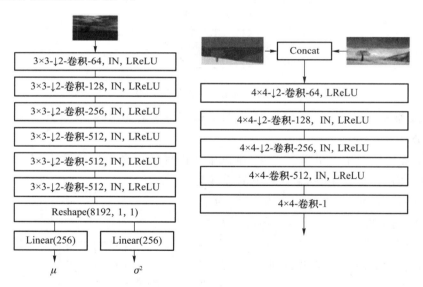

图 3.9　编码器架构图(左)和判别器架构(右)

总体而言,场景生成是一种强大的技术,可用于创建高度逼真的环境可视化,在许多领域具有广泛的潜在应用。

6. 风格迁移

风格迁移是一种用于图像处理和计算机视觉的技术,用于将一幅图像的风格迁移到另一幅图像上。它通常使用神经网络来完成,如卷积神经网络(CNN),它们在图像数据集上进行训练,以学习样式和内容表示。

风格迁移的过程包括分离图像的内容和风格,然后将它们重新组合成新图像。图像的内容是定义图像的对象、形状和结构的信息,而样式由颜色、纹理和其他视觉元素定义。

　　风格转移算法获取两个输入图像,其中一个表示内容,另一个表示风格,并将它们组合以创建具有来自第一图像的内容和来自第二图像的风格的新图像。风格转换可以通过 CNN、GAN 等各种技术来完成。

　　风格迁移的结果是一个新的图像,它在视觉上与内容图像相似,但具有风格图像的艺术风格元素。该技术广泛应用于数字艺术领域,在摄影、设计和其他需要图像处理的领域有许多应用。

　　CycleGAN 是一种生成对抗网络(GAN),专门为图像到图像的翻译任务而设计。伯克利人工智能研究院(Berkeley AI Research)的研究人员于 2017 年引入了该技术,并以其在很少或没有监督的情况下生成高质量图像的能力而闻名。CycleGAN 的主要思想是使用两个 GAN,其中一个用于源域,另一个用于目标域,并训练它们在两个域之间转换图像。这两个 GAN 被同时训练并且彼此竞争以提高生成的图像的质量。CycleGAN 利用了"循环一致性"损失的概念,这有助于保存输入图像的内容。它确保转换回原始域后的输出图像与原始图像相似。CycleGAN 能够处理各种各样的图像到图像的转换任务,如将马的照片转换成斑马照片、将白天的图像转换成夜晚的图像等。它已广泛应用于计算机视觉、艺术和医学成像等各个领域。

　　CycleGAN 网络架构如图 3.10 所示。其中,X、Y 分别为源图像域和目标图像域的两张图像,G、F 分别为实现域之间图像转换的两个生成器,DY、DX 为两鉴别器,分别鼓励生成器 G(或 F)将 X(或 Y)转换为与 Y(或 X)域无法区分的输出。

　　CycleGAN 核心思想为维持循环一致性。循环一致性指数据经过循环后仍与原数据保持一致。例如,在语言领域,我们希望在将一句汉语翻译成英语后,再将得到的英语句子翻译回中文,且含义不变。在本模型中体现为,一张 X 域图像转换到 Y 域后再转换回 X 域得到的图像 X' 与原图像 X 相同。

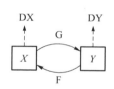

图 3.10　CycleGAN 架构

　　此外,CycleGAN 网络可使用不配对数据集,即只要求输入两种风格的图片,不要求两种风格的图片一一对应,这大大降低了数据集的获取难度。

3.1.3　小结

　　如今,图像生成技术在许多场景下已经能够达到以假乱真的程度,如虚假的人脸、场景图片。人们往往难以或很少花时间、精力判断图像真伪,这为不法分子使用图像生成技术破坏他人生命财产安全提供了机会。当下智能设备在生活中随处可见,如人脸识别门禁、人脸识别账户等。精心设计的图像生成模型能够生成足以以假乱真的图像欺骗人脸识别系统,这无疑是对系统安全性的重大挑战。因此在图像生成技术的学习中,我们应树立正确的世界观、人生观、价值观,不要出于违法犯罪或不道德目的使用技术。

3.1.4　习题

　　1. 残差结构的网络有什么优点?为什么在超分辨率网络中残差结构块能得到很好效果?

2. 为什么在实际训练过程中,往往要先预训练生成器,再加入 GAN 结构进行训练?

3. 描述 GAN 训练的流程。说明哪些情况代表着 GAN 网络收敛了。

4. CycleGAN 中为什么要引入循环一致性损失?

5. 在 Real-ESRGAN 论文中提出的高阶随机退化是什么?

3.2　视　频　生　成

　　视频生成是指在现有视频或静止图像的基础上创建新视频。随着深度学习的进步,视频生成已成为计算机视觉和多媒体处理领域的热门研究领域。视频生成的目标是生成新的、逼真的视频,可用于各种应用,如视频动画、视频编辑和视频处理。

　　最常见的视频生成方法可以分为两类:生成式的视频生成和基于流的视频生成。生成式的视频生成方法使用深度学习技术根据现有数据生成新的视频帧,而基于流的视频生成方法依赖传统的图像处理技术来处理现有视频帧。

　　总之,视频生成是一个快速发展的领域,有可能彻底改变视频的创建和操作方式。深度学习技术的发展已经允许生成高质量、逼真的视频,并为视频生成应用开辟了新的可能性。视频生成的挑战包括质量控制、时间一致性和可扩展性,研究人员正在积极努力克服这些挑战并进一步推进该领域。本节针对两种方法进行详细介绍。

3.2.1　生成对抗网络

1. 原理介绍

　　生成对抗网络由两部分组成:生成器和判别器。生成对抗网络学习框架如图 3.11 所示。生成器负责生成样本数据,而判别器负责评估生成器生成的样本数据是否与真实数据相似。生成器和判别器相互博弈:生成器不断改进生成的样本数据,以欺骗判别器;而判别器则不断提高识别标准,以识别生成器生成的样本数据。博弈的目的是使生成器生成的样本数据与真实数据无法区分。

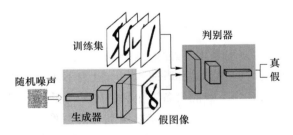

图 3.11　生成对抗网络学习框架

　　GAN 的目标函数 L_G 通常用交叉熵来表示:

$$L_G = -E[\log(D(G(z)))] \tag{3.8}$$

判别器目标函数:

$$L_D = -E[\log(D(x))] - E[\log(1 - D(G(z)))] \tag{3.9}$$

其中,$G(z)$表示生成器生成的样本数据,$D(x)$表示判别器评估的真实样本数据的概率,$D(G(z))$表示判别器评估的生成器生成样本数据的概率,z表示随机噪声,E表示期望值。

在 GAN 的训练过程中,生成器通过学习真实视频帧的特征来生成新的视频帧,而判别器则通过分辨真实视频帧和生成器生成的视频帧来评估生成器的质量。通过不断调整生成器和判别器的参数,GAN 可以生成高质量的视频,其中包含了自然的光照和阴影效果。正是因为 GAN 通过学习真实视频帧的特征来生成新的视频帧,GAN 才能生成具有自然光照和阴影效果的视频。

2. 相关工作

目前,已经有很多作品使用 GAN 进行视频生成。其中两种著名的模型如下。

视频 GAN:大多数图像 GAN 生成器利用 2D 卷积网络来合成图像,将 RNN 架构与 2D 卷积网络相结合来解决视频数据的时间序列性质。一种方法是在图像 GAN 中使用 3D 卷积网络而不是 2D 卷积网络来考虑时间维度;另一种方法是在渐进式增长 GAN 的体系结构中引入图像 GAN,该方法在视频 GAN 生成器中广泛采用。视频 GAN 领域中引入渐进式架构的目的是生成数据,并将生成的数据输入另一个生成器以产生增强的结果。

视频修复 GAN(V-GAN):V-GAN 经过训练可以填充视频序列中缺失或损坏的部分,它结合了对抗训练和重建损失来生成逼真的视频帧。

以上是两种利用 GAN 进行视频生成的著名模型。这些模型在生成高质量视频帧方面显示出可喜的结果,但仍有很大的改进空间。

3. 优势

生成对抗网络已被证明是视频生成的强大工具,与传统视频生成方法相比具有多项优势。

(1)GAN 能够生成高质量、逼真的视频。这是通过使用生成器网络和判别器网络实现的,其中,生成器网络根据输入视频的学习分布生成新帧,判别器网络向生成器网络提供有关生成帧质量的反馈。

(2)GAN 能够处理大量视频数据。与需要手动提取特征的传统视频生成方法不同,GAN 可以直接从原始数据中学习复杂的视频表示。这使他们能够捕捉视频序列中的细节,如面部表情、身体动作和场景动态。

(3)GAN 能够提供对生成过程的高度控制。这是通过使用定义生成视频的所需特征的显式损失函数来实现的。例如,可以设计损失函数来鼓励生成的视频与输入视频保持一定程度的一致性,或者生成具有视觉吸引力或语义的视频。

(4)GAN 能够为视频生成提供可扩展的解决方案。凭借其深度学习架构,GAN 可以在大型数据集上进行训练,并且可以针对特定的视频生成任务进行微调。这使它们成为视频编辑、视频修复和视频动画等应用程序的有前途的工具。

总之,GAN 为视频生成创造了几个关键优势,包括高质量视频生成、处理大量视频数据的能力、对生成过程的高度控制以及可扩展性。这些优势使 GAN 成为视频生成研究的热门选择,并推动了该领域的进步。

4. 挑战

生成对抗网络在其实施和部署中面临着多项挑战,包括模式崩溃、训练不稳定性、可扩展性和收敛性。

（1）模式崩溃

它指的是 GAN 的生成器模型崩溃从而产生相同或相似的输出，导致生成样本的多样性有限的情况。这可能导致模型无法捕获数据分布的复杂性和多样性。例如，考虑一个旨在生成逼真的面部图像的 GAN，如果生成器模型崩溃为仅生成单个人脸图像的模式，即使训练数据包含许多不同人脸的图像，该模型也会遭受模式崩溃：生成的图像可能看起来非常相似，甚至完全相同，并且在肤色、面部表情和其他特征方面缺乏多样性。又如，GAN 在人脸图像上进行训练，但只生成几种不同的人脸类型。在这种情况下，生成器已经学会生成一组数量有限的面部类型，而不是生成代表训练数据的各种面部，这导致重复生成相似的面孔，并且生成的图像缺乏多样性；判别器也学会了轻松识别这些有限的面部类型，这使得生成器很难改进和生成新的、多样化的面部类型。这最终会导致模式崩溃，GAN 无法生成代表训练数据的各种输出。

通常，当生成器模型太强大并开始主导训练过程时，或者当判别器模型太弱而无法向生成器提供有效反馈时，就会发生模式崩溃。为避免模式崩溃，平衡生成器模型和判别器模型的架构和训练策略非常重要。

（2）训练不稳定性

它指 GAN 系统中生成器模型和判别器模型无法收敛，导致训练结果不稳定或振荡的现象。以下几个因素会导致训练不稳定。

① 模型架构：GAN 中的生成器和判别器模型需要经过精心设计，以确保训练期间的稳定性。模型架构的问题，如生成器和判别器容量之间的不平衡，可能导致训练不稳定。

② 超参数选择：为超参数（如学习率、批量大小和优化器类型）选择正确的值对于在训练期间实现稳定性至关重要。选择不合适的超参数会导致损失值振荡和训练性能不佳。

③ 数据质量：训练数据的质量和多样性对于 GAN 训练的稳定性至关重要。训练数据质量差或不够多样化会导致训练过程中收敛性差和不稳定现象发生。

非凸优化：GAN 使用非凸优化进行训练，与凸优化相比，非凸优化更具挑战性且容易出现不稳定现象。这会使在生成器模型和判别器模型之间找到稳定的平衡变得更加困难。

总之，训练不稳定性是 GAN 训练中的主要挑战，需要仔细考虑模型架构、超参数选择、数据质量和非凸优化过程，以确保模型的稳定性和收敛性。

（3）可扩展性

可扩展性是指它能够随着数据量的增加有效地学习和生成输出。扩展 GAN 的主要挑战之一是增加的计算需求，这会使在大型数据集上训练 GAN 变得困难且耗时。例如，考虑一个经过训练生成手写数字图像的 GAN。如果训练数据集仅包含几百张图像，GAN 可能能够学习底层模式并生成高质量图像。然而，如果训练数据集扩展到包含数千甚至数百万张图像，那么 GAN 可能难以从数据中概括并生成连贯的输出。

这个问题的一个解决方案是增加 GAN 的容量，如通过使用更深或更宽的网络。然而，这也带来了一系列挑战，包括更长的训练时间和训练数据过度拟合的风险。另一种解决方案是使用迁移学习或微调等技术，用预训练的权重初始化 GAN，这可以加快训练速度并提高性能。此外，并行计算和分布式训练也可用于加速训练过程和处理更大的数据集。

尽管有这些解决方案，GAN 的可扩展性仍然是一个挑战，也是一个活跃的研究领域。目前，研究人员正在开发新的技术和方法，以使 GAN 具有更好的可扩展性，并使它们能够有效地从大型复杂数据中学习。

（4）收敛性

收敛性是指 GAN 中训练过程的稳定性和一致性。这意味着训练过程最终会使生成器和判别器达到平衡的状态，此时生成器产生的输出与真实数据无法区分，而判别器无法区分真实数据和生成数据。然而，由于目标函数的非凸性，在 GAN 中实现收敛是一项困难且具有挑战性的任务。训练过程很容易陷入糟糕的局部最小值，导致次优结果。

3.2.2　流模型

1. 原理介绍

基于流的视频生成是一种深度学习技术，它使用光流信息生成高质量的视频序列。光流信息捕获连续视频帧之间的运动信息，该信息用于生成新的视频帧。这种方法的动机是连续视频帧之间的运动信息比单个帧本身更重要。基于流的视频生成方法基于生成模型（如生成对抗网络和变分自编码器）来生成新的视频帧。生成模型在光流信息的大型数据集上进行训练，以学习视频中的潜在运动模式。

流模型通过使用流体动力学来生成连续的视频帧。这种方法的基本思想是利用流体动力学方程来模拟视频中的运动和纹理。流体动力学方程可以描述物体在流体中的运动，因此可以用来模拟视频中的运动。基于流的视频生成使用光流估计生成视频帧之间的运动信息。主要公式包括光流估计方程和图像生成模型。

光流估计方程用于估计运动信息，其基本形式为

$$u(x,y,t) = u(x+\Delta x, y+\Delta y, t-\Delta t) \tag{3.10}$$

其中，$u(x,y,t)$ 表示某一帧图像中像素 (x,y) 的运动速度，Δx 和 Δy 表示像素的水平位移和竖直位移，Δy 表示两帧图像的时间间隔。

图像生成模型利用光流估计方程生成新的帧，通常使用插值或其他图像生成技术。图像生成模型的公式如下：

$$I_t = I_{t-1} + u(x,y,t)\Delta t \tag{3.11}$$

其中，I_t 表示新生成的帧，I_{t-1} 表示之前的帧，$u(x,y,t)$ 表示光流估计得到的运动信息。

图像生成时使用基于流的生成模型，旨在捕获视频数据的底层分布。基于流的视频生成的主要思想是学习从随机噪声向量到视频帧空间的双射映射。这种映射是通过一系列操作实现的，称为归一化流，将随机噪声转换为更结构化的表示。

基于流的视频生成中使用的归一化流操作在数学上表示如下：

① 给定随机噪声向量 z；

② 将确定性函数 g 应用于随机噪声以生成均值和协方差矩阵，其定义多元高斯分布：$\mu = g(z), \Sigma = g(z)$；

③ 通过一系列可逆操作转换高斯分布，将随机噪声转换为结构化表示 $x：x = f(z;\theta)$，其中 f 是可逆流函数，θ 是定义流的参数；

④ 结构化表示 x 被解码器网络用于生成视频帧。解码器网络以 x 为输入，通过一系列卷积层和转置卷积层生成视频帧 y。

基于流的视频生成的目标是通过在大型视频帧数据集上进行训练来学习流函数 f 的参

数 θ。训练过程涉及使用重建损失函数 $L(y,y')$ 最小化生成的视频帧和目标帧之间的差异。使用随机梯度下降或类似的优化算法执行优化过程。

2. 相关工作

基于流的视频生成是一个较新的研究领域,但由于能够生成高质量和自然的视频,它已经受到关注。以下是基于流的视频生成领域的一些相关工作。

论文"Video-to-video synthesis"通过精心设计的生成器和判别器,再加上时空对抗目标,在多种输入格式(包括分割蒙版、草图和姿势)上实现了高分辨率、逼真、时间连贯的视频结果。

论文"A conditional flow-based model for stochastic video generation"提出具有归一化流的多帧视频预测,它允许直接优化数据似然,并产生高质量的随机预测,其中描述了一种对潜在空间动力学进行建模的方法,并证明了基于流的生成模型为视频生成建模提供了一种可行且具有竞争力的方法。流引导生成为帧插值提供了一个通用框架,其中光流通常由金字塔网络估计,然后利用它来引导生成网络在输入帧之间生成中间帧。

论文"A Unified Pyramid Recurrent Network for Video Frame Interpolation"提出了一种用于帧插值的新型统一金字塔递归网络,利用轻量级循环模块进行双向流估计和中间帧合成。在每个金字塔级别,它利用估计的双向流生成进行帧生成的前向扭曲表示;在跨金字塔级别,它可以对光流和中间框架进行迭代细化。图 3.12 为金字塔递归网络模型。给定两个输入帧,首先为它们构建图像金字塔,然后在金字塔级别上应用递归结构,以重复细化估计的双向流和中间帧。递归结构由一个提取输入帧多尺度特征的特征编码器、一个利用相关注入特征细化双向流的双向流模块和一个利用前向变形表示细化中间帧估计的帧生成模块组成。

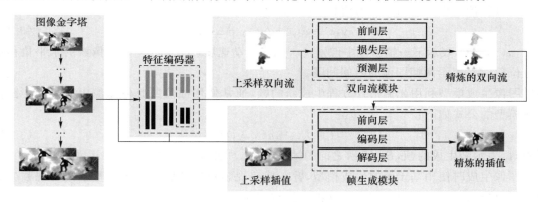

图 3.12　金字塔递归网络模型

图 3.13 为双向流模块。通过使用与生成模块共享的特征编码器的特征,以及前向扭曲 CNN 特征而不是输入框架。图 3.14 所示为帧生成模块。它的设计灵感来自上下文感知生成网络,但有两个独特的特点。第一,向生成网络提供中间帧的上采样估计,作为进一步细化的明确参考。第二,该生成模块非常轻量级,在金字塔级别共享,并且其类似网格的架构更简单。

图 3.15(a)为 vid2vid 框架架构。图 3.15(b)为 few-shot vid2vid 框架架构。它包括图 3.15(c)所示的网络权重生成模块 E,其将示例图像映射到用于视频生成的部分网络权重。模块 E 由三个子网络组成:E_F、E_P 和 E_A(当 $K>1$ 时使用)。子网络 E_F 从示例图像中提取特征 q。当存在多个示例图像($K>1$)时,E_A 通过估计软注意力图 α 和加权平均不同提取的特征来组合提取的特征,然后将最终表示馈送到网络 E_P 中,以生成图像生成网络 H 的权重 θ_H。

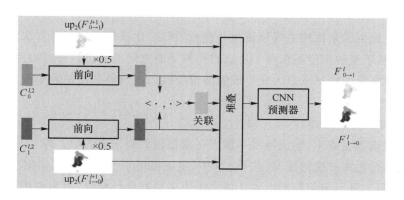

图 3.13 双向流模块

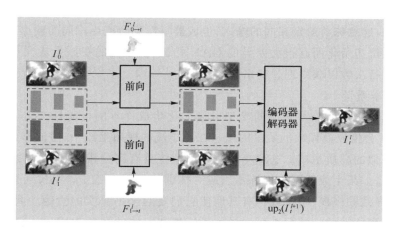

图 3.14 帧合成模块

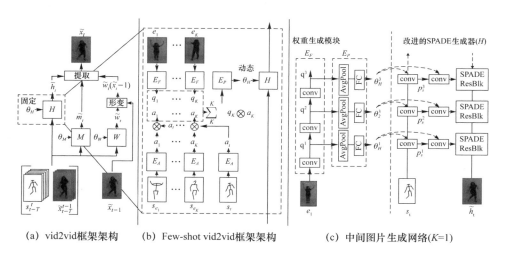

(a) vid2vid框架架构 (b) Few-shot vid2vid框架架构 (c) 中间图片生成网络(K=1)

图 3.15 vid2vid 框架

这些工作展示了基于流的方法在合成高质量视频方面的潜力,它们还为基于流的方法面对的挑战和现存的局限性提供了宝贵的见解。

3. 优势

基于流的视频生成是视频生成领域中一种利用归一化流模型的新颖方法。与传统的生成对抗网络不同,基于流的模型不依赖于生成器和判别器之间的对抗损失。相反,它们被训练为在给定一组潜在变量的情况下最大化生成帧的可能性。这导致其在视频生成方面具有以下几个优于传统 GAN 的优势。

(1)更好地控制生成的帧

在基于流的视频生成中,生成器将一组潜在变量映射到生成的帧。与 GAN 相比,它允许对生成的视频进行更细粒度的控制(在 GAN 中,生成器用于生成帧而无需对生成帧的细节进行任何明确控制)。基于流的视频生成还提供了更多可解释的结果,因为流场可以直接可视化和分析以了解生成的视频中对象的运动。与生成器网络的内部工作更复杂且更难解释的 GAN 相比,基于流的视频生成可以更清楚地了解生成器如何生成视频。此外,基于流的视频生成是确定性的,这意味着给定相同的输入,生成器每次都会产生相同的输出。与输出可能因生成器网络的随机初始化而有很大差异的 GAN 相比,基于流的视频生成允许获得更可预测的结果并减少运行次数以获得理想输出的需要。

(2)提高样本质量

基于流的视频生成训练基于流的模型以最大化生成样本的可能性。它可以提高样本质量,而 GAN 通常会生成模糊或低质量的帧。在基于流的视频生成中,生成器经过训练可以生成与训练数据相似的高质量帧。这意味着生成的帧将具有高分辨率和清晰度,且失真或伪影最少。相比之下,如果生成器网络训练不当或对抗训练过程不稳定,GAN 可能会生成低质量的帧,这可能会导致帧模糊、嘈杂或具有其他使它们看起来不真实的伪像。此外,基于流的模型中使用的基于可能性的训练标准可以导致更连贯和一致的视频生成,生成的帧之间的可变性更小。这使得基于流的视频生成非常适合需要高水平视觉质量和一致性的应用程序,如视频动画或视频编辑。总之,与 GAN 相比,基于流的视频生成提高了样本质量,这是该方法的一个显著优势,也是它成为视频生成中越来越流行的方法的关键原因。

(3)稳定训练

基于流的模型通过最大化生成样本的可能性进行训练。与 GAN 相比,其具有更稳定的训练过程,GAN 经常具有模式崩溃或过度拟合等训练不稳定问题。在基于流的视频生成中,训练过程的重点是优化流场以生成与目标帧尽可能相似的帧。这导致更稳定的训练过程,因为模型被训练以最大化明确定义的目标。相比之下,GAN 使用的对抗训练过程可能容易不稳定,如模式崩溃或过度拟合,其中生成器和判别器陷入局部最优并且无法生成高质量样本。此外,可以对基于流的模型进行正则化以确保训练期间的稳定性。例如,可以在流场中添加平滑约束,以防止帧之间发生大而突然的变化,从而使生成过程更加稳定和一致。还可以使用更容易获得的注释来训练基于流的模型,如可以从现有视频中计算出光流,从而使训练过程更具可扩展性和可行性。总之,基于流的视频生成的稳定训练过程是其与 GAN 相比的主要优势。专注于优化明确定义的目标可以提高样本质量并更好地控制生成的帧,从而使基于流的视频生成变成各种视频生成应用的有前途的方法。

(4)可逆性

归一化流模型是可逆的,这意味着从生成的帧到潜在变量的映射是明确定义的。这为视频编辑等新颖应用提供了机会,其中可以通过修改相应的潜在变量来调整生成帧的细节。归一化流模型的可逆性提供了执行反向映射的能力,这是视频生成的关键要求。使用反向映射,可以将生成的帧转换回其源帧,这可用于多种目的。例如,它可用于视频去噪,其中反向映射可用于从嘈杂的生成帧中估计源帧。另一个潜在的应用是视频重定向,其中反向映射可用于生成具有不同分辨率或纵横比的新视频,同时保留原始视频的细节。此外,归一化流模型的可逆性还允许以更直观的方式操作生成的帧,使用将生成的帧反向映射到它们的潜在表示的能力,可以通过修改相应的潜在变量来修改生成的帧的细节,可以通过微调生成的帧的细节创建所需的视频,这使得基于流的视频生成成为视频编辑的强大工具。归一化流模型的可逆性在生成帧的控制和操作方面提供了便利。其优势使基于流的视频生成成了一个非常有前途的研究领域,有可能彻底改变视频的创建和操作方式。

总之,基于流的视频生成是一种很有前途的视频生成方法,与传统的 GAN 相比具有多种优势。这些优势包括改进对生成帧的控制、更好的样本质量、稳定的训练和可逆性。

4. 挑战

(1) 可扩展性

传统的基于流的视频生成模型是为生成高分辨率视频序列而设计的,因此需要大量的计算资源和内存。这限制了它们的可扩展性,因为它们无法处理大型数据集或在有限的硬件上实时运行。

影响可扩展性的关键因素之一是视频帧的大小。帧尺寸越大,生成高质量视频序列所需的计算量就越多。此外,基于流的模型的复杂性随着视频帧数的增加而增加,这使得训练大规模模型更具挑战性。

影响可扩展性的另一个因素是训练数据集的大小。数据集越大,存储它所需的内存就越多,训练模型所需的时间也就越长。这可能会导致训练时间变慢和内存要求高,从而使在大型数据集上训练模型变得具有挑战性。

为了解决基于流的视频生成的可扩展性挑战,研究人员提出了各种技术来提高基于流的模型的效率,包括并行计算、网络架构优化和硬件加速。例如,并行计算可用于将计算划分为更小的任务,并将它们分配给多个处理器;网络架构优化涉及设计需要更少参数的更高效模型,从而减少训练所需的计算量;GPU 等硬件加速也可用于加速计算并减少训练时间。

(2) 时间一致性

时间一致性是视频生成的一个重要方面,指的是生成的视频随时间的稳定性和流畅性。在基于流的视频生成中,目标是通过对帧之间的时间依赖性进行建模来生成连贯且逼真的视频。为确保时间一致性,模型应在帧之间生成一致且平滑的光流,并确保生成的帧对应于连贯的场景。

在基于流的视频生成中实现时间一致性的一个挑战是保持跨帧生成的光流的一致性。光流映射视频中对象的运动,并用于将前一帧扭曲到当前帧。如果光流不一致,则可能导致重影或锯齿状边缘等伪影。此外,该模型还应该能够跨帧处理对象的运动,并确保生成的帧对应于连贯的场景。

另一个挑战是确保模型能够随着时间的推移生成内容稳定一致的视频。这可以通过结合基于内容的损失函数来实现,该函数惩罚与输入视频内容不一致的帧的生成。

总而言之,基于流的视频生成中的时间一致性要求模型生成一致的光流图并随着时间的推移保持稳定和连贯的内容。实现时间一致性对于生成高质量和逼真的视频很重要。

(3)控制合成过程

与其他视频生成方法不同,基于流的模型通过一系列学习操作转换随机噪声向量来生成视频帧,这使得难以指定生成视频的所需属性。换句话说,对生成的视频帧的控制是有限的,因此很难生成具有所需属性或特征的视频。

例如,在人类动作生成的上下文中,期望的属性可能是视频中特定对象的存在,或者人的特定姿势。控制生成过程以生成具有此类特定属性的视频而面临挑战。控制生成视频的风格方面也面临挑战,如灯光、背景和摄像机角度。

此外,视频帧时间一致性的控制也是一个挑战。基于流的模型需要确保生成的视频帧随着时间的推移彼此一致,否则视频可能看起来不自然和不一致。为了克服这些挑战,研究人员提出了强化学习、对抗训练和微调等多种方法,但它们仍然存在局限性和改进空间。

总之,合成过程的控制是基于流的视频生成的主要挑战。改进对具有特定期望属性和时间一致性的生成视频的控制是该领域的一个活跃研究领域。

(4)数据效率

数据效率是基于流的视频生成中的一个重大挑战,因为它需要大量高质量的训练数据才能生成高质量的结果。视频数据的复杂性和视频生成中涉及的大量帧会增加计算和存储成本,使其难以扩展到更大的数据集。生成视频的质量还取决于训练数据的质量,训练数据中的任何缺陷都会影响最终结果。为了应对这些挑战,研究人员提出了各种技术来提高基于流的视频生成的数据效率,如数据增强、训练数据大小的减少和高效的数据表示。这些技术旨在减少模型的数据要求,同时保持生成视频的质量。另一个挑战是确保生成的视频在时间上是一致的,这意味着它在时间上应该是平滑和连续的。这需要模型考虑帧之间的时间关系,并在整个生成的视频中保持时间连贯性。

(5)质量控制

在流式视频生成中,质量控制是一个重大挑战。与传统的视频生成方法不同,流式视频生成需要高精度的流场,该流场将源帧映射到目标帧。生成的视频的质量严重依赖于这个流场的质量。如果流场不准确或有错误,生成的视频可能会被扭曲、模糊或存在伪像。

在流式视频生成中的另一个挑战是流场的计算。流场必须针对每对源和目标帧计算,这可能在计算上是昂贵和耗时的,特别是对于高分辨率的视频。流场计算的质量也至关重要,因为它决定了生成视频的质量。

此外,时间一致性和生成视频的视觉质量之间存在权衡。高时间一致性的流式视频生成可能导致视频的视觉吸引力不够,而具有较高视觉吸引力的视频可能具有较低的时间一致性。在流式视频生成中平衡这两个因素是具有挑战性的。

总之,质量控制是流式视频生成的关键挑战,需要仔细设计流场计算方法并保证时间一致性和视觉。

深度学习在视频生成领域的发展已经取得了长足的进展。使用生成对抗网络、卷积神经网络和基于流的视频生成等方法,能够生成高质量的视频,并且能够控制视频中的运动和纹理。这些方法的发展将为视频生成领域带来更多的创新和应用。目前,研究人员正在寻求更

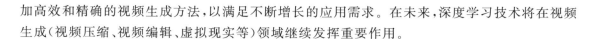

加高效和精确的视频生成方法,以满足不断增长的应用需求。在未来,深度学习技术将在视频生成(视频压缩、视频编辑、虚拟现实等)领域继续发挥重要作用。

3.2.3　小结

近年来,视频生成方法因其生成新的高质量视频的能力而受到欢迎。最流行的视频生成方法是生成对抗网络,它由两个神经网络组成:生成器网络和判别器网络。生成器网络经过训练可以生成与现有数据相似的新视频帧,而判别器网络经过训练可以区分真实视频和生成的视频。这种对抗性训练过程允许生成器网络生成高质量、逼真的视频。

另一种流行的视频生成方法是基于流的视频生成,它使用光流技术来估计视频帧之间的运动。基于流的视频生成通过使用估计的运动将源帧转换为目标帧来生成新的视频帧。与GAN 不同,基于流的视频生成是确定性的,不需要对抗训练。然而,生成视频的质量在很大程度上取决于流场的准确性,流场将源帧映射到目标帧。

总之,GAN 是一种依赖于深度学习技术的生成方法,而基于流的视频生成是一种使用光流技术的确定性方法。这两种方法都有其优点和局限性,它们之间的选择取决于任务的具体要求和期望的结果。

3.2.4　习题

1. GAN 面临的挑战有哪些?
2. 流模型面临的挑战有哪些?

3.3　3D 生成

3D 生参考资料

说到 3D 生成,就不得不提到一个相近的概念:三维重建。狭义的三维重建是指根据单视图或者多视图的图像重建三维信息的过程。3D 生成的概念则相对更广,既包含了依赖图像重建 3D 模型的主流方法(狭义的三维重建),又包括了依赖文本、声音等其他途径多模态 3D 模型的新方法,相当于广义的三维重建。目前,3D 生成技术已经不断发展并趋于成熟,而基于文本语言的 3D 生成技术也在探索中,且已经初显成效。

3.3.1　传统的 3D 生成

传统的三维重建技术主要研究基于多视图的 3D 场景模型生成,其重点在于如何获取目标场景或物体的深度信息。一旦获得了深度信息,只需通过点云数据的配准和融合,就可以实现场景物体的三维重建。如图 3.16 所示,传统三维模型的重建流程大体可分为如下几个步骤:

① 输入有序的视频帧或无序的图像序列;
② 图像对齐、筛选并构建场景图;

③ 稀疏重建(Structure From Motion,SFM),生成稀疏的三维点云结构;

④ 稠密重建(Multi-View Stereo,MVS),生成密集的三维点云结构;

⑤ 面元重建,将稠密点云转换为网格(mesh);

⑥ 纹理重建,对网格进行纹理贴图。

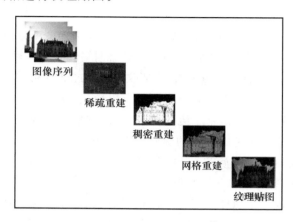

图 3.16　传统三维模型的重建流程

(1) 双目三维重建

双目三维重建的算法流程如下:

① 双目相机矫正,获得相机内参和外参;

② 图像立体矫正,使左右两个图片对齐到同一平面;

③ 立体匹配,对齐后的图片利用极线约束匹配特征点;

④ 生成视差图(左右相机对应特征点坐标的差值);

⑤ 深度图生成点云图(点云质量的好坏与视差图的质量密切相关,有必要做深度图填充平滑)。

(2) SFM

SFM 是从一系列运动视角的多幅二维图像序列中估计三维结构的技术。它的算法流程如下:

① 相机标定,获取相机内参;

② 对相邻图像两两计算匹配特征点;

③ 使用匹配的对应点对计算基础矩阵 F 和本征矩阵 E,然后通过本征矩阵计算两个视角之间的相机位姿变换,即 R、T;

④ 在计算出 $[R \mid T]$ 矩阵后,使用光学三角法对所有匹配的特征点进行重建,生成稀疏点云。

(3) MVS

MVS 的算法流程如下:

① 在上述 SFM 获得相机参数的基础上进行稠密重建;

② 根据相机参数对任意图片对进行立体矫正(参见双目三维重建步骤②);

③ 提取图像的特征点;

④ 立体匹配,即对齐后的图片利用极线约束匹配特征点(参见双目三维重建步骤③);

⑤ 极线约束使任一像素很容易找到对应点,获得大量稠密对应点,生成稠密点云。

基于 SFM 的软件 COLMAP 在业界影响颇深,后续的 NeRF 工作有部分是基于 COLMAP 计算的相机位姿来完成的。

3.3.2　基于深度学习的 3D 生成

基于深度学习的 3D 生成算法研究的思路主要有两种。

思路一:在传统三维重建算法中引入深度学习方法进行改进融合(基于深度图)。

思路二:直接利用深度学习算法进行三维重建,包括基于体素、点云和网格等等。

1. 思路一

在传统三维重建算法中引入深度学习方法进行改进融合是一种比较容易想到的策略。在传统三维重建的各个步骤中都有各式各样的问题亟待解决,引入深度学习方法来解决是个不错的办法。

香港科技大学权龙教授团队于 2018 年 ECCV 会议上发布的 MVSNet 为深度学习多视图三维重建领域带来了变革。如图 3.17 所示,MVSNet 本质上是通过借鉴基于两张图片的代价体(cost volume)的双目立体匹配深度估计方法,将其扩展到多张图片的深度估计。由于基于代价体的双目立体匹配技术已经比较成熟,因此 MVSNet 从一个相对成熟的领域借鉴了思想,并引入了基于可微分的单应性变换的代价体,用于多视图深度估计。该网络首先提取图像的深度特征,其次通过可微分投影变换构造 3D 的代价体,然后通过正则化输出一个 3D 的概率体,最后通过 soft argMin 层沿深度方向求取深度期望,获得参考影像的深度图。

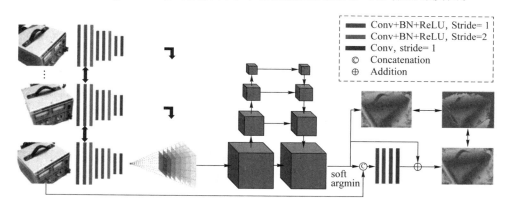

图 3.17　MVSNet 模型结构

基于 MVSNet 的深度图估计步骤如下:深度特征提取,构造匹配代价,代价体正则化,深度估计,深度图优化。

(1) 深度特征提取

MVSNet 从 N 张输入图像 $\{I_i\}_{i=1}^{N}$ 上进行特征提取,得到 N 个深度特征图 $\{F_i\}_{i=1}^{N}$,这些特征图用于后续的稠密匹配。特征提取网络使用 8 层的 2D 卷积神经网络,其第 3 层、第 6 层的卷积长设置为 2,以此得到 3 个尺度的特征图。与一般的匹配网络相同,特征提取网络的参数共享权重。

2D 卷积神经网络的输出为 N 个 32 通道的特征图。与原图相比,模型在每个维度上进行了 4 倍的下采样。值得注意的是,虽然特征图经过了下采样,但被保留下来像素的邻域信息已经被编码保存至 32 通道的特征描述子中,这些特征描述子为匹配提供了丰富的语义信息。与在原始图像上进行特征匹配对比,使用提取的特征图进行匹配显著提高了重建质量。

（2）构造匹配代价

MVSNet 利用一种特殊的平面扫描算法来构造参考影像的匹配代价,对于 N 个特征图,每个特征图将以其参考相机的主光轴 n 为扫描方向,将参考影像按照某一固定的距离间隔取多个投影平面,就得到了一个处于不同深度间隔的特征体(feature volume)$\{V_i\}_{i=1}^{N}$。从特征体 $V_i(d)$ 到深度 d 处的 F_i 的坐标映射由平面变换 $x' \sim H_i(d) \cdot x$ 确定,其中"$\sim$"表示投影等式,$H_i(d)$ 表示在深度值 d 处的第 i 个特征图 F_i 和参考特征图 F_1 的单应变换矩阵。n 为参考相机的主轴,单应性矩阵公式如下:

$$H_i(d) = K_i R_i \left(I - \frac{1}{d}(-R_1^{-1}t_1 + R_2^{-1}t_i)n^{\mathrm{T}}R_1 \right) R_1^{-1} K_1^{-1} \tag{3.12}$$

单应变换投影的过程类似于经典的平面扫描算法,二者唯一的区别在于采样点来自特征图 $\{F_i\}_{i=1}^{N}$ 而不是图像 $\{I_i\}_{i=1}^{N}$。

接下来,将多个特征体聚合为一个代价体 C。为了适应任意数目 N 的视图输入,MVSNet 使用了一个基于方差的代价指标 M,该指标用于衡量 N 张视图间的相似性。W、H、D、F 分别代表输入图像的宽度、深度、采样数和特征图的通道数,故而特征体的尺寸为 $V = \frac{W}{4} \cdot \frac{H}{4} \cdot D \cdot F$。代价指标定义了映射关系 M:

$$C = M(V_1, \cdots, V_n) = \frac{\sum_{i=1}^{N}(V_i - \overline{V}_i)^2}{N} \tag{3.13}$$

其中,$\overline{V}_i$ 表示所有特征体的均值。

（3）代价体正则化

从图像特征图计算得到的原始代价体由于遮挡等原因可能是包含噪声的,因此在进行深度图预测时,需要对其进行光滑处理,将其正则化为概率体。

如图 3.18 所示,MVSNet 采用了多尺度的 3D-CNN 网络进行代价体正则化,其中 4 个尺度的网络结构类似于 3D 版本的 U-Net,采用编码-解码结构在较大的感受野范围内进行信息聚合,同时具有较小的存储代价和计算代价。为了减轻网络的计算负担,模型在第一个 3D 卷积层后,将代价体从 32 通道缩减为 8 通道,将每个尺度的卷积层数从 3 层减少为 2 层。最后的卷积层输出为 1 通道,通过在深度方向上使用 softmax 操作进行概率值的归一化。

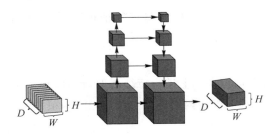

图 3.18　代价体正则化示意图

（4）深度估计

本步采用了"soft argmin"操作，即沿着概率体的深度方向，以深度的期望值作为该像素的深度估计值，即所有假设深度值的加权和：

$$D = \sum_{d=d_{\min}}^{d_{\max}} d \times P(d) \tag{3.14}$$

soft argmin 操作使得整个深度图中的不同部分内部较为平滑，且预测深度的期望值是连续可微分的。输出深度图的尺寸与 2D 特征图相同，即在每个维度上都是原始图像的 1/4。

（5）深度图优化

尽管从概率体恢复出深度图是一个直接而合理的过程，但还是会存在一些问题。正则化过程中如果设置的感受野过大，会使得重建的深度图边界过于平滑。

借鉴图像抠图算法的思想，MVSNet 在末端添加了一个深度残差学习网络，并利用包含图像边界信息的参考图像进行深度图优化。预测的深度图和缩放后的参考图像连接形成一个 4 通道输入，然后输入三个 32 通道的 2D 卷积层和一个 1 通道的卷积层，以学习深度的残差值。

损失函数的计算需要同时考虑到初始深度图和细化深度图的损失。模型使用真值深度图和估计深度图之间的平均绝对误差作为训练损失。Loss 计算公式如下：

$$\text{Loss} = \sum_{p \in P_{\text{valid}}} \| d(p) - \hat{d}_i(p) \|_1 + \lambda \cdot \| d(p) - \hat{d}_r(p) \|_1 \tag{3.15}$$

2. 思路二

直接利用深度学习算法进行 3D 生成也有不少方案。这里列出基于网格、体素、点云的三种方案。

1）基于网格

PolyGen 是一种采用基于 Transformer 架构的方法直接对多边形 3D 网格进行建模的技术。它可以通过输入条件范围内的目标类、体素和 2D 图像，使用概率方式生成输出，以捕捉模糊场景中的不确定性。该网络由顶点模型和面元模型组成。顶点模型是一个掩码 Transformer 解码器，用于无条件地表示顶点序列上的分布，从而对网格顶点进行建模。而面元模型则是一种基于网络的 Transformer 指针，能够有条件地表示可变长度输入顶点序列上的分布，从而对网格面元进行建模。这两种 Transformer 模型的目标是通过首先生成网格顶点，然后利用这些顶点生成网格面的过程，对 3D 网格的分布进行估计的。

（1）多边形网格

3D 网格通常由三角形的集合组成，但许多网格可以合并起来，更紧凑地表示为可变大小的多边形。具有可变长度多边形的网格称为 n 边形网格：

$$F_{\text{tri}} = \{ (f_1^{(i)}, f_2^{(i)}, f_3^{(i)}) \}_i$$
$$F_{\text{n-gon}} = \{ (f_1^{(i)}, f_2^{(i)}, \cdots, f_{N_i}^{(i)}) \}_i \tag{3.16}$$

其中，N_i 表示第 i 个多边形中的面数，不同的面允许的形状大小不同。这意味着大平面可以用单个多边形表示，如图 3.19 中圆桌的顶部。PolyGen 选择使用 n 边形而不是三角形来表示网格。这有两个主要优点：首先是它减小了网格的大小，因为可以用减少的面数指定平面；其次，大的多边形可以用多种方式进行三角剖分，这些三角剖分在示例中可能不一致。通过对 n 边形建模，可以分解出三角剖分的各种可能。

(a) 三角形网格　　　　　　　　(b) n 边形网格

图 3.19　三角形/n 边形网格表示对比

PolyGen 通过将 3D 模型表示为顶点和面的严格有序序列，使模型能够使用基于注意力的序列建模方法重建 3D 网格。

（2）顶点模型

PolyGen 首先为 3D 模型生成一组可能的顶点，然后让这些顶点生成一系列的面。组合模型将网格 $p(M)$ 上的分布表示为两个模型之间的联合分布，然后将其分解为条件分布的乘积：代表顶点的顶点模型（Vertex Model）$p(V)$ 和代表以顶点为条件的面元模型（Face Model）$p(F|V)$。

$$p(M) = p(V, F) = p(F|V)p(V) \tag{3.17}$$

顶点模型由一个解码器网络组成，该网络具有转换器模型的所有标准特征：输入嵌入 18 个转换器解码器层的堆栈，归一化层以及最后在所有可能的序列中标记表示的 softmax 函数分布。给定长度 N 的扁平顶点序列 V^{seq}，其目标是在给定模型参数的情况下最大化数据序列的对数似然性：

$$p(V^{\mathrm{seq}}; \theta) = \prod_{n=1}^{N_v} p(v_n | v < n; \theta) \tag{3.18}$$

PolyGen 使用三种类型的嵌入，包括坐标嵌入、位置嵌入和值嵌入。坐标嵌入指示输入标记是 x、y 还是 z 坐标，为模型提供了基本的坐标信息。位置嵌入指示标记属于序列中的哪个顶点。值嵌入对之前生成的量化顶点值进行编码。此外，还需要一些序列控制点，包括额外的开始标记和停止标记，用于标记序列的起点和终点，还包括填充标记，用于填充到最大序列长度。

（3）面元模型

面元模型表示以网格顶点为条件的一系列网格面的分布。PolyGen 按照最低的顶点索引对面元进行排序，然后是下一个最低的顶点，依此类推，其中顶点已按照顶点模型中所述方式从最低到最高排序。如图 3.22 所示，在一张网格面中，PolyGen 循环排列索引，以便把最低索引排在第一位。与顶点序列一样，将面元 $(f_1^{(i)}, f_2^{(i)}, \cdots, f_{N_i}^{(i)})_i$ 连接起来形成一个序列，并带有一个最终的停止标记，这个序列记作 F^{seq}，其中的元素为 $f_n, n = 1, 2, \cdots, N_F$。和顶点模型类似，面元模型将 F^{seq} 上的联合分布分解为一系列条件面概率分布的乘积：

$$p(F^{\mathrm{seq}}|V; \theta) = \prod_{n=1}^{N_F} p(f_n | f_{<n}, V, \theta) \tag{3.19}$$

与顶点模型一样，面元模型每一步都输出一次 F 值的分布，并通过优化训练集上 θ 的对数最大似然来进行训练。F 值的分布是基于 $\{1, \cdots, N_v + 2\}$ 的，其中 N_v 表示输入顶点的数量，除此之外，还包括 n 和 s 两个标记。

由于目标分布是定义在输入顶点集合的索引上的,不同样本顶点集合的大小不同使得分布的构建面临着困难。而 Polygen 借鉴了 PointerNetwork 模型,提出了一个优雅的解决方案:首先利用 Transformer 编码器 E 来获取上下文嵌入 E_v,同时构建包含新的面元与停止表示的联合嵌入,得到了 N_{v+2} 维度的输入嵌入;然后将输入集合转换为嵌入,并将自回归的每一步输出与嵌入做点积;最后利用 softmax 归一化构建输入集合的有效分布。

网格指针网络通过比较输出指针嵌入与顶点嵌入来生成可变长度顶点序列的分布。面元模型对输入的一组顶点以及描述面的扁平化顶点索引进行操作。首先使用 Transformer 编码器嵌入顶点以及新的面元标记 n 和停止标记 s。

（4）屏蔽无效预测

PolyGen 使用无效预测掩码来确保其生成的顶点和面元序列编码有效的 3D 模型,这对于模型的对数似然分数会产生非负的影响,因为它将无效区域的概率值重新分配给了有效区域。这种掩码实际上是一种强制约束,比如"z 坐标不递减"和"停止标记只能出现在完整顶点(z、y 和 x 标记的三元组)之后"之类的规则,用来防止模型产生无效的网格。这些约束仅在预测时强制执行,因为实验发现它们实际上会损害训练的性能。

（5）条件网格生成

在得到了顶点和面元分布后,就可以基于上下文条件生成网格模型了。例如,可以在给定目标类别的条件下输入顶点,或者生成与输入图像相关的三维网格表示。PolyGen 主要通过两种方式结合上下文信息:针对像类别这样的全局特征,可将学习到的类别嵌入映射到向量上并添加在 Transformer 的中介表示上;针对图像、体素等高维度表示,可联合训练针对域的编码器来输出上下文嵌入,并在 Transformer 解码器中利用交叉注意力来处理嵌入序列。

2）基于体素

NeRF（神经辐射场,Neural Radiance Fields）是一种基于体素实现高质量三维图像渲染的方法。它通过深度神经网络对三维场景中的辐射场进行建模,从而实现对物体的三维重建和渲染。NeRF 的基本思想是将场景中的每个点都建模为一个辐射场,其中包含了该点在不同视角下的外观信息。通过训练神经网络,NeRF 可以从大量的视角图像数据中学习到这些辐射场的参数,从而能够根据任意视角生成高质量的图像。NeRF 可以生成逼真的光照效果、细节丰富的物体表面,并且可以处理复杂的场景,如自然景观、室内场景等。NeRF 模型结构如图 3.20 所示。

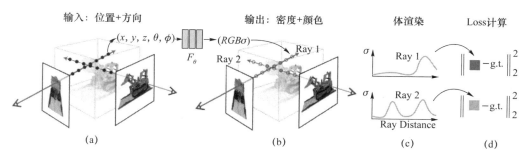

图 3.20　NeRF 模型结构

（1）隐式场景表达

NeRF 将体积密度 σ 建模为仅与位置 x 有关的函数,这意味着体积密度在场景中的每个点只依赖于该点的位置信息 x。同时,NeRF 将 RGB 颜色 c 建模为既与位置 x 有关,又与观察

方向 θ 有关的函数,这样可以保持多视图一致性,即从不同视角观察场景时,颜色保持一致。

为了实现这一目标,NeRF 的 MLP 包括 8 个全连接层,每层都有 256 个通道,并使用 ReLU 激活函数。如图 3.21 所示,这些层处理输入的 3D 坐标 x,并输出体积密度 σ 和一个 256 维的特征向量;接着,这个特征向量与相机光线的观察方向 θ 连接在一起,并传递到一个额外的全连接层,该层有 128 个通道,并使用 ReLU 激活函数。这个额外的全连接层输出与视图相关的 RGB 颜色 c,用于表示场景的颜色信息。

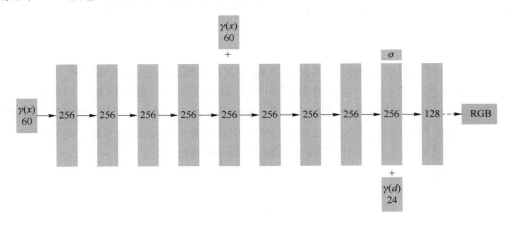

图 3.21　MLP 结构

（2）体渲染

NeRF 使用经典体渲染原理渲染穿过场景的任何光线的颜色。体积密度 $\sigma(x)$ 可以解释为射线在位置 x 处终止于无穷小粒子的微分概率。具有近边界 t_n 和远边界 t_f 的相机光线 $r(t)=o+td$ 的预期颜色 $C(r)$ 计算公式是

$$C(r) = \int_{t_n}^{t_f} T(t)\sigma(r(t))c(r(t),d)\mathrm{d}t, \quad T(t) = \exp\left(-\int_{t_n}^{t}\sigma(r(s))\mathrm{d}s\right) \tag{3.20}$$

NeRF 采用基于分段随机采样的离散近似的方式对这个连续积分进行数值估计。模型先将 $[t_n,t_f]$ 划分为 N 个均匀分布的区域,然后从每个区域内随机抽取样本点。于是可以计算出预期颜色 $C(r)$:

$$\hat{C}(r) = \sum_{i=1}^{N} T_i(1-\exp(-\sigma_i\delta_i))c_i, \quad T_i = \exp\left(-\sum_{j=1}^{i-1}\sigma_j\delta_j\right) \tag{3.21}$$

其中,$\delta_i=t_{i+1}-t_i$,是相邻样本之间的距离。

（3）位置编码

实验发现,深度网络 MLP 更倾向于学习低频函数,而表示高频变化数据的能力较弱。因此在将输入传递到网络之前,应使用高频位置编码函数将输入映射到高维空间,以更好地拟合包含大量高频变化的数据。实验通过一个编码函数 γ 把输入从空间 R 映射到更高维空间 R^{2L}。该编码函数为如下形式:

$$\gamma(p)=(\sin(2^0\pi p),\cos(2^0\pi p),\cdots,\sin(2^{L-1}\pi p),\cos(2^{L-1}\pi p)) \tag{3.22}$$

实验研究发现,如果 L 的值太小,则会导致高频区域难以重现的问题;如果 L 的值太大,则会导致重现出来的图像有很多噪声。所以,实验针对 (x,y,z) 输入取 $L=10$,针对 (θ,ϕ) 输入取 $L=4$。

（4）分层采样策略

NeRF 的渲染过程中需要对每一条射线进行采样，这会导致计算量很大，因为射线可能经过许多点，且需要对这些点进行采样并计算它们的颜色。然而，在实际情况中，一条射线上的大部分区域可能是空区域或者被遮挡的区域，这些区域对最终的颜色并没有贡献。因此，这种计算可能会被视为浪费。

为了解决这个问题，采用一种名为 coarse to fine 的策略。这意味着在渲染过程中，需要同时优化两个网络，一个是粗糙网络（coarse network），另一个是精细网络（fine network）。粗糙网络可以快速地对整体场景进行估计，提供一个粗糙但计算效率较高的渲染结果。然后，精细网络对这个粗糙的结果进行进一步优化，得到更精确的渲染结果。通过这种策略，NeRF 可以在提高渲染效率的同时，保证渲染结果的质量。

首先，对于粗糙网络，我们采样较为稀疏的 N_c 个点，并将离散求和函数重新表示为

$$\hat{C}_c(r) = \sum_{i=1}^{N} w_i c_i, \quad w_i = T_i \cdot (1 - \exp(-\sigma_i \cdot \delta_i)) \tag{3.23}$$

接下来，可以对 w_i 做归一化：

$$\hat{w}_i = \frac{w_i}{\sum_{j=1}^{N_c} w_j} \tag{3.24}$$

这里，$\hat{w}_i$ 可以看作沿着射线的概率密度函数。通过这个概率密度函数，可以粗略地得到射线上物体的分布情况，如图 3.22 所示。

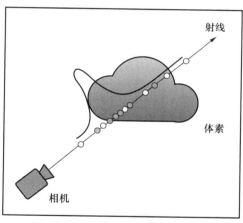

图 3.22　分层采样示意图

接下来，基于得到的概率密度函数采样 N_f 个点，并用这 N_f 个点和前面的 N_c 个点一同计算精细网络的渲染结果。训练时所使用的 Loss 函数也不复杂，即同时在粗糙网络和精细网络的渲染结果上计算 L2 损失：

$$L = \sum_{r \in R} \left[\| \hat{C}_c(r) - C(r) \|_2^2 - \| \hat{C}_f(r) - C(r) \|_2^2 \right] \tag{3.25}$$

一个实际应用的例子是 2022 年初英伟达公司推出的 Instant-NGP 模型，该模型在不损失精度的前提下大大提升了 NeRF 网络的训练速度，使训练时间从以小时计缩短到以秒计，使 NeRF 初步具备了实用性。

3）基于点云

点云因作为一种三维表示方法而变得流行，因为它们可以捕捉到比体素网格更高的分辨

率,并且是通往更复杂的表示方法(如网格)的基石。学习基于点云的生成模型可以通过提供更好的点云的先验性,使广泛的点云合成任务受益,如重建和超分辨率。

PointFlow 是一个用于三维点云的原理性生成模型。在 PointFlow 中,形状的分布和给定形状的采样点的分布都需要被建模。前者是指生成形状的分布,后者是指生成给定形状中的点的分布。与直接对形状中的点进行参数化不同,PointFlow 使用可逆参数化转换来为这种分布建模。具体而言,它将这种分布建模为从先验分布(如三维高斯分布)采样得到的三维点的变换。简单来说,对于给定形状,生成的点是从一个通用的高斯分布中采样得到的,然后模型通过参数化变换将这些点移动到目标形状中的新位置。图 3.23 是 PointFlow 模型效果图。

图 3.23　PointFlow 模型效果图

PointFlow 用一个连续的归一化流来学习每一级的分布。归一化流的可逆性使模型能够在训练过程中计算似然,在变分推理框架中进行训练。

（1）连续归一化流

归一化流是一系列可逆映射,可将初始已知分布转换为更复杂的分布。形式上,设 $f_1,\cdots,f_n$ 表示具有分布 $P(y)$ 的潜在变量 y 的一系列可逆变换。$x=f_n\circ f_{n-1}\circ\cdots\circ f_1(y)$ 是输出变量。那么输出变量的概率密度由以下公式给出：

$$\log P(x) = \log P(y) - \sum_{k=1}^{n}\log\left|\det\frac{\partial f_k}{\partial y_{k-1}}\right| \tag{3.26}$$

其中,y 可以用逆流变换计算出来：$y=f_1^{-1}\circ\cdots\circ f_n^{-1}(x)$。在实践中,$f_1,\cdots,f_n$ 通常被实例化为神经网络,其结构使得雅可比行列式 $\left|\det\dfrac{\partial f_k}{\partial y_{k-1}}\right|$ 很容易计算。

通过定义变换 f(时间连续的、动态的)：

$$\frac{\partial y(t)}{\partial t}=f(y(t),t) \tag{3.27}$$

归一化流从离散序列泛化为了连续变换的形式。在 t_0 时有先验分布 $P(y)$ 的 $P(x)$ 的连续归一化流(CNF)模型可以写成：

$$x = y(t_0) + \int_{t_0}^{t_1} f(y(t),t)\mathrm{d}t, \quad y(t_0) \sim P(y)$$

$$\log P(x) = \log P(y(t_0)) - \int_{t_0}^{t_1}\mathrm{tr}(\frac{\partial f}{\partial y(t)})\mathrm{d}t \tag{3.28}$$

$y(t_0)$ 同样可以用逆流变换计算：

$$y(t_0) = x + \int_{t_1}^{t_0} f(y(t),t)\mathrm{d}t \tag{3.29}$$

于是可以应用常微分方程（ODE）求解器来估计连续归一化流的输出和输入梯度。

（2）变分自编码器

假设要为一个随机变量 X 建立生成模型。变分编码器这个框架允许人们从 X 的观测数据集中学习 $P(X)$。VAE 通过一个具有先验分布 $P_\varphi(z)$ 的潜变量 z 和一个解码器 $P_\theta(X|z)$ 进行生成。在训练过程中，它还学习一个推理模型（或编码器）$Q_\varphi(z|X)$。编码器和解码器被联合训练以最大化观测变量对数似然的下限，这也被称为证据下界（ELBO）。

$$\begin{aligned} \text{ELBO} &= \log P_\theta(X) - D_{\text{KL}}(Q_\phi(z|X)\|P_\theta(z|X)) \\ &= E_{Q_\phi(z|x)}[\log P_\theta(X|z)] - D_{\text{KL}}(Q_\phi(z|X)\|P_\psi(z)) \\ &\triangleq L(X;\phi,\psi,\theta) \end{aligned} \tag{3.30}$$

其中，$Q_\varphi(z|X)$ 通常建模为对角高斯分布 $N(z|\mu_\varphi(X),\sigma_\varphi(X))$，其均值和标准差由参数为 φ 的神经网络预测。为了有效地优化 ELBO，将 z 重新参数化为 $z=\mu_\varphi(X)+\sigma_\varphi(X)\cdot\varepsilon$ 来完成从 $Q_\varphi(z|X)$ 的采样，其中 $\varepsilon\sim N(0,1)$。

（3）模型结构

如图 3.24 所示，在训练时，编码器 Q_φ 推断给定输入点云 X 的后验形状表示，并从中采样出一个形状表示 z。然后，通过逆 CNF(F_ψ^{-1}) 计算先验分布 L_{prior} 中 z 的概率，并通过另一个以 z 为条件的逆 CNF(G_θ^{-1}) 计算 X 的重构似然 L_{recon}。该模型经过端到端训练以最大化证据下界，它是 L_{prior}、L_{recon} 和 L_{ent}（后验 $Q_\varphi(z|X)$ 的熵）的总和。其中涉及的参数如下。

① 先验

$$L_{\text{prior}}(X;\psi,\phi)\triangleq E_{Q_\phi(z|x)}[\log P_\psi(z)]$$

② 重建可能性

$$L_{\text{recon}}(X;\theta,\phi)\triangleq E_{Q_\phi(z|x)}[\log P_\theta(X|z)]$$

③ 后验熵

$$L_{\text{ent}}(X;\phi)\triangleq H[Q_\phi(z|X)]$$

模型通过最大化数据集中所有点集的 ELBO 进行端到端训练：

$$\phi^*,\psi^*,\theta^* = \arg\max_{\phi,\psi,\theta}\sum_{X\in\chi}L(X;\phi,\psi,\theta) \tag{3.31}$$

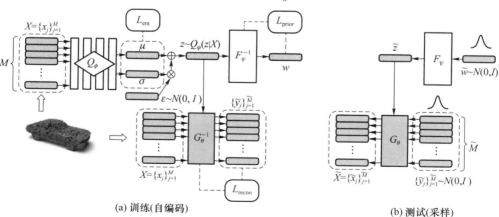

图 3.24　PointFlow 模型结构

在测试时,为了对一个形状表示进行采样,通过从高斯先验中采样 $\tilde{w}$ 并使用 F_ψ 对其进行变换得到 $\tilde{z}=F_\psi(\tilde{w})$。为了生成一个给定形状表示 $\tilde{z}$ 的点,首先从 $N(0,I)$ 中抽取一个点 $\tilde{y}\in R^3$,然后把 $\tilde{y}$ 传给以 $\tilde{z}$ 为条件的 G_θ,产生一个形状上的点:$\tilde{x}=G_\theta(\tilde{w};z)$。要对一个大小为 $\tilde{M}$ 的点云进行采样,因此只需重复 $\tilde{M}$ 次。结合这两个步骤,就可以从模型中采样出一个有 $\tilde{M}$ 个点的点云。

$$\tilde{X}=\{G_\theta(\tilde{y}_j;F_\psi(\tilde{w}))\}_{1\leqslant j\leqslant \tilde{M}}, \quad \tilde{w}\sim N(0,I),\forall j,\tilde{y}_j\sim N(0,I) \tag{3.32}$$

3.3.3 基于文本的 3D 生成

将 text-to-2D 扩散模型与 NeRF 相结合,生成高质量的 3D 模型,是目前基于文本的 3D 生成的解决思路。

最新的 text-to-image 图像合成模型(如 Imagen、DALL·E 2)所需的数据集大小已经达到数十亿的图像文字训练对。然而,现有的已标注的 3D 数据和有效去噪的三维结构数据远远达不到这个数量级,因此如果把同样的方法放到 text-to-3D 合成的工作中,注定是会失败的。

那么,该如何完成 text-to-3D 的工作呢?来自谷歌公司的 DreamFusion 模型给出了答案。DreamFusion 通过使用预训练的二维扩散模型和概率密度蒸馏的损失函数,优化随机初始化的 NeRF 模型,从而在任意角度、任意光照条件、任意三维环境中生成图像,无需使用 3D 训练数据,并完全依赖预训练模型作为先验信息。

DreamFusion 可用于创建和优化 3D 场景。可以迭代地改进示例的文本提示,同时从四个不同的角度渲染每个生成的场景。

DreamFusion 从自然语言中生成 3D 对象的过程是怎样的呢? 如图 3.25 所示,我们以"一张孔雀在冲浪板上的 DSLR 照片"(a DSLR photo of a peacock on a surfboard)这一标题生成一张有关孔雀的场景图。模型先随机初始化一个神经辐射场 NeRF,使用 MLP 参数化体积密度和颜色,通过计算法线和随机光照方向遮蔽场景。然后利用预训练好的扩散模型(Imagen 模型)在场景中注入噪声以增加图像的多样性,并且预测注入的噪声 $\hat{\varepsilon}_\phi(z_t|y;t)$。由于噪声 $\hat{\varepsilon}_\phi(z_t|y;t)$ 的方差较大,因此利用 $\hat{\varepsilon}_\phi(z_t|y;t)$ 减去原始噪声 ε 产生一个低方差的更新方向,它通过渲染过程反向传播来更新 NeRF 的 MLP 参数。

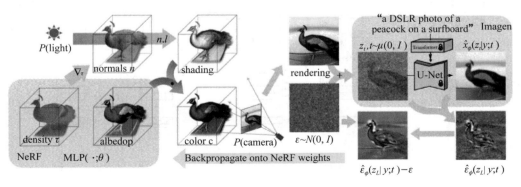

图 3.25 DreamFusion 模型结构

扩散模型的前向过程 q 通过添加噪声使有序的数据分布逐渐趋于无序,而逆向过程(或称为生成模型)p 使噪声 z_t 逐渐还原成原本的数据分布。前向过程通常是一个高斯分布 $q(z_t \mid x) = N(\alpha_t x, \sigma_t^2 I)$,给定初始数据点 x,可以计算潜在变量的边缘分布在时间步 t 的表示形式:

$$q(z_t) = \int q(z_t \mid x) q(x) \mathrm{d}x \tag{3.33}$$

证据下界训练生成模型简化成了一个分数匹配目标的去噪权重参数 ϕ,基于扩散模型的损失公式也简化为

$$L_{\text{Diff}}(\phi, x) = E_{t \sim \mu(0,1), \varepsilon \sim \mu(0,I)} \left[\omega(t) \| \varepsilon_\phi(\alpha_t x + \sigma_t \varepsilon; t) - \varepsilon \|_2^2 \right] \tag{3.34}$$

扩散模型现有的采样方法生成的样本的相机拍摄角度与模型训练的观测数据样本相同,且只用于采样图像像素。但我们不只想要在原相机方向上创建出一张精美的图片,更想要创建一个从任意角度拍照图像效果都非常好的 3D 模型。于是,NeRF 被理所当然地引进来。NeRF 的可微图像参数化方式能够表达约束,使模型在更紧凑的空间进行优化或利用更强大的优化算法遍历像素空间。

令 θ 表示 NeRF 中的体积参数,g 表示 NeRF 中的隐式表达函数(也称为体积渲染器),创建出一个可以表示成任意相机方向下拍摄的图像 $x = g(\theta)$。对生成的数据点 $x = g(\theta)$,学习这些参数,需要一个可以应用于扩散模型的损失函数。考虑对扩散模型的损失函数求梯度:

$$\nabla_\theta L_{\text{Diff}}(\phi, x = g(\theta)) = E_{t, \varepsilon} \left[\omega(t) \underbrace{(\hat{\varepsilon}_\phi(z_t; y, t) - \varepsilon)}_{\text{Noise Residual}} \underbrace{\frac{\partial \hat{\varepsilon}_\phi(z_t; y, t)}{z_t}}_{\text{U-Net Jacobian}} \underbrace{\frac{\partial x}{\partial \theta}}_{\text{Generator Jacobian}} \right] \tag{3.34}$$

U-Net 雅可比矩阵需要昂贵的计算资源(需要 U-Net 反向传播通过扩散模型),并且经过训练来近似边缘密度的缩放 Hessian 矩阵时,对于低噪声的效果也不佳。实验结果发现省略了 U-Net 雅可比矩阵一项反而会导致有效的梯度优化下降:

$$\nabla_\theta L_{\text{SDS}}(\phi, x = g(\theta)) \overset{\Delta}{=} E_{t, \varepsilon} \left[\omega(t) (\hat{\varepsilon}_\phi(z_t; y, t) - \varepsilon) \frac{\partial \hat{\varepsilon}_\phi(z_t; y, t)}{z_t} \frac{\partial x}{\partial \theta} \right] \tag{3.35}$$

由于扩散模型直接预测了更新方向,因此不需要通过扩散模型进行反向传播。另外,实验中不需要修改图像扩散模型,也证明了预训练的图像扩散模型作为先验的有效性。

2022 年 11 月,英伟达公司推出了 Magic3D 模型,可以将低分辨率生成的粗略模型优化为高分辨率的精细模型,可以比 DreamFusion 更快地生成 3D 目标。

3.3.4　小结

传统的三维重建技术主要研究基于多视图的 3D 场景模型生成,其重点在于如何获取目标场景或物体的深度信息,包含图像对齐、稀疏重建、稠密重建等步骤。

深度学习的 3D 生成包括基于网格、体素、点云等多种方法,此外基于文本语言的 3D 生成技术也在探索中,且已经初显成效。

3.3.5　习题

1. 传统的三维建模技术在哪些方面可以对深度学习的三维重建方法有所启发?

2．PolyGen 的位置嵌入方法是否有其他方式替代？不妨试着在本节的其他地方找找思路。

3．PolyGen 的顶点模型和面元模型有什么相同点和不同点？

4．神经辐射场 NeRF 有什么显著的优缺点？可以从哪些方面进行改进？

5．查找资料，看看 Magic3D 做了哪些工作，使其效果超过了 DreamFusion？

第 4 章

AI 序列生成

4.1 文本生成

文本生成参考资料

  文本生成是人工智能的重要研究内容,旨在通过计算机生成符合特定要求的字符序列。关于该字符序列的类型,狭义的文本生成仅指各种不同语种的自然语言生成,而广义的文本生成还包含编程语言等形式化语言。本节介绍常见的文本生成方法,包括基于 RNN、LSTM、Transformer 等语言模型的文本生成,基于编解码器的文本生成,以及基于扩散模型的文本生成等。需要注意,上述方法不是完全独立的,实际方案构建中,可以综合使用上述各种模型架构。本节在介绍各类文本生成模型的同时,介绍其在具体任务上的实际应用,最后简要探讨当前 AI 自然语言生成存在的相关社会问题。

4.1.1 基于语言模型的文本生成

  语言模型计算特定文本序列的出现概率。假设给定词序列为 $w_1, w_2, \cdots, w_n$,那么语言模型可以视作对 $P(w_1, w_2, \cdots, w_n)$ 进行建模。实际操作中,可建模在给定上下文 $[w_1, w_2, \cdots, w_{n-1}]$ 时下一词 w_n 的条件概率分布,即 $P(w_n | w_1, w_2, \cdots, w_{n-1})$。两者可以进行如下转化:

$$P(w_1, w_2, \cdots, w_n) = \prod_{i=1}^{m} P(w_i | w_1, \cdots, w_{i-1}) \tag{4.1}$$

  常用的语言模型包括基于 $n\text{-}gram$ 的语言模型和基于神经网络的语言模型。基于 $n\text{-}gram$ 的语言模型通过统计语料库中 n 个连续词语($n\text{-}gram$)出现的频率来预测下一个词语的概率分布。例如,下列两个公式分别考虑了 2 个连续词语($bi\text{-}gram$)和 3 个连续词语($tri\text{-}gram$)的概率分布:

$$p(w_2 | w_1) = \frac{\text{count}(w_1, w_2)}{\text{count}(w_1)}$$

$$p(w_3 | w_1, w_2) = \frac{\text{count}(w_1, w_2, w_3)}{\text{count}(w_1)} \tag{4.2}$$

上式表明,可以根据一个固定长度的上下文滑动窗口来预测下一个可能的词语。

　　很多时候,考虑的上下文长度越长,对原文本的理解越准确,可以避免因截断产生的关键信息丢失问题,因此我们需要对长序列进行建模。使用基于 n-gram 的语言模型较为容易实现对长序列的建模,但随着建模序列长度增加,会产生存储消耗迅速增加等问题,不适宜建模长序列。基于神经网络的语言模型则是通过深度学习技术来学习语言的模型,它们能够学习语言序列中的长期依赖关系。下面,主要介绍基于深度学习的语言模型。

1. RNN 语言模型

　　首先介绍基本的 RNN 模型,其结构如图 4.1 所示。RNN 是一种基于循环结构的深度学习模型,其中 x_t 代表第 t 个时间步的输入单词,h_t 代表第 t 个时间步的隐藏状态。在每一个时间步,隐层 W 除了接收当前时间步的输入 x_t,还会接收上一个时间步积累下来的隐藏状态 h_{t-1},经过运算后输出当前时间步输出 y_t 以及在历史信息基础上累积了当前时间步信息的隐藏状态 h_t。在下一时间步的运算中,将会重复这样的操作,运用包含 x_t 以及历史信息的状态 h_t。这样,当前步的输出可以和所有历史输入建立联系,以此建模序列的长期历史信息。具体地,可以使用如下的计算公式:

$$h_t = \sigma(W^{hh}h_{t-1} + W^{hx}x_t)$$
$$y_t = \mathrm{softmax}(W^S h_t)$$

其中,W^{hh}、W^{hx} 和 W^S 是网络参数,y_t 是第 t 位置处输出单词的概率分布。可以看见,因为在每个时间步中 W^{hh}、W^{hx} 和 W^S 都是共享的,这样网络的参数量和序列的长度可以解耦,即不会因为建模的序列长度增加,所以网络参数量必然被迫增加。

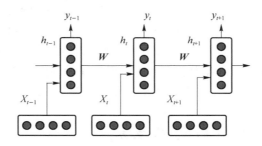

图 4.1　基本的 RNN 模型结构

　　在对 RNN 模型进行训练时,通常在每一步采用交叉熵损失函数:

$$L^t(\theta) = -\sum_{j=1}^{|V|} y_{t,j}\log(\hat{y}_{t,j}) \tag{4.3}$$

其中,$|V|$ 是单词表中单词的总个数。对于长度为 T 的语料库,总的损失函数:

$$L = -\frac{1}{T}\sum_{t=1}^{T}\sum_{j=1}^{|V|} y_{t,j}\log(\hat{y}_{t,j}) \tag{4.4}$$

对其稍加变形即可得到语言模型的一个重要评价指标——混淆度(Perplexity):

$$\mathrm{Perplexity} = 2^L \tag{4.5}$$

它的值越低,说明模型对语料库单词预测的拟合越好。

　　RNN 优点是,它可以处理任意长度的输入,参数量不会因为序列的增长而增长,在每一步计算时可以利用历史信息,并且每一步的权重相同,对序列施加的处理是对称的。但它也因为每个时间步是串行处理的,因此计算较为缓慢;此外,实际情况下因为其结构限制,在使用反向传播优化参数时存在梯度消失等问题,限制其获取较久远信息的能力。

2. LSTM 和 GRU 模型

下面介绍一种改进的 RNN 模型，即长短期记忆神经（LSTM）网络模型。它的结构如图 4.2 所示。它引入了记忆单元（memory cell），能有效解决梯度消失问题。它由下列公式描述：

$$i_t = \sigma(W^i x_t + U^i h_{t-1})（输入门）$$
$$f_t = \sigma(W^f x_t + U^f h_{t-1})（遗忘门）$$
$$o_t = \sigma(W^o x_t + U^o h_{t-1})（输出门）$$
$$\tilde{c}_t = \tanh(W^c x_t + U^c h_{t-1})（新记忆单元）$$
$$c_t = f_t \cdot c_{t-1} + i_t \cdot \tilde{c}_t（最终记忆单元）$$
$$h_t = o_t \cdot \tanh(c_t)$$

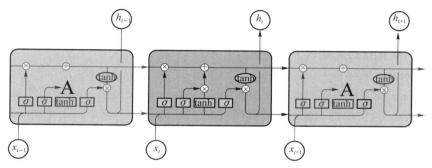

图 4.2　LSTM 网络模型结构

和一般 RNN 情形类似，在 h_t 基础上可通过线性层和 softmax 得到第 t 位置的输出单词概率分布。LSTM 网络模型结构包含如下阶段。

（1）新记忆的生成阶段：该阶段使用输入词语 x_t 和过去的隐藏状态 h_{t-1} 生成新记忆 $\tilde{c}_t$，其中包括新词语 x_t 的一些方面。

（2）输入门：输入门用来判断输入的新词语 x_t 是否有用，决定新词语 x_t 的信息需要保留的程度是多少。输入门使用输入词语和过去的隐藏状态确定输入是否值得保留，得到一个 0 到 1 之间的数，并把这个数乘到新记忆 $\tilde{c}_t$ 上，用来决定 $\tilde{c}_t$ 留下来多少。

（3）遗忘门：遗忘门用来判断过去的记忆是否对当前计算有用，它得到一个 0 到 1 之间的数，把它乘到旧记忆 c_{t-1} 上，决定旧记忆 c_{t-1} 保留多少。

（4）最终记忆生成阶段：该阶段根据输入门和忘记门的建议来生成最终记忆。

（5）输出门：输出门根据最终记忆决定哪些部分需要暴露在隐藏状态中。

接下来，介绍门控循环单元（GRU）模型，它对 LSTM 模型结构上进行了简化，并且仍然保留了门控结构，能够有效建模序列的长期依赖关系。它由下列公式描述：

$$z_t = \sigma(W^{(z)} x_t + U^{(z)} h_{t-1})$$
$$r_t = \sigma(W^{(r)} x_t + U^{(r)} h_{t-1})$$
$$\tilde{h}_t = \tanh(r_t \circ U h_{t-1} + W x_t)$$
$$h_t = (1 - z_t) \circ \tilde{h}_t + z_t \circ h_{t-1}$$

其中，h_t 为隐藏状态，x_t 是每一步的输入，四个公式分别对应新记忆、遗忘门、更新门，以及隐藏状态更新。我们可以从如下角度，对上述公式进行直观理解。

（1）新记忆：新记忆 $\tilde{h}_t$ 由 x_t 和 h_{t-1} 产生，可以认为模型持有过去的知识 h_{t-1}，并融合当前的知识 x_t，产生新的当前知识 $\hbar_t$。注意到在 h_{t-1} 前面乘以了一个门控系数 r_t，这是遗忘门，用来控制有多少过去知识应该被淡化。它的细节在下文中介绍。

（2）遗忘门：遗忘门用来决定 h_{t-1} 的信息对于决定 $\tilde{h}_t$ 的重要性如何。如果发现历史信息 h_{t-1} 对决定新的当前状态毫无作用，那么它可以让新记忆完全不包含 h_{t-1} 的任何内容。

（3）更新门：更新门 z_t 决定最终的隐藏状态输出 h_t 是如何混合新记忆 $\tilde{h}_t$ 和历史记忆 h_{t-1} 的。如果 $z_t=0$，那么 h_t 将完全等同于 $\tilde{h}_t$；反之，如果 $z_t=1$，那么 h_t 将完全等同于 h_{t-1}。

（4）隐藏状态更新：该公式表明，隐藏状态 h_t 是由 $\tilde{h}_t$ 和 h_{t-1} 的线性组合构成的，它们的比例由更新门 z_t 决定。

LSTM 模型和 GRU 模型可以沿用普通 RNN 的训练目标。它们虽然能缓解梯度消失带来的问题，但是其建模长序列的能力仍然受限，在生成的靠后阶段很难直接获取第一个原始输入。Transformer 模型对此做出了改进。

3. Transformer 编码器

Transformer 模型结构图如图 4.3 所示。Transformer 模型是一种基于注意力机制的深度学习语言模型。与传统的 RNN 和 LSTM 不同，Transformer 模型采用了全局注意力机制，能够在序列中任意位置间进行信息传递。图 4.3 的左半部分是编码器部分。该模型第一层是嵌入层，将单词序列 $X=(x_1,x_2,\cdots,x_n)$ 转化为词向量序列，并加入位置编码：

$$H_0=\text{Embedding}(X)+\text{PositionalEnbedding}(X) \tag{4.6}$$

其中 $H_0\in R^{n\times d_{\text{model}}}$。由于单纯的 Transformer 模型无法分辨输入顺序，即如果不加入位置编码，无论输入什么排列，输出都会相同，因此需要加入位置编码，以区分不同位置的输入。位置编码可以是固定的，也可以是根据网络自动学习得到的。一种常用的固定位置编码是正弦位置编码，它由如下公式表示：

$$\begin{cases} \text{PE}(\text{pos},2i)=\sin\left(\text{pos}/10\,000^{\frac{2i}{d}}_{\text{model}}\right) \\ \text{PE}(\text{pos},2i+1)=\cos\left(\text{pos}/10\,000^{\frac{2i}{d}}_{\text{model}}\right) \end{cases} \tag{4.7}$$

其中，p_i 代表位于 i 处的位置编码向量。该编码具有的周期性表明绝对位置并不是最重要的。对于可学习的位置编码，它具有更高的灵活性，但是对于超过学习实下标范围的位置，它无法给出对应编码。后续层通过 Transformer 基本单元，即

$$H_l=\text{TransformerLayer}(H_{l-1})$$

其中，$H_l\in R^{n\times d_{\text{model}}}$，每个 Transformer 基本单元的结构为

$$H_l'=\text{LayerNorm}(\text{MHA}(H_l,H_l,H_l)+H_l)$$
$$H_{l+1}=\text{LayerNorm}(\text{FeedForward}(H_l')+H_l')$$

其中，LayerNorm 是层归一化，FeedForward 是前馈网络，MHA 是多头注意力机制，有

$$\text{MHA}(Q,K,V)=\text{Concat}(\text{head}_1,\text{head}_2,\cdots,\text{head}_h)W^O$$
$$\text{head}_i=\text{Attention}(QW_i^Q,KW_i^K,VW_i^V)$$

其中 $W_i^Q\in R^{d_{\text{model}}\times d_k}$，$W_i^K\in R^{d_{\text{model}}\times d_k}$，$W_i^V\in R^{d_{\text{model}}\times d_v}$，$W_i^O\in R^{hd_v\times d_{\text{model}}}$。Attention 是注意力模块，有

$$\text{Attention}(Q,K,V)=\text{softmax}\left(\frac{QK^{\text{T}}}{\sqrt{d_k}}\right)V \tag{4.8}$$

其中,对 Q 和 K 点积后进行了缩放,这是因为实验表明该点积的值可能取得极端的值,因为随着 d_k 的增大,点积的方差也随之增大。进行缩放后,方差将固定为 1,便于通过梯度下降进行网络优化。对于最后一层的 H_L,可以经过线性映射和归一化到词表中的每一个词的概率,以此获得输出。

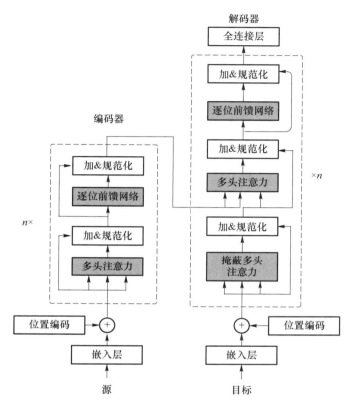

图 4.3　Transformer 模型结构图

下面介绍 Transformer 模型训练常用的损失函数。通常该模型可以采用对数似然函数。对数似然函数表示为

$$L = -\frac{1}{N}\sum_{i=1}^{N}\log p(x_i \mid x_1, x_2, \cdots, x_{i-1}) \tag{4.9}$$

其中,x_i 表示第 i 个词,$p(x_i \mid x_1, x_2, \cdots, x_{i-1})$ 表示根据前面的词预测第 i 个词的概率。

现在介绍使用语言模型进行文本生成的一般方式。在进行文本生成时,语言模型通常采用"自回归"生成方式,即将到目前为止生成的词放入网络,预测下一个词,再把下一个词放入到目前为止生成的词序列中,重复上述过程,一个个生成单词,连成句子。根据网络输出的下一词概率分布选择下一词时,一般方式是采用贪心策略或者是采样策略。贪心策略是指每次生成时,选择概率最大的词作为下一个词。而采样策略则是根据每个词的概率随机生成下一个词。在实际应用中,还可以使用 beam search 策略提高生成质量。beam search 策略是在每次生成时,保留概率最大的 K 个序列,再从这 K 个序列中进行生成。这样能够兼顾当前步最优和整体最优。

4. 语言模型的预训练

由于 Transformer 模型表现出的突出建模能力,因此近来大规模语言模型通常以其作为主干网络,并辅以大规模预训练,在众多文本生成任务中取得较好的表现。BERT 模型是较早进行相关尝试的经典模型,下面对此进行详细介绍。

BERT 模型基于 Transformer 编码器模型。采用 Transformer 编码器模型时,输出的每一个位置可以同时访问到输入中所有位置的字符,因此它可以做到同时根据上文和下文来预测某一位置处的单词。对此,BERT 提出使用完形填空任务(cloze)来实现语言模型的预训练,即对文本中 15% 的单词要求监督其输出,并对输入做如下操作:80% 的时间用 [MASK] 替换输入词;10% 的时间用随机词替换输入词;10% 的时间保持输入词不变,但依然要求模型预测出同一个单词。其中,要求模型只对[MASK]以外的词进行预测,并不用保证[MASK]以外的词的正确性,这是为了让模型不过度拟合,否则模型会认为只需要对[MASK]位置进行操作,而不用对其他位置太过关心。这让模型认识到非[MASK]位置并不是一定是正确的,对每个非[MASK]位置都依然联系上下文判断其最佳意义,而非只看当前位置的输入。事实上,在实际推理时,不一定有[MASK]标志,很多时候都用 BERT 模型直接获取某个词的上下文向量表示。

除了使用完形填空任务,BERT 模型还有另一个预训练任务,即上下句预测任务。该任务中,BERT 模型的输入是两段文字,两段文字之间有一个[SEP]特殊字符,来分割两个不同文本。在[SEP]位置处,模型做二分类预测,用于预测这两段文字是否相连接。

BERT 模型作者团队公布的官方模型有两个。一个是 BERT-base,有 12 层,隐变量空间是 768 维度的,注意力头有 12 个,总的参数量有 1.1×10^8 个。另一个是 BERT-large,有 24 层,隐变量空间是 1 024 维度的,注意力头 16 个,参数量有 3.4×10^8 个。它的训练数据集是 BooksCorpus 和 English Wikipedia,分别有 8×10^8 个单词和 2.5×10^9 个单词。一般来讲,预训练是比较耗费算力资源的,在单个 GPU 上进行训练比较困难,比如 BERT 模型,就是在 64 个 TPU(谷歌公司的张量计算加速芯片)上训练了 4 天。但是,使用已经预训练过的模型,在各个具体任务上进行微调是较少耗费计算资源的,因此可以称这种计算范式为"一次预训练,多次微调"。

此外,还有 OpenAI 公司的 GPT 系列模型,采用基于 Transformer 的结构,并采用根据上文预测下一词作为训练目标。关于其训练数据,GPT-2 在 WebText 数据集上训练,其抓取的网页文本,含有 800 万个文档,占用约 40 GB 的存储空间。GPT-3 的语料库还包含 Common Crawl、WebText2、Wikipedia 等各类不同领域的数据。训练时,其兼顾了不同的具体任务,统一用下一词预测的方式进行训练,不需要微调,便可以直接通用于大量不同的文本生成任务中。可使用的相应任务如文本翻译、问答、常识推理、阅读理解等。使用时,只需要在开头加上任务要求或示范,便可使用自回归文本生成的方式完成一系列任务,具有较强的少样本或者零样本学习能力。例如,输入"translate this to Chinese: I am happy",并让模型通过自回归方式续写句子,便可完成该句子的翻译工作。这为自然语言处理带来了一个全新的范式,即 Prompt 范式,上述的提示词"translate this to Chinese:"即为 Prompt 的一个例子。此外,还可以在冻结语言模型参数的前提下,直接给出一些问答的示例,如"Chinese:我很高兴;English: I am happy;Chinese:欢迎来中国;English:",让模型按自回归的方式进行续写,可以完成中译英的任务。这种给出几个输入-标签对作为示范,以此引导模型正确对新的任务进行回答的范式称为 In-context Learning,它可以在只给出少数几个下游任务输入输出示范的前提下完成对下游任务的理解,具有较高的数据利用效率。

　　这里介绍语言模型用于文本生成的一个具体应用例子——基于 AI 的程序代码辅助生成。该任务要求程序根据自然语言提示和目前拥有的部分代码,根据已有代码的上下文,完成代码补全。例如,输入注释内容"打印 1 到 10 的数字",模型可以自动生成 for 循环代码完成这项工作。又如,输入 python 函数名,如"def max_sum_slice(xs):",程序会自动补全代码,如图 4.4 所示,在函数名下生成注释,对应其对该函数名的理解,并且生成相应代码。该任务可以辅助开发人员生成程序代码,其目的是通过自然语言的描述,帮助开发者减少手动编写代码的时间,提高效率。

图 4.4　Github Copilot 代码补全示例

　　为了完成该任务,著名人工智能实验室 OpenAI 创建了基于语言模型的文本生成工具 Codex。作为一个语言模型,它以 Transformer 架构的 GPT-3 为基础,使用大规模预训练技术路线,在海量自然语言以及程序源代码上进行训练,包括在代码托管平台 GitHub 上的开放源代码。相比于 GPT-3,它还提高了模型的输入容量,大约有 14 KB 的 Python 代码,这提高了它根据上下文生成代码的能力。最终,官方评测表明该模型可以为众多编程语言完成代码补全任务,以 Python 为首,兼顾如 JavaScript、Go、Perl、PHP、Ruby、Swift 和 TypeScript 等语言。它的一个主要用途便是根据自然语言 Prompt 自回归地生成程序代码。其不仅能理解自然语言,还可以生成可工作的代码。这意味着我们可以将其作为人机操作的接口,人们可以用英语向任何带有 API 的软件发出指令,该模型可以把自然语言转化为 API 调用语句序列,执行该语句序列便可完成需要的指令。该模型的创造使计算机能够更好地理解人们的意图,从而使每个人都能使用计算机实现更多可能。

　　随后,OpenAI 和 GitHub 对此开展了商业化、产品化工作,并取得了一定的经济成效和社会成效。OpenAI 开启了 Codex 模型的 API 调用服务。GitHub 推出了以 Codex 为核心的 Copilot 服务。该服务以插件的形式帮助 VSCode、JetBrains 等集成开发环境用户进行代码自动补全。如图 4.5 所示,其进行的社会调查表明,使用该工具能有效提高程序员的工作完成率,降低工作完成时间,进而提升工作效率。

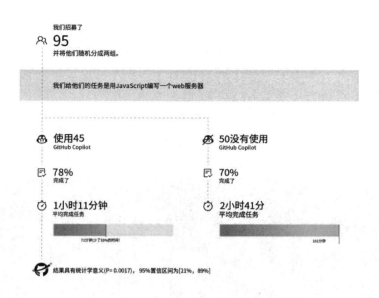

图 4.5　GitHub 对其代码辅助生成工具实际使用展开的测评

4.1.2　基于编解码器的文本生成

基于编解码器的文本生成通常使用 4.1.1 节介绍的各类序列生成网络作为解码器,采用对数似然函数进行训练。但是这些解码器通常还额外接收来自编码器编码的向量,这样生成的文本实际是以编码的向量为条件的。根据编码器的不同,我们可以进行基于文本的条件生成、基于图像的条件生成和基于音频的条件生成等。下面对基于文本的条件生成模型和基于图像的条件生成模型进行介绍。

1. Transformer 编解码器模型

下面介绍基于 Transformer 的文本到文本生成模型,即图 4.3 描述的整个结构。左边的 Transformer 编码部分前面已经介绍,其将输入文字 $X=(x_1,x_2,\cdots,x_n)$ 转化为矩阵 $H\in R^{L\times d_{\text{model}}}$。下面介绍右边的解码部分,其输入是上一步解码出的整个序列,具体地,为"$<\text{SOS}>,y_1,y_2,\cdots,y_m$"。其中,$<\text{SOS}>$ 代表文字的起始。解码器在每个对应位置输出下一个词,如前面例子中的 $(y_1,y_2,\cdots,y_m,y_{m+1})$。如果序列结束,输出 y_{m+1} 为"$<\text{EOS}>$"。解码器可以用下列公式描述:

$$T_0=\text{Embedding}(X)+\text{PositionalEnbedding}(X) \tag{4.10}$$

$$T_l=\text{TransformerDecoderLayer}(T_{l-1}) \tag{4.11}$$

TransformerDecoderLayer 内部结构为

$$T_l'=\text{LayerNorm}(\text{MHMA}(T_l,T_l,T_l)+T_l)$$

$$T_l'=\text{LayerNorm}(\text{MHA}(T_l',H,H)+T_l')$$

$$T_{l+1}=\text{LayerNorm}(\text{FeedForward}(T_l')+T_l')$$

其中,MHMA 代表掩码的多头注意力模块,每一个输入词只能和其前面的词进行交互。此外,这里的多头注意力机制 MHA 将解码器相关信息和编码得到的向量进行了融合,以此达到对输入条件进行生成的目的。

上述模型可以运用于机器翻译、文本等任务中,比如机器翻译,在编码器端输入整句待翻译文本,解码器端就可以使用自回归解码得到翻译后的目标语言文本。在文本问答任务中,编码器端是待回答的问题,解码器端是问题的答案。

2. 图像与视频标题生成

基于图像或者视频的条件生成模型一般被用于生成对输入图像或者视频的内容描述,因此又被称为图像或者视频标题生成模型。这里首先介绍这些模型的一般工作方式。首先要从图像或视频中提取特征,用于后续的融合和文本生成;对于图像特征,一般使用 CNN 的高层输出,常用的 CNN 架构有 VGG、Inception 和 ResNet;对于视频,由于视频是由一帧帧静止的图像组成,因此可采用上述方法,提取每一帧图像的视频特征;而对于视频,需要额外提取运动信息,这些运动信息经常采用 3D CNN 提取,如 C3D 等模型,还可加入各类额外的辅助性语义信息,比如预测视频的类别后,把类别作为辅助信息和其他向量融合。

在用编码器提取完各类原始特征后,需要将各类特征进行融合。首先讨论视频特征的融合。由于视频长度是不固定的,因此需要将这些不定长的特征融合为一个固定长度的表示。我们可以采用最简单的平均池化的方式,对不同时间步的视频特征取平均,得到一个单一的固定长度视频表示;还可以采用时域的注意力机制,对每个视频特征求得一个注意力得分,并将该得分作为权重与每个视频特征相乘,再对加权了的视频特征进行求和。这样,就可以动态地调整每个时间点的特征对解码的贡献,保留更多重要视频特征的内容用于解码。此外,由于视频中不同的空间部分也对视频有不同的贡献,因此还可使用空域注意力,对每帧画面中不同区块的特征进行注意力加权,再池化得到每一帧的向量表示。然后讨论不同模态特征的融合。对于不同模态特征共用一个空间的情况,每个模态编码出来的向量语义是共通的,可以对得到的不同模态向量表示直接进行取平均等池化操作。对于不同模态特征在不同空间的情况,不同模态空间的语义差异较大,这时,可以对这些不同模态的特征向量做拼接操作,并在拼接的向量上通过一些线性层完成融合操作。此外,我们可以使用模态注意力的方式,因为在视频中的不同时刻,每个模态的相对重要程度都会发生变化。最后,应该注意到,不同的融合方式可以组合使用,比如先进行空域注意力,再对不同时间步的特征使用时域注意力进行融合,最后在不同模态间使用模态注意力进行融合。

经过编码器的特征提取和融合,得到一系列输入特征,之后需要将这些特征引入解码器,以此获得条件文本输出。为此,我们可以将编码得到的固定长度向量作为 LSTM 模型或者 GRU 模型的首个隐藏向量,并接着用通常的自回归解码方式生成句子。我们可以把得到的编码向量作为 Transformer 解码器中 Cross-Attention 模块的 K 和 V 输入,以此完成解码过程中融入编码器信息的工作。我们还可以将编码得到的图像特征作为文本 token,采用与待生成文本同等地位的方式,作为 Prompt 的一部分附加在 Transformer 解码器的前面。使用这种方式,无需专门的微调解码器模型,就可以在少样本甚至零样本的前提下,做到灵活地处理各种下游任务,比如给出一个人微笑的图片,并给出待补全的提示文字"This person is like ",再给出一个人伤心的图片,并给出待补全的提示文字"This person is like",模型就能使用 Emoji 表情图标自动补全结果,进而完成图像与 Emoji 表情图标之间的互相转换任务。

这里介绍一个基于编解码器架构的、使用 Transformer 网络的视觉-文本模型 BLIP,其可完成视觉问答、图像标题生成、图文检索等任务。这里主要以其完成图像标题生成任务为例进行介绍。其模型结构如图 4.6 所示。先将图像分成小块输入图像编码器（其结构为视觉Transformer 模型），得到图像编码向量。再将与图像对应的文本描述输入文本编码器（其结构为 Transformer 编码器），得到文本的编码向量。两过程通过比较学习损失函数进行匹配监督。之后，将文本和图像编码向量输入另一编码器，得到文本视觉匹配与否的判断，作为二分类任务进行监督。在多头注意力阶段，将图像编码向量输入文本解码器，以自回归的方式生成文本描述，并采用对数似然函数进行训练。在图像标题生成的推理阶段，只要将图像通过图像编码器得到图像编码向量，并将其作为文本解码器多头注意力的辅助输入，便可通过自回归解码的方式，得到图像对应的文本标题。

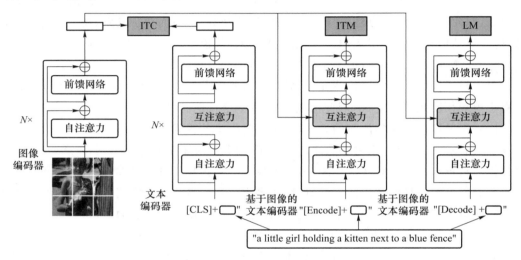

图 4.6　BLIP 模型结构

这里介绍基于编解码器的文本生成的应用示例——医学影像报告生成任务。以胸部放射影像报告生成为例，它的目标是生成一个文本段落来解决给定放射学影像的观察和发现。编写放射学报告既费时又容易出错，根据放射科医师的经验，平均需要 10 分钟或更长时间才可完成一份报告的编写，即使是技术娴熟且经验丰富的放射科医师也会忽视掉胸片提供的 30% 的重要信息。因此，该应用具有重要的临床价值：它既可以帮助影像学医师减轻工作负担，又可以帮助提醒尚不是很有经验的影像学医师可能的病变之处，从而降低误诊和漏诊的可能性。

为了实现该应用，论文"Knowledge matters：Chest radiology report generation with general and specific knowledge"构建了一个融合普遍与特殊知识的影像报告生成模型。如图4.7 所示，使用基于编解码器的文本生成框架，将影像用 CNN 进行编码，并用其作为查询知识图谱中相关信息的向量，以及根据数据库中已有相似报告的文本获得知识图谱中的针对性信息，将这些信息接入 Transformer 解码器的 Cross-Attention 模块，并用自回归方式完成解码，通常采用最大似然损失函数进行优化。

最终，该模型在 MIMIC-CXR 数据集和 IU-Xray 上都能取得较好的表现结果。MIMIC-CXR 数据集是大规模的胸部 X 光数据集，包含 377 110 个图像以及 227 827 个对应的影像报告；而 IU-Xray 上有 7 470 个影像和 3 955 个报告。二者都是该领域较为著名的标准评测数据集。论文中采用 BLEU-1 到 BLEU-4 指标以及 CIDE-r 和 ROUGE-L 对模型进行评测。实验表明其能在同期模型中达到先进水平。进一步比较发现，该模型不仅可以生成更准确的报告，还可以提供更多重要的影像学发现,模型能有效利用检索得到的知识辅助影像报告的生成。

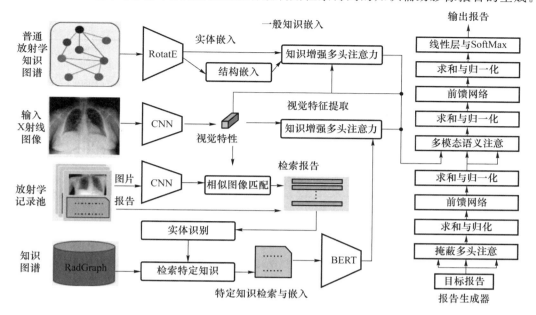

图 4.7　融合普遍与特殊知识的影像报告生成模型

3. 基于扩散模型的文本生成

近年来,基于扩散模型的文本到图像生成系统获得广泛关注,并被广泛运用于 AI 作画等领域。关于扩散模型的基础知识在前述章节已有介绍,这里不再赘述。运用扩散模型进行文本生成仍然是一个待发掘的领域。此处以 Diffusion-LM 模型为例进行介绍。图 4.8 所示为 Diffusion-LM 语言生成结构图。

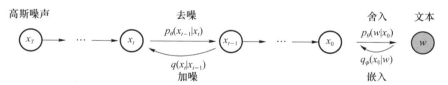

图 4.8　Diffusion-LM 语言生成部分结构图

Diffusion-LM 模型是一种新型的非自回归文本生成模型。它通过对高斯噪声向量逐步去噪将其转化为词向量,来完成文本生成任务。为完成该任务,模型首先对标准的 diffusion 模型进行修改,如图 4.9 所示,在前向过程(forward process)中,第一步将离散的词语 w 映射成词向量 x_0,即

$$q_\phi(x_0 \mid w) = N(\text{EMB}(w), \sigma_0 I) \tag{4.12}$$

其中,EMB 是词向量嵌入函数。在逆向过程的最后一步,加入可以训练的舍入步骤(rounding step),即

$$p_\theta(w \mid x_0) = \prod_{i=1}^{n} p(w_i \mid x_i) \tag{4.13}$$

其中,每个 $p(w_i \mid x_i)$ 都是 softmax 概率分布。其主要训练目标也在扩散模型的原始目标上做出相应改动,添加了扩散第一步结果 x_1 对应的词向量相似性要求 $\|\text{EMB}(w) - \mu_\theta(x_1, 1)\|$,以及由 x_0 预测回相应单词的交叉熵损失 $-\log p_\theta(w \mid x_0)$:

$$L_{\text{simple}}^{e2e}(w)=\mathop{\mathbb{E}}_{q_\phi(x_0:T|W)}\Big[L_{\text{simple}}(x_0)+\|\text{EMB}(w)-\mu_\theta(x_1,1)\|^2-\log p_\theta(w|x_0)\Big] \quad (4.14)$$

其中，$E_{q_\phi(w_o:T|w)}(L_{\text{simple}}(x_0))$ 是扩散模型的原始训练目标。

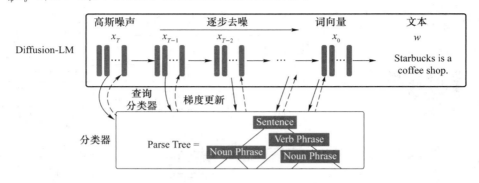

图 4.9　Diffusion-LM 控制部分结构图

在 Diffusion-LM 语言生成部分训练完成后，利用即插即用的模块以控制生成的文本，如图 4.9 所示。该方案在扩散模型采样过程中直接在隐变量 $x_{0:T}$ 上施加相应控制，即由当前采样 x_t 生成下一步采样 x_{t-1} 时，在 x_{t-1} 上运行梯度下降：

$$\nabla_{x_{t-1}}\log p(x_{t-1}|x_t,c)=\nabla_{x_{t-1}}\log p(x_{t-1}|x_t)+\nabla_{x_{t-1}}\log p(c|x_{t-1}) \quad (4.15)$$

即需要下一步采样既满足语言内在的流畅性要求（第一项），又满足其内容和 c 相符的要求（第二项）。c 可以是语言的内容要求，也可以是语法上的要求。实验表明，该方法在 5 个文本生成任务上都能有效超越基线方法的结果。

由此可见，使用扩散模型进行文本生成，可以在不对语言生成模型进行重复训练的前提下，对生成的语言实现细粒度上的控制。并且，扩散模型内在的噪声采样机制理论上也可增加生成文本的多样性，具有广阔的前景。

4.1.3　小结

综上可见，AI 文本生成在诸多方面已经取得长足的进展，并在诸多领域都取得了显著成果，如文本翻译、篇章概括、图像标题等。其中，基于 Transformer 的大规模预训练语言模型，更可在给定提示词的情况下，无需额外训练便可直接运用于各种文本生成任务中。未来，我们期望 AI 文本生成能够在更多垂直细化领域发挥作用，比如医疗文本、文学艺术等。

然而，随着 AI 文本生成技术的发展，其也面临着一些重要的伦理问题。其中最为突出的是偏见问题。由于 AI 模型基于大量的训练数据，如果训练数据中存在偏见，那么生成的文本也可能存在偏见。因此，需要对 AI 文本生成的数据和模型进行监督和管理，以避免偏见的产生。另外，还有其他一些伦理问题，如隐私保护、信息安全、道德和法律责任等。为了解决这些问题，需要采取如下措施：

① 选择更加多样化和公平的训练数据，尽力减少偏见的产生；
② 开展数据监督和模型监督，确保生成文本的公平性和准确性；
③ 实施严格的隐私保护措施，保护用户的个人信息；
④ 推广道德和伦理教育，提高用户对于 AI 文本生成相关问题的认识；
⑤ 制定相关的法律和政策，管理和监督 AI 文本生成技术的应用。

总之，AI 文本生成技术具有巨大的潜力，但同时需要我们重视并解决相关的伦理问题。

我们需要在发展和应用 AI 文本生成技术的同时,确保其公平性和可控性,保护用户的权益。

4.1.4　习题

1. 梳理纯 RNN 模型、LSTM 模型、GRU 模型、Transformer 模型的演化历程,谈谈它们各自有什么优缺点。

2. Transformer 模型为什么要加入位置编码?列举几种常见的位置编码,并且查阅相关文献,了解更多灵活的位置编码方案。

3. BERT 预训练目标有哪几个组成部分?为什么要在非[MASK]部位加入随机错误?

4. 在训练自然语言文本生成模型时,在使用自然语言数据集的前提下,是否可以额外使用编程语言数据集进行训练?这会起到什么作用?

5. 试思考利用扩散模型进行文本生成的特点有哪些?其对什么任务更加合适?

4.2　语 音 生 成

语音生成参考资料

语音生成技术,是人工智能中的一个重要领域,旨在使用计算机模拟人类的语音。语音生成,也称文语转换(Text-to-Speech,TTS),是指将文本转化为语音的技术,是人工智能应用领域的一部分。这项技术赋予了机器说话的能力,是人机语音交互的重要环节。其基本思路是利用模型学习人类语音生成的模式,以生成具有自然语音特征的语音。人工智能语音生成的应用场景很多,这些应用涵盖了多个领域,包括设备交互、残障人士辅助、语音识别、在线教育、广播和电影、语音语言翻译、阅读辅助等。语音生成技术是一种非常有应用前景的技术。

在过去,数字处理语音信号需要建立一个数学模型,以准确描述语音的产生过程和特征。这个模型不仅需要实现数字处理,还需要方便分析,因此需要根据语音的产生过程建立一个既实用又易于分析的语音信号模型。而随着人工智能在语音生成中的应用,该领域技术有了更加颠覆性的变化。

本章首先对语音生成技术背景进行概述。通过对语音产生过程的分析,我们可以深入了解发音语音学的相关内容。随着对语音信号进一步处理和研究,我们还需要了解语音的声学特性,这涉及声学语音学的领域。在探讨语音的声学特性时,本节会介绍一系列的声学特征,这些特征是后续讨论的基础。最后对语音合成系统的两部分——文本前端和声学后端——展开介绍。

4.2.1　背景和概述

近年来,基于深度学习的建模方法在机器学习领域的各个任务上都取得了快速的发展。这些技术也被应用到语音合成领域,并且在此基础上实现了显著的提升。随着信息技术和人工智能技术的不断发展,各种应用场景对语音合成的效果要求越来越高。

具体来说,语音合成技术的应用如下。设备交互,如智能家居设备、语音助手、人机交互等。残障人士辅助,语音生成可用于为视觉或听力障碍人士提供语音辅助。语音识别,语音生成可用于生成语音识别系统的训练数据。在线教育,语音生成可用于制作教育课件,便于学生听课。广播和电影,语音生成可用于制作电影配音和广播剧等。语音语言翻译,语音生成可用于实现语音语言翻译。阅读辅助,语音生成可用于帮助读者阅读文章。随着人工智能技术的不断发展,语音生成技术也在不断地演进和完善,预计未来将会有更多的应用领域。

4.2.2　语音信号基础

了解有关语音信号的一些基本特性有助于研究和分析各种语音合成技术。本节从人体发声机理出发,引出语音基础概念以及声学特征,进而介绍语音合成系统。

1. 人体发声机理

语音是一种特殊类型的声音,它包含了人类在讲话过程中所发出的各种不同的音。这些音在语言中被组合成单词和句子,使人们能够表达想法和交流信息。

语音学研究语音的物理特性、分类以及如何产生和接收它们。语言学则更关注语音在语言中的作用和规则,这包括如何将语音组合成有意义的单词和句子,以及如何使用它们来传达信息。

人体语音信号的产生过程包含两个主要阶段,即信息编码和生理控制。在信息编码阶段,大脑将人们思考的内容编码成语言文字序列和带有韵律信息的语音形式。在生理控制阶段,大脑通过控制发音器官的肌肉运动产生语音信号。这一阶段涉及多种生理机制,包括肺部呼吸、声带振动、口腔咬合等诸多因素。发声器官可以分为两个部分:激励系统和声道系统。激励系统源于肺部,将压缩的空气排到气管中,并进入声带。声带振动,形成脉冲空气激励流或噪声空气激励流。这些空气流经过声道系统进行频率整形,从而形成不同的声音。不同器官的位置以及空气流的不同周期决定了产生的声音。因此,语音合成通常将语音建模分为激励建模和声道建模。

2. 语音基础概念

声波通过空气传播,被麦克风接收,通过采样、量化、编码转换为离散的数字信号,即波形文件。基音周期是每开启和闭合声带一次的时间。

单词可以形成文本,是有意义的语言的最小单元。各单词由音节组成,音节是一个小语音片段。音节由音素组成,音素是语言的元素,即语音的最小基本单位,是发出各不相同音的最小单位。

3. 声学特征

原始信号是不定长的时序信号,不适合作为机器学习的输入。对语音进行分析和处理时,部分信息在时域上难以分析,因此往往会提取频谱特征。在语音合成中,通常将频谱作为中间声学特征。其中,常用的声学特征有梅尔频谱滤波器组、梅尔频率倒谱系数等。

4. 语音合成系统

如图 4.10 所示,语音合成系统分为两部分,分别称为文本前端和声学后端,其中声学后端又包含声学模型和声码器。文本前端的主要作用是文本预处理,并将文本转化为语言学特征序列(linguistic feature sequence);声学后端中的声学模型根据文本前端输出的信息

图 4.10　语音合成系统框图

产生声学特征,并通过声码器得到音频输出。近年来,也出现了完全端到端的语音合成系统,将声学特征生成网络和声码器合并起来,使声学后端成为一个整体,直接将语言学特征序列,甚至文本端到端转换为语音波形。

4.2.3　文本前端

文本前端首先要对文本进行多个步骤的自然语言预处理过程,并完成从文本中提取发音和语言学信息的任务。自然语言预处理是指将自然语言文本转换为机器可以处理的格式的过程,包括文本规范化、形态分析、句法分析、音素化、韵律生成等步骤。

(1)文本规范化:对文本进行规范,包括大小写转换、单复数形式转换等。

(2)形态分析:对文本进行词法分析,将文本分解为单词或词组。

(3)句法分析:对文本进行语法分析,将文本分解为句子,并识别句子中词语的语法关系。

(4)音素化:对文本进行语音分析,识别每个单词的音素(音节)。

(5)韵律生成:根据句子的语音和语法特征生成句子的韵律。

以上步骤是自然语言预处理的基本步骤,其他步骤可根据应用场景而变化。这些步骤有助于提高机器对文本的理解能力,为完成更多的自然语言处理任务做好准备。

自然语言预处理过程如图 4.11 所示。预处理块的任务是纠正输入文本的错误或不规则性。它将缩写、数字和首字母缩写转换为全文,然后将文本分解成句子。用于合成的文本存在特殊符号、阿拉伯数字等,需要把符号转换为文本。如"1.5 元"需要转换成"一点五元",以方便后续的语言学分析。形态学分析块将句子划分为一系列的单词,这一步也被称为分词。对于一些语言,如汉语、日语、泰语、越南语、韩语等并非以空格作为词边界,单词之间没有明显的分隔标记,通常需要分词以便后续的处理。这些语言的分词依赖于上下文分析,因此形态学分析块和上下文分析块通常协同工作。但对于以空格为词边界的语种,该步骤可省略。句法分析块根据分词和词类的信息来解析句子的句法结构。语音化块的任务是生成每个单词的音标序列。一个单词的大多数语音符号都应该根据一个预先建立的发音词汇来产生。对于那些不在字典中的特殊单词,应设计一种特殊的算法,根据形态学因素生成语音序列。比如,"奋斗"是汉字表示,需要先将其转化为拼音以帮助后续的声学模型更加准确地获知每个汉字的发音情况。最后一步,由于语音中每个音素的发音时长不同,停顿也不同,因此将文本转换为音素之后,通常会加入一定的韵律信息,以帮助声学模型提升合成语音的自然度。韵律生成块的主要任务是生成包括音高曲线、持续时间、暂停、节奏特征在内的韵律特征。如"我们在党领导的一次次战役中,都取得了巨大的胜利",如果停顿信息不准确就会出现:"我们/在/党/领导/的/一次/次/战役中,都/取得了/巨大/的/胜利"。"一次次"之间存在一个错误停顿,这将会导致合成语音不自然,如果严重些甚至会影响语义信息的传达。

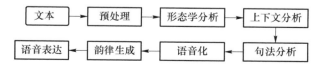

图 4.11　自然语言预处理过程

4.2.4　声学模型

对文本进行自然语言处理之后，需进一步进行数字信息处理。如图 4.12 所示，现代工业级神经网络语音合成系统主要包括三个部分：文本前端、声学模型和声码器。文本输入文本前端，被转换为音素、韵律边界等文本特征；文本特征输入声学模型，被转换为对应的声学特征；声学特征输入声码器，被重建为原始波形。

图 4.12　神经网络语音合成系统的三个主要部分

词嵌入（word embedding），是自然语言处理中对单词处理的一种方式。这种技术可以将自然语言表示的单词转换为计算机能够理解的向量或矩阵的形式。通过对大量文本数据进行训练，词嵌入模型可以学习到每个单词在语义上的相似度和差异，将其映射成一个高维向量空间中的点，从而更好地表示文本信息，促进自然语言处理任务的完成。这种技术会把单词或者短语映射为一个 n 维的数值化向量，其核心就是一种映射关系。当将词嵌入应用于语音合成和语音识别等语音相关任务时，研究者们发现结果并不像在自然语言处理任务中那样好，其主要原因是词嵌入提取的语义和句法信息难以直接融入与语音相关的任务。

所以在语音领域，研究者们提出了基于音素的嵌入方法。与词嵌入不同的是，它考虑了代表音素序列发音的声语音字符来生成音素向量。在音素嵌入训练中，输入是音素标签，输出是相应的声学特征。词向量可以通过训练与语言中词汇和短语使用相关的神经网络模型来获取语义和句法信息。与之不同的是，音素嵌入的目的是捕捉声学信息（如语音特征），并将这些信息用音素向量表示出来。

目前，主要采用的声学模型包括 Tacotron、FastSpeech 等。

Tacotron 是一种端到端的文本到语音合成系统，由 Google 公司开发。该模型可接收字符的输入，而输出相应的原始频谱图，然后将其提供给 Griffin-Lim 重建算法以直接生成语音。它的设计目标是生成高质量、流畅、似人类发出的语音。给定＜文本序列，语音声谱＞对，模型可以通过随机初始化完全从头开始训练。Tacotron 的主要特征是使用了端到端的神经网络架构，从文本输入到语音输出，全程不需要人工介入。它把文本转化为语音的过程分为几个步骤，包括文本规范化、形态分析、句法分析、音素化、韵律生成等，并由多层网络进行特征表示。Tacotron 在语音合成领域具有重要意义，并且被广泛应用于语音合成、语音识别等方面。

Tacotron 是一个带有注意力机制（attention mechanism）的序列到序列（Sequence-to-Sequence，Seq2Seq）生成模型，包括一个编码器模块和一个带有基于内容注意力的解码器模块，以及后处理网络。编码器负责将输入文本序列的每个字符映射到离散的 One-Hot 编码向量，再编码到低维连续的嵌入形式，用于提取文本的鲁棒序列表示。解码器负责将文本嵌入解码成语音帧，在 Tacotron 中使用梅尔刻度声谱作为预测输出；其中基于内容的注意力模块用于学习如何对齐文本序列和语音帧，序列中的每个字符编码通常对应多个语音帧并且相邻的语音帧一般也具有相关性。后处理网络用于将该 Seq2Seq 模型输出的声谱转换为目标音频的波形，在 Tacotron 中先将预测频谱的振幅提高（谐波增强），再使用 Griffin-Lim 算法估计相位从而合成波形。除此之外，Tacotron 独到地描述了一个称为 CBHG 的模块，它由一维卷积滤波器（1D-Convolution bank）、高速公路网络（highway network）、双向门控递归单元（bidirectional GRU）和循环神经网络（Recurrent Neural Network，RNN）组成，被用于从序列中提取高层次特征。

在 Tacotron 改进版 Tacotron2 中，研究者们去除了 CBHG 模块，改为使用更普遍的长短期记忆网络（Long Short-Term Memory，LSTM）和卷积层代替 CBHG，并且因为 Griffin-Lim 算法合成的音频会携带特有的人工痕迹并且语音质量较低，在后处理网络中 Tacotron2 使用可训练的 WaveNet 声码器代替了 Griffin-Lim 算法。Tacotron2 模型的语音合成性能更优（在 MOS 测试中达到 4.526 分，与真实人声接近）。Tacotron2 的模型结构如图 4.13 所示。

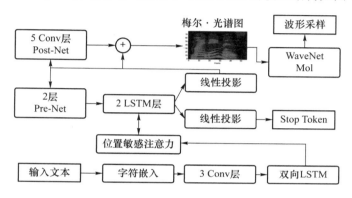

图 4.13　Tacotron2 的模型结构

FastSpeech 是基于 Transformer 显式时长建模的声学模型，由微软公司和浙江大学提出。FastSpeech 是一种用于语音合成的端到端神经网络模型。它的模型结构中，Encoder 网络的作用是从文本中提取出预测的音频特征，并将这些特征映射到更高维的向量空间中，该网络的输入是文本序列，而输出是一组高维的特征向量；而 Decoder 网络的作用是利用从 Encoder 网络中提取的特征向量重建语音音频，它通过对特征向量逐步解码，生成最终的语音音频。FastSpeech 的一个重要优点是它的计算效率高。通过使用预测的音频特征和快速的解码算法，该模型可以快速生成语音音频。这使得 FastSpeech 特别适用于实时语音合成场景，如智能家居设备上的语音交互或自然语言处理应用程序。

本节主要介绍 FastSpeech2。FastSpeech2 的整体架构如图 4.14 所示。编码器将输入音素嵌入序列转换为音素隐藏序列，然后由变量适配器（variance adaptor）将持续时间、音高、能量等不同方差信息添加到隐藏序列中，最后由 mel-spectrogram decoder 将适应的隐藏序列并行转换为谱序列。FastSpeech2 的编码器与 mel-spectrogram decoder 均采用 FFT（Feed-Forward Transformer，前馈 Transformer）块。编解码器的输入首先进行位置编码，之后进入 FFT 块。FFT 块主要包括多头注意力模块和位置前馈网络，其中位置前馈网络由若干层 Conv1d、LayerNorm 和 Dropout 组成。

语音合成是典型的一对多问题，同样的文本可以合成无数种语音。FastSpeech 主要通过目标侧使用教师模型的合成频谱（而非真实频谱）简化数据偏差、减少语音中的多样性，从而降低训练难度。在语音中，音素时长直接影响发音长度和整体韵律；音调是影响情感和韵律的另一个特征；能量则影响频谱的幅度，从而影响音频的响度。FastSpeech2 对这三个最重要的语音属性单独建模，从而缓解一对多带来的模型学习目标不确定的问题。

在对时长、基频和能量单独建模时，所使用的网络结构实际上是相似的，这种语音属性建

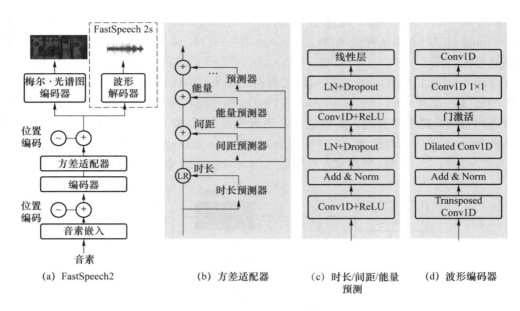

图 4.14　FastSpeech2 的整体架构

模网络被称为变量适配器。时长预测的输出也作为基频预测和能量预测的输入。最后,基频预测和能量预测的输出,以及依靠时长信息展开的编码器输入元素加起来,作为下游网络的输入。变量适配器主要由 2 层卷积和 1 层线性映射层组成,每层卷积后加 ReLU 激活、LayerNorm 和 Dropout。

FastSpeech 系列的声学模型将 Transformer 引入语音合成领域,并且显式建模语音中的重要特征,比如时长、音高和能量等。

以字符/音素映射为波形的 VITS(Variational Inference with adversarial learning for end-to-end Text-to-Speech)为例,这是一种结合变分推理(variational inference)、归一化流和对抗训练的高表现力语音合成模型。如果说 Tacotron / FastSpeech 是将字符或音素映射为中间声学表征,比如梅尔频谱,然后通过声码器将梅尔频谱还原为波形,那么 VITS 则直接将字符或音素映射为波形,不需要额外的声码器重建波形,是真正的端到端语音合成模型。VITS 通过隐变量而非频谱串联语音合成中的声学模型和声码器,在隐变量上进行建模并利用随机时长预测器,输入同样的文本,能够合成不同声调和韵律的语音,提高了合成语音的多样性。VITS 的合成音质较高,并且借鉴了之前的 FastSpeech,单独对音高等特征进行建模,以进一步提升合成语音的质量,是一种非常有潜力的语音合成模型。

4.2.5　声码器

通过声学特征产生语音波形的系统被称作声码器。声码器,又称语音信号分析合成系统,负责对声音进行分析和合成,主要用于合成人类的语音。声码器是决定语音质量的一个重要因素。一般而言,声码器可以分为以下 4 类:纯信号处理,如 Griffin-Lim、STRAIGHT 和 WORLD;自回归深度网络模型,如 WaveNet 和 WaveRNN;非自回归模型,如 Parallel WaveNet、ClariNet 和 WaveGlow;基于生成对抗网络的模型,如 MelGAN、Parallel WaveGAN 和 HiFiGAN。

声码器的主要功能为：分析（analysis）、操纵（manipulation）、合成（synthesis）。分析过程主要是从一段原始声音波形中提取声学特征，如线性谱、MFCC；操纵过程是指对提取的原始声学特征进行压缩等降维处理，使其表征能力进一步提升的过程；合成过程是指将此声学特征恢复至原始波形的过程。人类发声机理可以用经典的源-滤波器模型建模，也就是将输入的激励部分通过线性时不变操作，输出的声道谐振部分作为合成语音。输入部分被称为激励部分（source excitation part），该部分对应肺部气流与声带共同作用形成的激励；输出结果被称为声道谐振部分（vocal tract resonance part），对应人类发音结构，而声道谐振部分对应于声道的调音部分，对声音进行调制。

声码器的发展可以分为基于信号处理的声码器和基于神经网络的声码器。常用的基于信号处理的声码器包括 Griffin-Lim、STRAIGH 和 WORLD。早期的基于神经网络的声码器包括 WaveNet、WaveRNN 等，近年来该类声码器发展迅速，涌现出包括 MelGAN、HiFiGAN、LPCNet、NHV 等优秀的方案。

4.2.6　语音合成指标

对合成语音质量的评价，主要可以分为主观评价和客观评价。主观评价是指人类对语音的打分，比如平均意见得分（Mean Opinion Score，MOS）、众包平均意见得分（CrowdMOS，CMOS）和 ABX 测试。客观评价是由计算机自动给出语音音质的评估，该类评价在语音合成领域研究得比较少，论文中常常通过展示频谱细节、计算梅尔倒谱失真（Mel Cepstral Distortion，MCD）等方法进行客观评价。客观评价分为有参考质量评估和无参考质量评估，这两者的主要判别依据在于该方法是否需要标准信号。有参考质量评估方法除了待评测信号，还需要一个音质优异的、可以认为没有损伤的参考信号。常见的有参考质量评估主要有 ITU-T P.861（MNB）、ITU-T P.862（PESQ）、ITU-T P.863（POLQA）、STOI 和 BSSEval。无参考质量评估方法则不需要参考信号，直接根据待评估信号给出质量评分即可。无参考质量评估方法分为基于信号、基于参数以及基于深度学习的质量评估方法。常见的基于信号的无参考质量评估包括 ITU-T P.563 和 ANIQUE＋，而基于参数的无参考质量评估方法有 ITU-T G.107（E-Model）。近年来，深度学习也被逐步应用到无参考质量评估中，如 AutoMOS、QualityNet、NISQA 和 MOSNet。

主观评价中的 MOS 评测是一种较为宽泛的说法。这种评测方法可以用于测试语音的不同方面，在语音合成领域，常用的 MOS 评测主要有自然度 MOS（MOS of naturalness）和相似度 MOS（MOS of similarity）。由于给出评测分数的主体是人类，因此 MOS 评测可以灵活地考察语音的各个方面，从而更好地反映人们对语音质量的感受和需求。在进行 MOS 评测时，通常会邀请一批专业人士或者普通用户来参加测试，并根据他们的反馈得出最终的评分结果。MOS 评测在语音领域中被广泛应用，并且已经成了一种非常重要的基础评测手段。但是由于人类给出的评分结果受到的干扰因素较多，因此谷歌公司对合成语音的主观评估方法进行了比较，在评估较长语音中的单个句子时，音频样本的呈现形式会显著影响参与人员给出的结果。比如仅提供单个句子而不提供上下文时，与相同句子给出语境相比，被测人员给出的评分差异显著。国际电信联盟（International Telecommunication Union，ITU）将 MOS 评测规范化为 ITU-T P.800，其中绝对等级评分（Absolute Category Rating，ACR）应用最为广泛，ACR 的详细评估标准如表 4-1 所示。

表 4-1　主观意见得分的评估标准

音频级别	平均意见得分	评价标准
优	5.0	很好,听得清楚;延迟小,交流流畅
良	4.0	稍差,听得清楚;延迟小,交流欠流畅,有点杂音
中	3.0	还可以,听不太清;有一定延迟,可以交流
差	2.0	勉强,听不太清;延迟较大,交流需要重复多遍
劣	1.0	极差,听不懂,延迟大,交流不通畅

在使用 ACR 方法对语音质量进行评价时,参与评测的人员(简称被试)对语音整体质量进行打分,分值范围为 1~5 分,分数越大表示语音质量越好。MOS 评测大于 4 分时,可以认为该音质受到大部分被试的认可,音质较好;若 MOS 评测低于 3 分,则该语音有比较大的缺陷,大部分被试并不满意其音质。

4.2.7　小结

基于深度学习的建模方法在机器学习领域的各个任务上都得到了快速的发展,数字处理语音信号建立一个数学模型的传统方法逐步被深度学习更新迭代。

4.2.8　习题

1. 一般认为 10 ms~50 ms 的语音信号片段是一个准稳态过程。短时分析采用分帧方式,一般每帧帧长为 20 ms 或 50 ms。假设语音采样率为 16 kHz,帧长为 20 ms,则一帧有多少个样本点?

2. 语音信号从总体上说是非平稳信号。但是,在短时段____中语音信号又可以认为是平稳的或缓变的。

3. 声音的响度是一个和____有密切联系的物理量,但其并非音强。

4. Tacotron 是一种端到端的文本到语音合成系统,由 Google 公司开发。它的设计目标是生成高质量、流畅、似人类发出的语音。当给定____时,模型可以通过随机初始化完全从头开始训练。

5. 叙述文本前端对文本进行自然语言预处理的多个步骤,以及各步骤的目的。

6. 概述利用神经网络进行语音合成的过程。

4.3　对 话 生 成

对话生成任务作为 AI 序列生成任务的一种,通常应用于对话系统中,一般指计算机根据给定的输入文本生成一段回应。对话生成任务由来已久,科幻作品中机器人与人类的对话就是人们对于对话生成任务的想象。如今由于人工智能技术的发展,基于神经网络的对话生成模型迅速取代了传统方法而发展起来,其中包括基于编码器-解码器架构的模型和基于变分自编码器的模型等。这些模型能够通过学习大量语料库上的对话数据来模拟人类对话,并生成

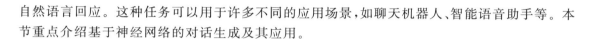

自然语言回应。这种任务可以用于许多不同的应用场景,如聊天机器人、智能语音助手等。本节重点介绍基于神经网络的对话生成及其应用。

4.3.1　对话生成与对话系统

对话系统或对话代理(dialogue system)是旨在与人对话的计算机系统。对话系统可以分为多类,按照技术可以分为生成式对话系统和检索式对话系统,根据目的可以分为任务型和闲聊型,而根据媒介又可以分为文本、语音、图片和多模态转换等类型。但是上述每一种分类又不完全是互斥的,为了满足需求,可能需要应用多种技术。

对话生成任务是对话系统的核心技术之一。基于生成的对话系统与检索式的对话系统相对应,一般来说,多用于聊天机器人这种没有固定答案的对话系统;而检索式对话系统应用更加广泛,比如:智能客服、语音助手等,由于其是限定域的,更容易实现技术的落地和商用。但是如前文所述,两类对话系统并非互斥的,为了更好的对话体验,即使对于同一个问题,也要生成多种回答方式,以帮助对话系统达成真实性更高的目标。

生成式任务一直是人工智能领域中难度较大的研究课题。对话生成也不例外,不仅拥有着其他生成任务的固有难点,还有着对话任务中所特有的问题。其他生成任务的固有难点包括:①由于是开放域,没有明确的评估方法,极大地依赖于人工评定;②需要大量的数据和语料来学习语言模型;③要避免错误的语法、语用等问题来保证质量。对话任务中所特有的问题包括:①由于用户的不同,对话生成系统需要理解用户的语境,避免系统的误解,以便生成相应的正确回答;②由于对话是一个过程,对话生成系统需要维护对话上下文,并在多轮对话中进行适当的回答(假如上文出现了"关于今天天气是很糟糕的"的对话,那么在下文中,当用户希望系统推荐运动时,系统就不能出现户外运动的回答)。

4.3.2　对话生成模型

早在 20 世纪 60 年代,研究人员就已经开始研究使用计算机生成自然语言对话的问题。和文本生成任务类似,传统方法包括基于规则和基于模板的方法。其中,基于规则的方法通常是人工编写的,而基于模板的方法是自动生成的。

类似于文本生成,基于规则的方法通常使用人工设计的,或者是从大量语料中学习得出的规则。这种方法通常使用语言学和统计学方法来分析语料库并设计规则,然后使用这些规则生成对话文本。这些规则可以控制对话的结构、语法和语义,并维护对话上下文。而基于模板的方法是使用预先定义好的模板来生成自然语言对话。模板是一种预定义的文本结构或格式,包含了变量和常量。在对话生成过程中,需要将变量的值替换到模板中,以生成最终的对话文本。虽然两种方法都能语法正确、语义明确地完成任务,但生成的对话总是较为单一、缺乏多样性的。

经过多年的发展,基于神经网络的方法在 2014 年出现,并逐渐绽放光彩,由于其比传统方法更加泛用,生成的对话也更加多样,因此得到了近些年来很多研究人员的青睐,神经网络模型在对话生成任务上也取得了显著的进展。下面介绍几种对话生成网络模型。

1. 基于编码器-解码器架构的模型

第一个基于神经网络的对话生成模型是 2014 年由谷歌公司发表的"Sequence to

Sequence Learning with Neural Networks"一文提出的,这篇论文在自然语言处理领域颇具影响力,其首次提出了一种基于神经网络的 Seq2Seq 模型,该模型包括一个编码器和一个解码器,都是用长短期记忆网络构成的。简单来说,编码器会将输入序列编码成一个固定维度的向量,解码器则使用这个向量生成输出序列。但是由于使用的是循环神经网络,因此其有一个缺点,那就是当输入序列较长的时候,只靠编码器的最后状态很难捕捉前后依赖关系。即使如此,这篇论文所提出的基于神经网络的 Seq2Seq 模型对于深度学习在自然语言处理领域的发展仍具有重要意义,也为后来的对话生成模型提供了理论基础。需要注意的是,该模型不仅适用于对话生成任务,还可以用于各种序列学习,如机器翻译等。

在之后的研究中,为了解决纯 RNN 网络所带来的长文本依赖问题,许多研究尝试引入注意力机制。比如,2015 年谷歌公司发表的"Neural Machine Translation by Jointly Learning to Align and Translate"中提出,选择利用编码器的所有时刻隐层输出计算出的一个注意力分数为解码器隐层输出做加权,来解决文本长度依赖限制问题。除此之外,为了解决 LSTM 不能并行的问题,2017 年 Facebook 发表的"Convolutional Sequence to Sequence Learning",提出使用卷积神经网络代替 LSTM 作为编解码器的主要结构,可实现更好的效果。后来,随着 Transformer 的出现,由于其优秀的长程依赖和注意力机制,基于编解码器的模型走向巅峰。

但基于纯编解码器的对话生成模型仍有许多缺点,比如难以捕获长期依赖,上下文理解能力欠佳;又如正常对话中经常会出现多种回答方式,编解码器模型难以完成这种回答的多样性。

2. 基于隐变量的模型

基于隐变量的模型在生成模型中有着举足轻重的地位,隐变量和生成器可以以无监督的方式联合训练。通过学习从隐变量中合成真实数据的概率,完成最后的生成任务。

2014 年提出的变分自编码器首次使用网络近似真实的后验概率,并提出了重参数技巧,帮助网络实现反向传播。2015 年,条件变分自编码器 CVAE 被提出,它是一种基于变分自编码器的改进模型,可以在生成样本时考虑额外的条件信息,如标签等,这使得 CVAE 更适合于在已有限制条件下生成新样本。简单来说,如果我们希望生成特定类型的文本,比如天气,那么 CVAE 将更具有优势,因此对于每次都需要考虑上下文的对话生成任务来说,CVAE 更加适合。

2017 年,VHRED 将 CVAE 引入编解码结构的对话生成任务中,并取得了很好的效果。VHRED 模型以 HRED 模型为基础,是一个非常经典的对话生成模型,其网络结构如图 4.15 所示,由三级 RNN 组成。整体思路很简单,就是用一个 RNN 作为编码器来建模前 j-1 句话,再用两个 RNN 作为解码器,根据编码结果更新隐层状态(context hidden state):一个 RNN 用来建模第 j 句话的 k-1 个词,另一个 RNN 用来解码第 j 句话的第 k 个词。

VHRED 的序列数据(如对话)为层级结构,其子序列之间具有复杂的依赖关系。RNN 模型仅在输出部分引入随机性,并不适用于此类结构数据的生成。一是因为极大似然估计模型容易置信度过高,导致模型更倾向于生成符合所有对话的通用型回答。举例来说,就是真实对话中对于一个问题本该有无数种回答,可是该模型却更愿意在每个问题后都选择回答"我不知道""也许吧"这种单调的回复。二是因为模型被鼓励捕捉序列中的局部结构,而不是全局结构,这对于层级形式的对话生成任务是不利的。

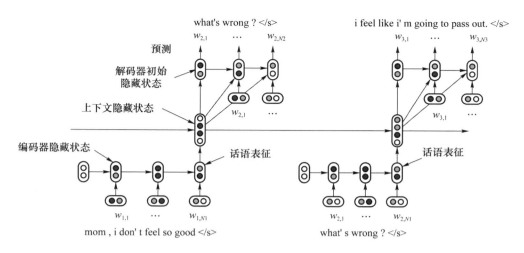

图 4.15　HRED 网络结构

因此,VHRED 选择引入隐变量 z 来建模上下文的依赖关系,具体实现如图 4.16 的方框部分所示,将上下文输出结果输入两层前馈神经网络,将结果进行矩阵乘法计算,得到隐变量的均值和方差。但是需要注意的是,虚线部分在预测阶段是不存在的,因此 z 并不可以直接根据上文得到,而需通过网络拟合得到。

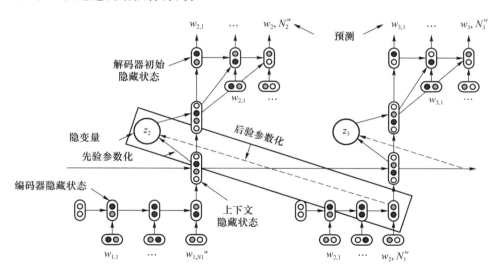

图 4.16　VHRED 网络结构

在人工评估与自动评估的结果中,VHRED 表现得更好。在较短的上下文中,VHRED 不是像普通的 LSTM 模型一样容易输出些更“安全”的答案,而是倾向于生成包含更多信息的长文本输出,虽然也容易包含一些小错误,但这有利于增加对话的趣味性及多样性。

基于虽然在之后的研究中,基于隐变量的方法得到了很多改进,比如论文“Building End-To-End Dialogue Systems Using Generative Hierarchical Neural Network Models”改进了由于 KL 散度带来的梯度弥散问题,“Improving Variational Encoder-Decoders in Dialogue Generation”将连续隐变量与大规模语言预训练结合增强了解码器的理解和规划能力,但其依旧没有在实用领域掀起浪潮。

3. 基于强化学习和模仿学习的模型

强化学习是机器学习的一个分支,旨在训练智能体在与特定环境交互时执行适当的动作,它也可以被视为有监督学习和无监督学习之间的一种中介,因为它只需要微弱的信号进行训练,这对于生成任务来说是十分友好的。

由于对话任务中的主体-环境性质,因此可以将对话系统视为智能体,将用户或用户模拟器视为环境。强化学习可用于解决对话系统中的许多挑战。但是由于直接生成对话需要巨大的动作空间,直接应用强化学习难以完成训练,因此许多研究选择使用检索和生成联合的方式进行模型的构建。但随着时间的推移,越来越多的研究人员规避直接使用强化学习的方法训练模型,而选择使用预训练的方法以降低训练成本,再使用强化学习的方法扩大域范围,以达到更好的效果。

"Deep reinforcement learning for dialogue generation"这篇文章为了解决传统 seq2seq 模型的问题,将深度强化学习引入了对话生成任务。其具体思路是这样的:假设对话系统包括两个 agent,p 代表 agent1 生成的句子,q 代表 agent2 生成的句子,那么一个对话过程可以描述为(p_1,q_1,p_2,q_2,$\cdots$)。我们将生成的句子看作 agent 的动作,过去的对话内容看作状态,可以由(p_i,q_i)通过编码器得到;将基于当前状态采取某个动作的概率分布策略看作策略,策略是可以通过编码器-解码器的 RNN 网络语言模型来控制的。最终,给予不同的动作不同的奖励(回报)。回报一共分为以下三种。

(1)易回复性(ease ofanswering)奖励:对话句子生成时应当为对方着想,不能生成太难回答的句子,即机器生成的句子应当是容易回复的。句子的易回复性主要通过生成句子是否为 dull utterance(无意义回答)的负对数似然函数来实现。首先需要建立一个 dull utterance 的集合 S,比如"I don't know""I have no idea"等,对应的奖励函数公式为

$$r_1 = -\frac{1}{N_S}\sum_{s\in S}\frac{1}{N_S}\log p_{\text{seq2seq}}(s\,|\,a) \tag{4.16}$$

其中,N_S 表示 dull response 中的句子个数,$\log p_{\text{seq2seq}}$ 代表 p_{seq2seq} 的似然估计。这个公式的含义是,生成的句子 s 在 S 中出现的概率越高,获得的奖励越小。

(2)信息流(information flow)奖励:代表生成句子所提供信息的丰富程度。我们希望每次对话生成的句子能提供更多的新信息,这主要是为了避免生成重复句子。因此,通过计算一个 agent 的相邻两个句子的语义相似度来评价。计算公式为

$$r_2 = -\log\cos(h_{p_i},h_{p_{i+1}}) = -\log\cos\frac{h_{p_i}\cdot h_{p_{i+1}}}{\|h_{p_i}\|\|h_{p_{i+1}}\|} \tag{4.17}$$

其中,h_{p_i} 和 $h_{p_{i+1}}$ 表示从编码器中获得的一个 agent 中相邻的两个句子。h_{p_i} 和 $h_{p_{i+1}}$ 越相似,计算结果越接近于 0,反之值越大。

(3)逻辑性(coherence)奖励:主要是为了避免生成句子和聊天话题不相关,或没有逻辑性,通过两个 agent 相邻对话的互信息来判断:

$$r_3 = \frac{1}{N_a}\log p_{\text{seq2seq}}(a\,|\,q_i,p_i) + \frac{1}{N_{q_i}}\log p_{\text{seq2seq}}^{\text{backward}}(q_i\,|\,a) \tag{4.18}$$

其中,$p_{\text{seq2seq}}(a\,|\,q_i,p_i)$ 表示给定前序对话内容 $[p_i,q_i]$ 后采取动作 a 的概率,$p_{\text{seq2seq}}^{\text{backward}}(q_i\,|\,a)$ 表示基于当前动作 a 反推出上一个句子的逆向概率,$p_{\text{seq2seq}}^{\text{backward}}$ 需要通过标准的 seq2seq 模型训练标注语料得到(需要将 x 和 y 互换)。为了控制目标句子长度的影响,两部分的 log 函数都采用

长度归一化。最终,奖励函数可以表示为

$$r(a,[p_i,q_i])=\lambda_1 r_1+\lambda_2 r_2+\lambda_3 r_3 \tag{4.19}$$

其中,$\lambda_1+\lambda_2+\lambda_3=1$。

在训练过程中,采用两个 agent 互相对话,以探索状态-动作空间,并且学习策略。具体过程为:首先通过有监督学习生成一个通用的句子生成策略,这一模型采用了注意力机制,并基于开放字幕数据集(包含了 8 000 万个源-目标对),把每一轮的某个句子当作目标,然后把上两轮的句子作为源输入。

但直接从 seq2seq 模型结果中采样获得句子进行初始化是不太合适的,因为采用的句子往往是普适的和重复的,比如"I don't know",这容易使强化学习模型缺乏多样性。因此选择通过模拟源输入和目标的互信息,这可以显著提高回复的质量,降低重复性。主要思路为:将生成最大化的互信息回复问题看作一个强化学习问题,当模型到达句子末端时,就可获得互信息的奖励。具体步骤如下。

步骤 1:预训练模型 $p_{\text{seq2seq}}(a_i \mid p_i,q_i)$。

步骤 2:对于给定的一组输入 $[p_i,q_i]$,产生候选 $A=\{\overline{a} \mid \overline{a} \sim P_{\text{RL}}\}$。

步骤 3:对于每一个选项 $\overline{a}$,从预训练好的 $p_{\text{seq2seq}}(a_i \mid p_i,q_i)$ 和 $p_{\text{seq2seq}}^{\text{backward}}(q_i \mid a)$ 中获得互信息得分 $m(\overline{a},[p_i,q_i])$。

步骤 4:这个互信息得分 m 将作为奖励被反馈到编码器-解码器模型中,以期望获得奖励更好的句子。其期望奖励为 $J(\theta)=E[m(\overline{a},[p_i,q_i])]$。

步骤 5:通过极大似然估计的方法来更新梯度,相关公式如式(4.20)所示;采用随机梯度下降法来更新参数。

$$\nabla J(\theta)=m(\hat{a},[p_i,q_i])\nabla \log p_{\text{RL}}(\hat{a} \mid [p_i,q_i]) \tag{4.20}$$

步骤 6:引入 baseline 技术来降低学习方差,提升训练效果,相关公式为

$$\nabla J(\theta)=\nabla \log p_{\text{RL}}(\hat{a} \mid [p_i,q_i])[m(\hat{a},[p_i,q_i])-b] \tag{4.21}$$

在上述互信息模型中进行初始化后,采用策略梯度法来获得最大累积回报的参数:

$$J_{\text{RL}}(\theta)=\mathbb{E}_{p_{\text{RL}}(a_{i:T})}\left[\sum_{i=1}^{i=T}R(a_i,[p_i,q_i])\right] \tag{4.22}$$

其中,$R(a_i,[p_i,q_i])$ 表示采取动作 a_i 获得的回报。同样地,采用似然率来更新梯度:

$$\nabla J_{\text{RL}}(\theta)=\sum_i \nabla \log p(a_i \mid p_i,q_i)\sum_{i=1}^{i=T}R(a_i,[p_i,q_i]) \tag{4.23}$$

在最终评估的对话长度方面,如果开始产生 dull utterance 或者开始循环了,那么认为对话终止。应用了强化学习方法模型的对话长度大约是传统 seq2seq 模型的 1.7 倍,显示了 RL 的优势。

在对话多样性方面,强化学习方法对单轮对话质量的提升效果并不明显。这是因为强化学习关注提升对话整体的质量,而在单句的生成上,奖励(回报)中并没有体现,所以单轮对话质量并不会有提升。但是当关注对话的易回答程度以及多轮对话的质量时,强化学习的优势就能够得到极大的体现。

在之后的研究中,又引入了模仿学习,如"A Deep Reinforcement Learning Chatbot"一文提出了基于强化学习的一种新的方法,它的好处是不再需要专门的用户作为环境给智能体奖励反馈,而只需要给定专家数据,然后根据这些数据直接或间接地学习到一个奖赏模型,最后

基于这个奖励模型来帮助学习策略,这大大减少了人工反馈的需求。虽然模仿学习有着一定的优势,但是对于许多专业领域,其可以得到的专家数据十分有限,这可能会导致使用模仿学习的奖励模型不够准确,从而降低整个系统的效果。

4. 集成模型

集成模型结合了多种不同的技术和模型,使得模型能够更加准确和高效地生成回应。但由于该模型具有大量的参数,因此需要很多的算力训练,比如谷歌公司提出的 T5、Meena 等。

ChatGPT 是 OpenAI 公司开发的一种大型对话系统。2022 年 11 月 30 日,OpenAI 开放了 ChatGPT 系统的使用。该系统使用 Transformer 架构,结合基于强化学习和模仿学习的创新方法——人类反馈强化学习,这是一种非常强大的自然语言处理模型,可以完成文本生成、翻译、问答等各类任务。

由于商业机密问题,OpenAI 公司并没有公开完整的 ChatGPT 的架构。因此本节选择其姊妹模型 InstructGPT 进行介绍。InstructGPT 的方法流程如图 4.17 所示。

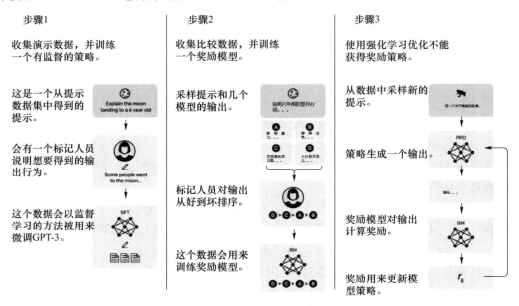

图 4.17　InstructGPT 的方法流程

（1）文字接龙

与许多模型的生成方法相同,GPT（Generative Pre-trained Transformer）模型的对话其实并不是直接生成完整的对话,而是进行文字接龙,打个比方,输入"这是一座",GPT 模型会据此输出下一个字,如"山""塔"。显然,这种接龙是合理的。但是在训练过程中,GPT 模型采用的数据是海量的可搜集的数据,因此它还有可能生成"人""狗"这种不合理的接龙。不过,因为大部分的数据是正常的,所以它接"山""塔"这种合理的字的概率会更大一些。就这样 GPT 最终能够生成一段完整的对话。

（2）人类引导

GPT 在学会文字接龙之后,虽然可以生成完整的对话了,但是很可惜的是,生成的对话并不一定是我们所需要的,比如:

Q:水的沸点是不是 100 摄氏度呢?

A:我也不知道啊,你要不要去查一下?

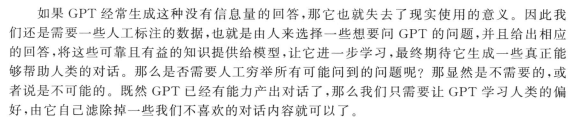

如果 GPT 经常生成这种没有信息量的回答,那它也就失去了现实使用的意义。因此我们还是需要一些人工标注的数据,也就是由人来选择一些想要问 GPT 的问题,并且给出相应的回答,将这些可靠且有益的知识提供给模型,让它进一步学习,最终期待它生成一些真正能够帮助人类的对话。那么是否需要人工穷举所有可能问到的问题呢?那显然是不需要的,或者说是不可能的。既然 GPT 已经有能力产出对话了,那么我们只需要让 GPT 学习人类的偏好,由它自己滤除掉一些我们不喜欢的对话内容就可以了。

(3)模仿偏好

在这一部分,GPT 的训练数据已经不是完全的人工标注的数据了,而是将 GPT 公开给所有人,让他们提出自己的问题。这样,问题就有了。那么答案是什么呢?这里的答案已经不是标准的人工注解答案了,而是评分。GPT 会根据上面两个部分的学习,生成一系列回答,而这些回答会由专门的研究人员标注出得分。人类越喜欢的回答,得分越高。通过这种方式,可以训练出一个新的老师模型,这个模型的输入是 GPT 的输出,输出是评分,也就是模仿人类的偏好给出一个评分。

(4)强化学习

有了评分就将其可以作为奖励反馈给 GPT,然后通过上一节中提到的强化学习方法调整 GPT 的参数,使其输出能获得老师模型的高评分。

整套流程下来,GPT 模型不止学会了回答问题,还学会了模仿人类的偏好回答出人类想要的答案,而且由于是概率回答,其输出也并不是单一的答案:即使每次问它同样的问题,它也会输出不一样的答案。

ChatGPT 所使用的技术不止以上提到的,作为一个具有 1 750 亿参量的大模型,精细的打磨是其成功的关键。

4.3.3　对话生成与艺术创作

1. 对话生成在艺术创作中的作用

对话是人与人之间最常见的交流方式,因此可以说对话生成是最贴近生活的 AI 技术之一。在各种艺术形式中,人物之间的各种对话是贯穿剧情的重要工具,起着举足轻重的作用。比如可以解释故事情节,展示人物性格和关系,提供喜剧效果,帮助观众理解作品的主旨等。无论是在小说、电影和电视剧中,还是在其他艺术中,重要对白的精彩程度决定着整个故事的好坏。因此,如果能够使用 AI 技术取百家之所长,那么即使是没有艺术细胞的平常人,也可能创作出令人满意的艺术作品。

2. 实战——使用对话系统 ChatGPT 进行艺术创作

既然对话在艺术创作中如此重要,那么一个能够完成对话生成任务的模型就是必需的。如前文所述,ChatGPT 作为近年来最为优秀的对话生成模型能够完成多种任务。ChatGPT 功能强大,它不仅能像各种 AI 文本软件一样,完成直接的文本生成任务,比如写一篇短篇小说,如图 4.18 所示;还可以根据提供的信息,帮助人们完善创作,如图 4.19 所示。此外,因为是对话系统,它并不会忘记之前的对话,因此可以不断对它提出新的要求,直到得到令人满意的回答。

4.3.4　小结

本节介绍了对话生成任务的应用场景。对话生成任务一般用于对话系统中,并且是对话

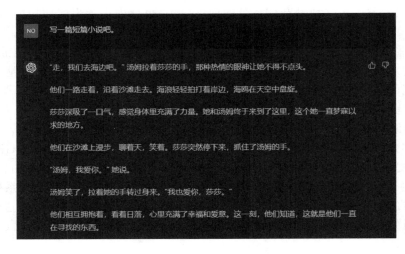

图 4.18　要求 ChatGPT 写短篇小说

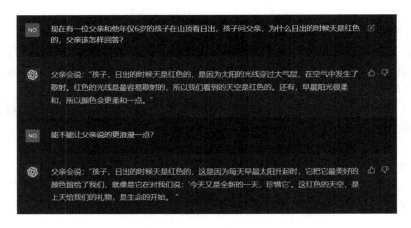

图 4.19　要求 ChatGPT 生成给定场景下的对话

系统的核心技术之一。对话生成任务有多种技术实现方式,随着 AI 技术的进步,对话生成任务所应用的技术也在一步步改进,从编解码器、变分自编码器到模仿学习、集成模型,对话生成任务的表现也越来越符合人类期待。

　　此外,对话在各种艺术形式中有着举足轻重的作用,而随着 AI 技术的普及,利用如 ChatGPT 这种对话系统,平常人也有可能创作出令人眼前一亮的艺术作品。

4.3.5　习题

　　1. 对话系统的难点还有哪些?

　　2. 对话生成模型并非只有上面所讲的几种类型,其他生成方法也能使用在对话生成模型中,比如 GAN,那么这些方法在对话生成任务中有哪些优缺点呢?

　　3. 了解一种课外的对话生成模型并尝试阐述其原理和优缺点。

　　4. 使用任意对话生成模型进行一次艺术创作。艺术形式不限,要求能够在其中看到你的家乡或者其他你熟悉地方的变化,或者能够刻画一个你所熟知的优秀党员干部的形象。

第 5 章
文艺创作中的 AI

5.1 AI 与文学

随着人工智能的飞速发展，人工智能在文学中的应用吸引了很多研究者的关注，经过几十年的研究，目前这一领域产生了非常多惊艳的成果，并不断有突破性的进展。

提到人工智能在文学领域的应用，就不得不讲一个机器学习领域的重要概念——自然语言生成（Natural Language Generation，NLG）。自然语言生成的定义是从潜在的非语言类型的信息表达中生成文字，生成的文本范围可以从回答问题的单个短句到对话中的多句话评论和问题，再到整页解释。NLG 研究的范围很广，基于不同类型的输入有不同的子任务。输入包括图像、音频、表格、文本等等，输出为文本。NLG 的任务可以分为两大类，分别为文本到文本的生成（text-to-text generation）和数据到文本的生成（data-to-text generation）。

文本到文本的生成可以包括多类子任务。比如，基于长文本输出短文本，这就是文档摘要；文本复述则是指对文本的改写，生成的文本与输入文本的长度相似、语义相同，但文本表达会出现差异。此外，对话生成、机器翻译也属于文本到文本的生成：机器翻译将一种语言的文本作为输入，输出另外一种语言的文本；对话生成则是根据上文生成回复。对话生成与机器翻译这两个领域比较大，一般会单独对待，而不属于文本生成领域。

除了文本到文本的生成，还有数据到文本的生成，比如根据财务报表生成财务描述文本等，在商业领域具有很重要的用途，目前很多公司都在研究这一技术。或者根据图像生成文本，主要目标是生成给定图像或视频的解释或摘要，涉及图像说明、视频说明和视觉叙事等，如图 5.1 所示。

Basic decoder: A black and white photo of a clock tower in the background.

Ours: A view of a bridge with a clock tower over a river.

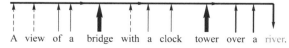

图 5.1 图像说明举例

　　本节介绍的 AI 在文学创作中的应用(诗歌创作、小说创作)就是 AI 文本生成领域的成果,文学翻译则是采用了机器翻译的人工智能应用。

5.1.1　AI 与文学创作

1. 诗歌创作

　　人工智能在诗歌创作中越来越常见,这是一种使用计算机算法创作诗歌的过程。人工智能在诗歌创作中的应用可以追溯到 20 世纪 60 年代,当时人工智能领域的先驱们开始尝试使用计算机生成诗歌。

　　人工智能文学中比较有影响的作品,有美国企鹅出版社 1991 年出版的电脑创作小说《软战争》,俄罗斯阿斯特列利出版社 2007 年出版的电脑程序 PC Writer 于 2008 创作的小说《真正的爱情》,日本名古屋大学研发的机器人有岭雷太 2016 年创作的《机器人写小说的那一天》,微软小冰 2017 年出版的诗集《阳光失去了玻璃窗》,以及用九歌计算机诗词创作系统、猎户星写作软件和稻香居电脑作诗机等创作的诗歌。

　　2017 年,微软小冰发表《阳光失了玻璃窗》标志着人工智能向人类审美领域进军。在 2 760 小时内,小冰写了 10 000 多首诗,只从中选了 139 首合成了《阳光失了玻璃窗》这本诗集。这本书有 10 章,涵盖了孤独、喜悦和期待等人类情感。文学是最传统的审美形式,人工智能代表着最先进的技术,与传统文学碰撞,这是对传统艺术史无前例的挑战。有学者指出,人工智能创作出来的文学作品辞藻华丽,富有美感,但缺乏情感,缺少创作者的个人风格,只是基于数据算法上的词语堆砌。尽管如此,人工智能在文学领域的创作打破传统,这是对文学艺术创作的一次重大探索。以下是小冰创作的其中一首诗《万人的灵魂,游泳的石头》,以供读者鉴赏和评判:

　　　万人的灵魂,游泳的石头

　　　但在我逼仄的心

　　　我的影在空中飞

　　　看那里看出风的软弱

　　　或游泳于湖滨

　　　温柔怀里的一声

　　　吻你的眼睛

　　　这里野间有光明

　　在使用人工智能生成诗歌方面,有几种不同的方法,但最常见的是先使用机器学习算法分析大量现有诗歌,然后根据所学的内容生成新的诗歌。这是通过在诗歌数据集上训练机器学习模型实现的,数据集中包括人类写的和 AI 生成的诗歌。该模型可以用来生成类似于训练诗歌的新诗歌。

　　一个典型的 AI 诗歌生成模型是 GPT-3 (Generative Pre-trained Transformer 3),这是由 OpenAI 公司开发的机器学习模型,能够生成类似人类的文本,包括诗歌。GPT-3 的一个关键优势就是能够针对特定任务进行微调,可以通过在诗歌数据集上进行训练从而进行诗歌创作等任务。通过在诗歌数据集上训练模型,它可以学习诗歌的模式、风格和结构。这使得它能够生成与其训练过的诗歌相似的新诗歌。

　　虽然 GPT-3 在生成类似人类创作的文本的能力方面非常先进,但要注意的是使用 GPT-3

生成的诗歌质量和风格会有很大差异。一些人工智能生成的诗歌可能会因其创造力和美感而受到称赞,另一些则可能因公式化或缺乏人类所写诗歌的细微感受和复杂性而受到批评。这也是人工智能模型在诗歌创作时屡屡被人诟病的一点。

使用 GPT-3 进行诗歌创作有几种不同的方法。一种方法是使用模型逐字生成诗歌,然后在提示(prompt)或种子文本(seed text)上对其进行调整。另一种方法是通过定义所需风格和结构的约束或参数对模型进行调整从而一次性生成整首诗歌。

使用循环神经网络或马尔可夫链等模型也可以创作诗歌。还有一些其他基于注意力机制的模型,如 Transformer,这类模型在大型文本语料库上进行训练,并且能够通过加入特定的输入部分来生成诗歌。

2. 小说创作

早在发表诗歌之前,人工智能就已经能够进行新闻稿件等应用文写作了。例如,腾讯公司自主开发的一套基于数据和算法的智能写作辅助系统"Dreamwriter",自 2015 年开发完成以来,每年可以完成大约 30 万篇作品。

在小说创作中使用人工智能有几种不同的方法。一种方法是先使用机器学习算法分析现有的小说,然后根据所学的内容直接生成新的小说。这可以通过在小说数据集上训练机器学习模型来完成,该数据集可以包括人类编写的小说和人工智能生成的小说。该模型可用于生成与训练时相似的新小说。另一种方法是使用人工智能帮助人类作者进行小说写作,为人物、情节和对话提供建议。这可以通过使用 AI 分析作者的写作风格并提供与之一致的建议来完成。

1 the Road 是一部由人工智能创作的实验小说。2017 年 3 月,罗斯·古德温（Ross Goodwin）模仿杰克·凯鲁亚克（Jack Kerouac）的《在路上》(*On the Road*),从纽约驾车前往新奥尔良,其笔记本电脑中的人工智能程序连接了各种传感器,将其文字输出转化为打印在纸上的文本。三个传感器提供真实世界的输入:安装在后备箱上的监控摄像头用于对经过的风景进行训练,麦克风用于接收车内的对话,全球定位系统(GPS)用于跟踪汽车的位置。来自这些传感器的输入,以及计算机内部时钟提供的时间被输入人工智能进程,人工智能进程在纸卷上生成句子。这部小说于 2018 年由 Jean Boîte 出版社出版。古德温没有对文本进行编辑,尽管他觉得文章"断断续续",并且包含印刷错误,但他还是想逐字呈现机器生成的文本,以供日后研究。故事的开头是:"It was nine seventeen in the morning, and the house was heavy"。

对于上文提到的 OpenAI 公司的 GPT-3 模型,由于它能够生成类似人类创作的文本,因此它也可以生成小说。通过在小说数据集上训练模型,可以针对不同的任务(如小说生成)对模型进行微调。

人工智能创作出来的文艺作品,由于不受人类理性的约束,反而可能呈现出更加奇妙的文学世界,带给作家们更多启发和思考。

5.1.2　AI 与文学翻译

AI模型除了可以用于文学内容创作,也可以用于文学作品的翻译任务。这些任务主要使用了用于机器翻译的一些模型,比如当前技术水平最先进的基于扩散方法的 DiffusER 模型等。

在中国,人工智能的翻译模型在网络文学领域的应用十分广泛。随着网络文学"出海"进入 3.0 时代,网络文学的翻译需求日趋旺盛,网友众包模式下的翻译质量不高,企业模式下的翻译文本产出效率低下,均成为制约网络文学海外出版的瓶颈。人工智能在网络文学翻译领域的应用,让海外网络文学读者可以更迅捷地阅读到高质量的作品。网文企业与人工智能科技企业在 AI 翻译模型开发方面进行了大量探索。2019 年,阅文集团旗下的海外门户起点国际与彩云科技合作推出 AI 翻译模型,起点国际同时上线"用户修订翻译"功能,利用修订过程中的数据完善翻译模型算法,使模型能够高质量地翻译特殊领域的词、句、段落。此外,开发团队在训练 AI 模型时还加入了"翻译风格"的选项,方便对不同品类网文作品的风格进行精准呈现。比如,针对不同的风格要求,AI 能够将同一句话用多种不同的译法进行差异化呈现。

5.1.3 AI 与内容审核

在文学出版中,除自动化创作外,人工智能的应用在审稿环节更为普遍。

比如国内最大的原创文学集团——阅文集团,为了减轻人工编辑的工作量、提升文学作品的审核速度、应对海量的待处理内容,开发了使用人工智能的审核工具,可以在文学作品剽窃、政治社会敏感话题、涉黄内容等多方面进行审查。

报社等从事文学工作的单位与公司也十分需要人工智能对其发表的内容进行严格的审核。例如,2021 年人民日报社技术部和阿里云、中国移动共同发布 AI 编辑部 2.0,升级上线五大新功能,包括云上精编、智能审核、智能海报、多模搜索和聚焦主旨等功能,结合了文本分类、多模态、智能搜索、文本摘要等多种人工智能技术。

此外,人工智能还能够帮助期刊编辑从所有相关学科在线学者资源库中找出潜在的同行评审人,提高会议、期刊论文的评审效率。科学研究的快速发展,使得同行评议的科学出版物呈现指数级增长。以机器学习和计算神经科学国际会议——神经信息处理系统大会(NeurIPS)为例,2017 年其投稿量有 3 000 余篇,至 2020 年,上升到了 1 万余篇。繁重的审稿工作给现有的审稿机制带来了巨大的挑战。因此,2020 年 NeurIPS 主办方使用了 Toronto Paper Matching System (TPMS)完成分派审稿任务的工作。在此之前,TPMS 也被应用于其他多个会议的投递论文分配工作,它通过对比投稿论文和审稿人研究工作之间的文本计算投稿与审稿人专业知识之间的相关性。同时,还有方法进一步优化的 AI 软件——论文审阅平台 OpenReview 开发的一种"亲和力评测"系统,该系统借助神经网络 Spectre 来分析论文标题和摘要。OpenReview 和麻省大学阿默斯特分校的计算机科学家 Melisa Bok 和 Haw-Shiuan Chang 表示,包括 NeurIPS 在内的一些计算机科学大会将把亲和力评测系统与 TPMS 结合使用。

5.1.4 预训练语言模型之 GPT 系列模型

GPT 模型是由 OpenAI 公司提出的一个基于 Transformer 的预训练语言模型,这一系列的模型可以在非常复杂的 NLP 任务中取得非常惊艳的效果,如文章生成、代码生成、机器翻译、对话问答等,而完成这些任务并不需要有监督学习进行模型微调。对于一个新的任务,GPT 仅需要非常少的数据便可以理解这个任务的需求并达到接近或者超过当前最先进水平的方法。

当然,GPT 模型强大的功能是由超级大的训练语料、超级多的模型参数以及超级强的计算资源带来的。GPT 系列的模型结构秉承了不断堆叠 transformer 结构的思想,通过不断提升训练语料的规模和质量,提升网络的参数数量来完成 GPT 系列的迭代更新。OpenAI 公司于 2018 年 6 月发布了第一个 GPT 模型,这个模型包含了 1.17 亿级的参数量,随后分别于 2019 年 2 月、2020 年 5 月发布了 GPT-2 和 GPT-3,参数量也逐渐上升至 1 750 亿。

1. GPT-1 模型

在 GPT-1 模型之前,传统的 NLP 模型往往使用大量的数据对有监督的模型进行任务相关的模型训练,但是这种有监督学习的任务存在两个缺点:

① 需要大量的标注数据,但高质量的标注数据往往很难获得,因为在很多任务中,图像的标签并不是唯一的或者实例标签并不存在明确的边界;

② 根据一个任务训练的模型很难泛化到其他任务中,这个模型只能叫作"领域专家"而不是真正理解了 NLP。

GPT-1 模型的思想是先通过无标签的数据学习一个生成式的语言模型,然后根据特定任务进行微调。其处理的有监督任务包括自然语言推理、问答和常识推理、文本分类、语义相似度等。在 GPT-1 模型中,使用了 12 个 transformer 块作为解码器,每个 transformer 块是一个多头的自注意力机制,然后通过全连接得到输出的概率分布。在得到无监督的预训练模型之后,该值被直接应用到有监督任务中进行微调。

如图 5.2 所示,在 GPT-1 模型处理的 4 个不同的有监督任务中,有的只有一个输入,有的则有多组形式的输入。对于不同的输入,GPT-1 模型有不同的处理方式。

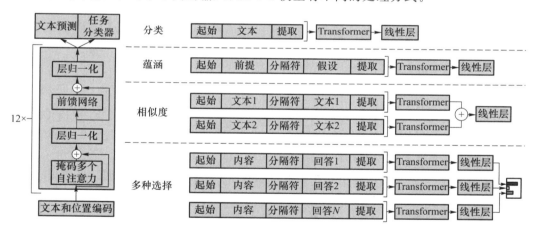

图 5.2　transformer 的基本结构(左)和 GPT-1 模型应用到不同任务上输入数据的变换方式(右)

2. GPT-2 模型和 GPT-3 模型

GPT-2 模型旨在训练一个泛化能力更强的词向量模型,它并没有对 GPT-1 模型的网络进行过多的结构创新与设计,只是使用了更多的网络参数和更大的数据集。GPT-2 模型的学习目标是使用无监督的预训练模型做有监督的任务,当一个语言模型的容量足够大时,它就足以覆盖所有的有监督任务,也就是说所有的有监督学习都是无监督语言模型的一个子集。例如,在模型训练完"Michael Jordan is the best basketball player in the history"语料的语言模型之后,便也学会了(question:"who is the best basketball player in the history ?"& answer:"Michael Jordan")的 Q&A 任务。因此,当模型的容量非常大且数据量足够丰富时,仅仅靠训练语言模型的学习便可以完成其他有监督学习的任务。

GPT-3 模型是目前最强大的语言模型,仅仅需要零样本或者少量样本,GPT-3 就可以在下游任务中表现得非常好。除了几个常见的 NLP 任务,GPT-3 模型还在很多非常困难的任务上有惊艳的表现,如撰写人类难以判别的文章,甚至编写 SQL 查询语句、React 或者 JavaScript 代码等。而这些强大的能力依赖于 GPT-3 模型的 1 750 亿参数量、45 TB 的训练数据以及高达 1 200 万美元的训练费用。

2022 年 11 月,OpenAI 公司发布的具有巨大影响力的 ChatGPT 模型也是基于 GPT-3 模型构建的,并通过监督和强化学习技术进行了微调(一种迁移学习方法)。

5.1.5　习题

1. 目前流行的大规模语言模型还有哪些?它们的网络结构是怎样的?
2. 各个大规模语言模型有哪些优点和缺点?
3. Transformer 的结构是怎样的?
4. 为什么近几年的自然语言处理模型大多采用 Transformer 结构?
5. 尝试使用 GPT-3 模型创作一首诗。

5.2　AI 作曲

5.2.1　AI 作曲的定义

作曲指的是创作音乐作品。"作"是创作,而"曲"则是音乐作品。作曲一直以来被认为是人类意识中更深层次的意识表达,是人类的智慧结合人类的情感等因素创作出的产物。

AI 作曲,即利用人工智能技术创造、谱写音乐作品,是借助科学技术进步的实践创作音乐作品,其显著特点是迅速谱写音乐作品。

音乐创作需要专业的乐理知识和相关的音乐技能,优秀的音乐作品往往还需要音乐人的创作灵感。音乐发展至今,所有的创新和突破都在竭尽所能地逼近人类极限。通过计算机技术来辅助创作或者实现音乐的自动生成,能够极大地减少音乐人的工作量。历代西方作曲大师无不在伟大作品中留下探索音乐与新技术融合之道的时代印记。

5.2.2　AI 作曲的发展

尽管音乐是一门艺术,但其实它具有很强的可计算性,蕴含数学之美。常见的作曲技法,如旋律的重复、模进、转调、模糊,以及和声与对位中音高的纵横排列组合,配器中的音色组合,曲式中的并行、对置、对称、回旋、奏鸣等等,都可以被描述为单一或组合的算法。这就决定了人工智能技术在音乐创作领域有着广泛应用的潜力。例如,著名的人工智能音乐作曲系统 EMI,通过对现有作品进行分解,利用新的排列方式来重新组合这些结构,从而创作出不同风格的新音乐。

早在 20 世纪 50 年代中期,已经有人类利用计算机算法谱成第一首人工智能之歌——《伊利亚克组曲》,这首曲子是第一首完全由电脑谱写的音乐作品。在此之后,人工智能领域的冷却,使计算机算法作曲逐渐冷清,人们失去对人工智能创作的热情。直至第三次人工智能热潮袭来,许多基于机器学习神经网络的开源项目浮出水面,AI 技术有了长足的进步,越来越多的人关注到科技与艺术奇妙结合的领域,计算机音乐与传统音乐的桥梁逐渐架设起来,AI 作曲才重新映入人类眼帘。

国内外也有不少企业、学校涉足该领域,并取得了研发成果。剑桥大学 Liang 发起了基于 LSTM 的生成音乐项目 BachBot,该项目的数据集因包含大量巴赫的咏叹调,所以取名 BachBot。BachBot 团队希望能够通过人工智能生成与巴赫作品相似的音乐作品。BachBot 不仅支持单音轨音乐生成,还支持四条轨道的多轨音乐生成,为了测试模型生成效果,团队制作了可供用户对比模型生成的音乐作品与真实的巴赫作品之间区别的网站。通过测试,他们发现用户很难区分哪一个是通过模型生成的作品,哪一个是巴赫的真实作品。而算法作曲领域内的大多数模型生成的音乐与真实的音乐作品都是存在一定差距的,因此 Bachbot 模型可以说是取得了很不错的效果。

OpenAI 公司开源了音乐生成模型 Jukebox。其网站上称,Jukebox 作为神经网络系统,能够生成多种流派和艺术家风格的原始音频。通过输入流派、艺术家和歌词等信息,Jukebox 能够从零开始创作全新的音乐样本。例如,如果你选择了经典曲目 *Never Gonna Give You Up*,Jukebox 会尝试持续生成更多类似风格的歌曲。通过 Jukebox 中的样本浏览器,我们可以欣赏来自众多艺术家的近 8 000 首生成的曲目,包括器乐和歌词。

在国内,行者 AI 团队的“小嗨”已经在智能创作领域实现了识别曲、作词、作曲等多项功能,并且该作品已经获得了商业化授权和广泛应用。中国平安 AI 作曲在世界 AI 作曲国际大奖赛中获得了第一名,并成功创作了 AI 交响变奏曲《我和我的祖国》。此外,科技音乐公司 HIFIVE 还推出了“AI 音乐开放能力”服务,借助先进科技推动音乐发展,全面开放了“AI 音乐创作”功能。

5.2.3　机器学习与 AI 作曲的关系

众多音乐理论家曾对莫扎特、贝多芬、肖邦等著名作曲家的音乐作品进行深入剖析,研究其中的旋律、和声布局、音乐结构、配器方式等一系列技法问题,并总结出系统化的分析方法。而算法作曲则是将不断演进的音乐创作技术转化为人工智能的参数,将传统的作曲技术手段进行数字化应用。如今,人工智能在各个领域逐渐成为热门话题,当提及 AI 作曲时,机器学习也是不可忽视的关键领域。

机器学习旨在让计算机像人类大脑一样进行思考。科学家们通过向计算机提供数据集并让其进行学习,通过对数据的分析和处理生成新的结果预测和预判。在将机器学习应用于作曲技法时,可以得出一系列结果,如监督学习、无监督学习、半监督学习和强化学习等。

(1) 监督学习

在“监督学习”中,机器通过提取带有“答案”的数据,并生成一个函数,以此函数进行结果预测。例如,在古典和声体系中,由于其受限于具体时期的音乐风格,因此存在许多规则和限制。在使用“监督学习”时,可以事先在机器中将一系列不符合风格、时期的和声方式设定为错误,机器可以根据这一标准,逐步完成对和声习题的批改。这样,机器可以参照设定的规则进行判断和修正。

（2）无监督学习

"无监督学习"是指对数据库进行分析，无需对具体结果负责，而是分析其中的潜在规律。例如，在分析莫扎特作品时，可以对横向旋律的音高走向、纵向和声的音高构成，以及音乐的节奏、速度、力度等方面进行分析。机器可以通过这些分析结果有效地建立一个模仿莫扎特风格的作曲模型。当然，"无监督学习"并不局限于对单一特征数据的分析，而是通过对一系列数据的分析来构建复杂的分析应用系统。

（3）半监督学习

实际上，我们可以将"监督学习"与"无监督学习"两种学习方式结合起来，采用"半监督学习"方法。其中，一部分数据提供了"答案"，而另一部分数据则用于总结"规律"。例如，可以运用"无监督学习"分析莫扎特作品中的一系列数据，并利用得到的"规律"建立相应的模型。随后，可以使用"监督学习"的方法对该模型进行训练和预测。这种综合性的数据分析方式有助于后期建立多维度、综合性的分析应用模型。

（4）强化学习

在"强化学习"中，算法模型会根据周围环境的反馈做出变化。例如，在建立模仿莫扎特风格作品的算法模型时，该模型会自主生成一系列结果。在训练的过程中，我们对这些结果进行干预，这类似于教小朋友区分"对"与"错"。随后，算法模型会收到反馈，通常通过奖惩机制来进行。在模型收到反馈后，它会相应地改进自己的行为模式，从而不断地强化算法模型的"智能"性。这个过程类似于人类在真实生活中不断优化结果、改正错误行为的过程。通过不断地反馈和改进，算法模型可以逐渐提高其性能和效果。

从深度学习到 AI 作曲可以看出，上述四种机器学习方式都是基于一种"见招拆招"的模式，仅适用于较为单一的应用场景，难以处理更复杂的情况。人工智能应用作为一门跨学科的领域，借鉴了脑科学，通过对人脑已知的工作原理的模拟，创建了人工神经网络。这种网络需要大量的训练数据，首先通过正向传播将输入与现有的"答案"进行比较，计算差值，然后通过反向传播的方式，调整每一个感知器，以减少差值为目标。在理论上，只要有足够大的训练数据和足够强大的计算能力，该模型就可以通过反复学习，成为一个系统性的模型。

目前，深度学习已经在 AI 作曲领域取得了许多成果。例如，索尼计算机科学实验室的研究人员盖坦·哈杰里斯（Gaetan Hadjeres）与弗朗索瓦·帕切特（Francois Pachet）开发了一种名为"深度巴赫"（Deep Bach）的神经网络，它可以学习如何创作巴赫风格的复调圣歌。研究人员让这个网络学习了巴赫的三百五十二首赞美诗，然后用它创作了近似巴赫风格的音乐。此外，洛杉矶的作曲家卢卡斯·康托尔（Lucas Cantor）在人工智能的帮助下，使用手机续写了舒伯特的《未完成交响曲》；人工智能"作曲家"AIVA 通过机器学习的方式创作了大量音乐，涉及流行歌曲、古典音乐和影视配乐等多个领域；甚至在选秀节目中，也有运用人工智能写歌的实例。这些都是 AI 作曲的优秀成果，随着机器学习算法的不断加强，其创作能力和作品质量还将进一步提高。这将有望打破音乐市场成本和创作时间的限制，提高音乐产业链的运营效率。

5.2.4　AI 作曲的模型

AI 作曲主要基于以下几种模型：分形音乐模型、马尔可夫链模型、遗传算法模型、神经网络模型和各种基于规则知识的改进或混合模型。

（1）基于规则的算法作曲

基于规则的算法是一种根据音乐理论制定规则的定义，通过这种规则对音乐要素进行排列组合，进而生成音乐的算法。

20 世纪 70 年代，在利多夫特等人的研究下，一种利用音乐语言符号生成旋律的系统被提出，此种算法使用音乐理论对旋律的生成进行指导，实现了旋律这一音乐素材的自动生成；20世纪 90 年代，斯蒂德曼创造了一个生成语法，用于描绘 12 个小节的布鲁斯爵士乐曲的过程；2004 年，凯米勒对斯蒂德曼的生成语法进行了深入探讨，而音乐人大卫·科普则致力于音乐智力试验 EMI，该项目侧重于对不同类型音乐的了解，进而使系统对这一类型的音乐进行模仿生成，奎克在音乐生成研究中，运用申克分析法对音乐进行分析，结合和弦空间这一概念进行音乐生成的指导。

基于规则的算法作曲在结果中能够看出某一理论的映射，但是容易受到使用规则的影响，造成生成乐曲的单一性。另外，也可能存在将多种规则进行组合时，规则之间出现冲突的情况。

（2）基于马尔可夫链的算法作曲

马尔可夫链是一种常用的随机过程，其运算量较小，建模简单，可以即时产生新音乐，它的应用范围很广，被广泛用于商业程序以及互动音乐艺术家的作品和即兴演出中。它基于随机过程、概率逻辑的有限控制方法，尤其是使用马尔可夫链结合一定约束规则，在统计的基础上对音乐的未来走向进行概率预测与风格边界限制。它是一个比较常见的数学统计模型，广泛运用于序列预测。Pinkerton 等人在 39 首儿童歌曲的基础上，构建了一种名为"BanalTune-Maker"的一级马尔可夫模型，它能够产生与之相似的歌曲风格；1992 年，阿姆斯等人研究了多种类型的音乐，如爵士和摇滚，并用马尔可夫链进行研究；2004 年，Visell 将隐马尔可夫模型应用于 Max，实现了装置的实时创作；曹西征在 2012 年提出了一种以调高为基础的音乐自动创作方法，郑银环和他的同事在 2018 年完成了语音编程的序列挖掘。

相较于需要大量数据的神经网络等复杂的算法模型，马尔可夫链在音乐生成中有较大的优势，尤其适用于没有电子数据库或电子数据较少的民歌类型，马尔可夫链作为经典算法能够从序列中探究出相邻事件的关系。如图 5.3 所示为基于马尔可夫链的歌曲自动生成流程图。

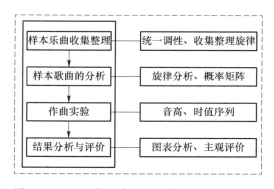

图 5.3　基于马尔可夫链的歌曲自动生成流程图

（3）基于遗传算法的算法作曲

以达尔文的进化论作为灵感，模拟生物遗传中基因的交叉、变异、选择等过程进行设计的算法数学模型被称为遗传算法。遗传算法中，加入了适应度函数这一概念，以评价染色体的优劣，它的不同决定了遗传算法的种类。遗传算法包括基于实例、基于规则、自发式以及交互式四种。将音符的排列组合进行编码，模拟物种繁殖过程，自动挑选出最优秀的作品。

1991年，Homer等人首次将遗传算法这一项技术用于电脑音乐创作，并使用输出的音高与参考模式音高的一致性以及输出长度与预期长度的关系作为评价遗传算法生成结果的依据，也正是这些研究者证实了在算法作曲中，遗传算法这一技术的可行性；1994年，Biles开发了GenJam这一基于遗传算法的新手爵士音乐家学习即兴创作的模型，这一模型以人作为评价指标，当演奏者在标准节奏的伴奏中演奏时，人会提供实时反馈，用于得出各个小节和乐句的适应度值。Horowit基于遗传算法，对用户生成音乐节奏的标准这一选题进行了研究，基于这一研究实现了生成音乐节奏的系统，并提出在未来的研究中可通过加入适合系统自身的适应度函数优化系统；1995年，McIntyre的研究将遗传算法用于创建一组数据过滤器，以从随机音乐发生器的输出中识别可接受的材料的应用；2004年，杜鹏等人使用基因演算法，开发出一套可以激发创作歌曲灵感的体系；2006年，张英俐在现有的音乐创作体系的基础上，提出了一种基于基因演算的新方法；2013年，Wagner对歌曲的结构进行了解析，并根据这一解析完成了音乐检索任务，并对该方法进行了验证；2017年，郭衡泽和他的同事们开发了一种基于遗传算法的新型智能音乐创作系统。

由于具有算法成熟和实现较简单这两大优势，遗传算法被广泛关注。但是，用遗传算法进行智能音乐生成，选取合适的评价函数是非常富有挑战性的工作，这在一定程度上限制了应用的快速发展。

（4）基于人工神经网络的算法作曲

人工神经网络是二十世纪八十年代人工智能发展起来的一个新的研究领域，其工作原理是通过抽象的大脑神经网络，模仿人类的大脑神经网络，构建简单的模型，根据不同的连接方式，形成一个完整的网络。人工神经网络作为一种自学习、联想记忆和快速搜索最优问题的方法，越来越受到人们的重视。

人工神经网络在模式识别、生物、医学、经济等领域都表现出其卓越的智能特性。1992年，莱蒙等利用人工神经网络技术开发了一个音乐应用系统；1994年，莫泽利用递归神经网络技术构建"CONCERT"来进行音乐创作；2002年，杜格拉斯·埃克成功地开发了一套基于LSTM递归神经网络的蓝调音乐体系，能够创作出类似的新作品；2014年，韩钢完成了一项以神经网络为基础的音乐创作系统；2018年，刘明星完成了一个基于BP神经网络的音乐分类模型。

目前，AI音乐研究的前沿技术主要采用具有深度学习能力的各种改进神经网络模型，以帮助人工智能模型学习样本音乐中的关键元素和套路。这些模型通过学习大量人类已经创作的音乐，提取和存储音高、音长、音量、音色、音程、节奏、调式、和声等关键特征，并根据要求生成具有类似特征的新音乐。例如，Google Brain的在线交互钢琴，只需要识别当前任意类型的少量音乐，就可以根据音乐的相符度进行预测，并实时自动弹奏出与当前音乐搭配的音乐。这种基于深度学习模型对音乐特征的学习和生成，使得AI音乐能够实现与人类音乐相似的创作和表演。此外,还有一些其他的深度学习模型应用于 AI 音乐创作,如生成对抗网络、循环神经网络、变分自编码器等。这些模型通过不同的方式对音乐进行建模和生成,使 AI 音乐研究不断创新和进步。随着深度学习技术的不断发展和改进,AI 音乐研究将在模型的学习能力、生成效果、音乐表现力等方面取得更加出色的成果,进一步推动音乐的创作和产业的发展。

5.2.5 AI 作曲算法 MuseGAN

如图 5.4 所示,音乐作品具有层次结构,由较小的循环模式组成更高级别的构建块。

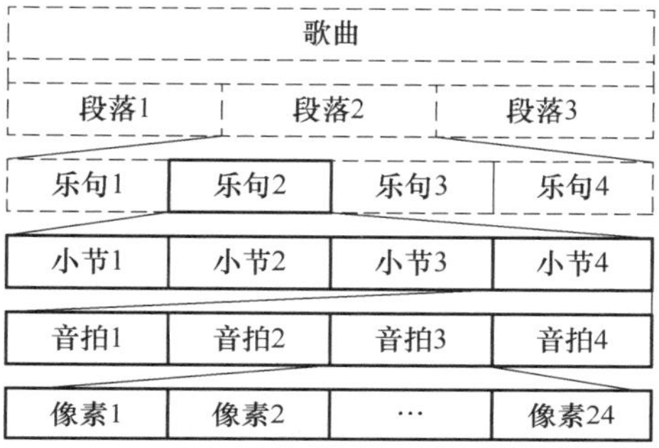

图 5.4 音乐作品的层次结构

音乐生成与图片、视频生成有一些不同。第一,音乐是时间的艺术,音乐是沿时间延展的、结构性的艺术,这使得时序模型变得很有必要;但是在复调音乐中,音符经常组成和弦、分解和弦,因此仅仅将音符按时间排序并不合适。第二,音乐通常由多个有着自身变化规律的乐器/音轨组成,比如现代管弦乐队通常包括四个不同的部分——铜管、弦乐器、木管和打击乐器,又如一个摇滚乐队通常包括贝斯、鼓、吉他、人声,而这些各自发展的部分之间又紧密关联。

鉴于此,MuseGAN 模型被提出来。MuseGAN 模型的目标是生成具有时间结构、和声和节奏结构的多轨道复调音乐、多轨道相互依赖的音乐作品。为了整合时间模型,该模型针对不同的场景提出了两种方法:一种方法是不需要人类输入,从头开始生成音乐;另一种方法是学习人类预先给出的音轨中潜在的时间结构。为了处理音轨之间的交互,基于对流行音乐创作方式的理解,该模型提出了三种方法:第一种方法是通过它们各自的私有生成器独立生成音轨(每个生成器生成一个音轨);第二种方法是只使用一个生成器联合生成所有音轨;第三种方法是通过其私有生成器生成每个音轨,并在音轨之间提供额外的共享输入,从而引导音轨集体和谐协调。为了处理音符的分组,模型将小节而不是音符视为基本的作曲单位,并使用转置卷积神经网络(CNN)一个小节接一个小节地生成音乐,这是因为 CNN 擅长寻找局部的、平移不变的模式。

MuseGAN 模型中进一步提出了一些轨道内和轨道间的客观度量方法,使用它们来监测学习过程,并定量地评估不同模型的生成结果。MuseGAN 模型的文章中还报告了一项涉及 144 名听众的用户研究,以对结果进行主观评估。该模型是第一个可以生成多音轨、复调音乐的模型。模型将小节视为基本的创作单位,因为和声的变化通常发生在小节的边界,而且人类在创作歌曲时经常将小节作为构建单元。图 5.5 所示是由四个小节和五个音轨组成的两个音乐片段合成的 Multi-track piano-roll 表示（横轴表示时间,纵轴表示音调）。其中,黑色像素表示在该时间播放的特定音符。

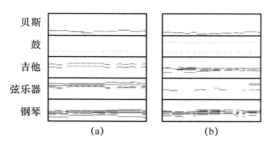

图 5.5　Multi-track piano-roll 表示

1. 多轨道相互依赖的建模

根据经验,有两种常见的音乐创作方式。第一种为给定一群演奏不同乐器的音乐家,他们可以在没有预先安排的情况下即兴创作音乐。第二种为有一个作曲家用和声结构和乐器知识安排乐器,然后音乐家们跟随作曲并演奏音乐。以下三个模型为对应于上面两种常见的创作方式的组合方法。

（1）Jamming 模型

该模型中,多个生成器独立工作,从私有随机向量生成自己的音乐轨道。这些生成器会接收来自不同判别器的反向传播监督信号,以对自己的生成做出改进。如图 5.6 所示,要生成 M 条音轨的音乐,我们需要 M 个生成器和 M 个判别器。

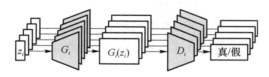

图 5.6　Jamming 模型

（2）Composer 模型

如图 5.7 所示,这个模型中有一个生成器和一个判别器。模型中唯一的生成器接受一个输入共享的随机向量 z 后生成一个多音轨钢琴卷,判别器可以集中检查 M 条音轨从而对输入的音乐进行判别。不管 M 的值是多少,总是只需要一个生成器和一个判别器。

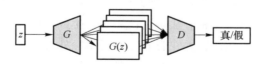

图 5.7　Composer 模型

（3）Hybrid 模型

结合 Jamming 模型与 Composer 模型,提出了 Hybrid 模型。Hybrid 模型需要 M 个生成器,如图 5.8 所示,每个生成器分别以一个轨间随机向量和一个轨内随机向量作为输入。轨间随机向量可以协调不同音乐家的生成,就像一个作曲家的工作一样。此外,该模型只使用一个判别器来综合评价 M 个轨迹。

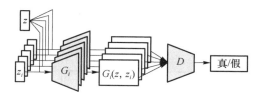

图 5.8　Hybrid 模型

2．时间结构建模

上述模型可以逐个小节生成多轨道音乐,但小节之间可能缺乏连贯性。因此,还需要一个时序模型来生成一个长度为若干小节的音乐,比如一个乐句。有两种方法可以实现这个功能。

（1）从头开始生成

第一种方法是从头开始生成音轨。如图 5.9 所示,将小节数视为另一个维度增长生成器,生成固定长度的音乐短语。

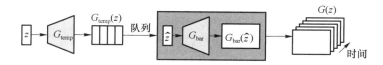

图 5.9　从头开始生成

（2）轨道条件生成

第二种方法假设一个特定音轨的小节序列是由人类给出的,尝试学习该音轨下面的时间结构,并生成剩余的音轨,如图 5.10 所示。这样的合并时间模型,可以应用于人机协作生成,或者音乐伴奏。

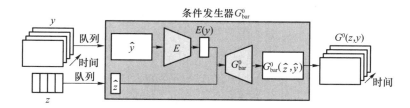

图 5.10　轨道条件生成

MuseGAN 模型整体结构如图 5.11 所示。四个输入分别是轨内时间独立随机向量 z、轨间时间独立随机向量 z_i、轨内时间关联随机向量 z_t、轨间时间关联随机向量 $z_{i,t}$。

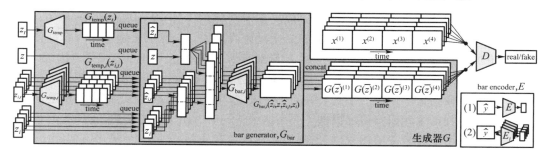

图 5.11　MuseGAN 模型整体结构

在训练过程中,可以通过 Multi-track piano-roll 表示,观察最终生成的音乐是如何一步步演变的,随着训练的进展,效果越来越好。图 5.12 所示为训练过程中的 Multi-track piano-roll 表示图。

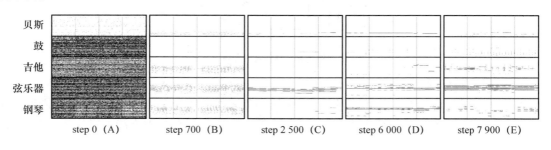

图 5.12　Multi-track piano-roll 表示图

5.2.6　AI 作曲的问题与困境

目前,AI 作曲领域研究的方向主要在深层特征的提取与应用和混合系统的构造上还面临以下几个难点。

(1)音乐的表示问题:音乐创作过程复杂,现有的特征提取机制难以准确把握一部作品的全部信息,如乐句、调性等相关的音乐信息通常难以体现。如何精确地表示音乐的细节特征,提取音乐的深层逻辑,建立表层结构和深层逻辑之间的关系,是 AI 作曲亟待解决的基础性问题。

(2)学习与创造的问题:通过大量学习而建立的作曲系统,需要在合理的规则下进行创造性的突破,尝试使用不同方式创作出风格独特、更加生动和具有吸引力的音乐作品。如何进一步激发 AI 的创造性,实现从按照规则制作到突破规则创作的转变,是 AI 作曲面临的一个技术难题。

(3)创作作品的质量评估问题:人类对音乐作品的评价往往较为主观,因此作曲系统中的质量评估机制是非常重要的一部分,它往往会引导创作的方向,甚至最终决定作品的成败。如何将人类的审美观念用机器可以理解的语言进行描述,并建立有效的评判标准,是研究人员面临的首要问题。

5.2.7　AI 作曲与音乐人的关系

AI 技术在音乐领域可以辅助音乐人完成更多流程化的工作,从而提高创作效率,为专业创作者带来更多灵感和可能性。同时,对于音乐爱好者来说,AI 音乐还能降低内容创作门槛,使普通人更加接近音乐创作,从而让更多人参与到音乐创作中,轻松地体验音乐创作的乐趣。

与人相比,AI 在音乐创作中具有一些独特的优势,如打破预设。赵家珍教授认为,人在演奏古曲时通常会受到很多预设的干扰,而 AI 没有这些干扰,因此可以更加精准和透彻地"理解"古曲,这为寻找传统和回归传统提供了一条路径。同时,AI 交响变奏曲《我和我的祖国》的团队技术负责人举了贝多芬的例子,指出我们通常认为音乐是感性的,但贝多芬实际上是一个非常理性的作曲家,他对自己的每一部作品都有记录,这证明其中可能存在一些规律。通过 AI 这一工具,我们是否有可能从贝多芬的音乐中找出更多规律呢?

当前,越来越多的高校如中央音乐学院、上海音乐学院、四川音乐学院等都开设了音乐人工智能专业,旨在培养更多相关的人才,改变"搞音乐的人不懂科技,搞科技的人不懂音乐"这种现状。这种趋势有助于音乐和科技的融合,让音乐和 AI 相互促进,为音乐创作和表达带来更多可能性。培养具备音乐和科技双重素养的人才,可以推动音乐领域的创新发展,探索更多融合传统与现代、人工智能与音乐艺术的新路径。

AI 对音乐行业的影响巨大,但行业内的共识是,AI 的出现并不意味着作曲家会失业,而是解放了人类的生产力。从更长远的角度来看,AI 在作曲领域更为宏大的目标就是探索人类的音乐智慧。AI 对创作者的帮助之一是激发灵感。创作者在创作过程中常常会遇到灵感枯竭的情况,而 AI 在捕捉灵感方面具有潜力,能够激发创作者的创作灵感。因此,AI 与创作者是可以共存的,随着 AI 技术的不断发展,创作者也会变得更加强大。

艺术始终是人类用来表达自我的方式,艺术创作不仅仅是简单的元素堆砌,更应该具有内涵。艺术创作应该以人类的视角去创作,以人类作为最终的解读者。这一点在任何艺术创作中都是适用的,包括音乐创作。虽然 AI 在音乐创作中能够提供技术上的支持和灵感上的启示,但人类的情感、观念和独特的创作视角是无法被替代的。因此,即便有了 AI 的辅助,音乐创作仍然应该以人类的创作智慧和情感为基础,以满足人类作为音乐的解读者的需求。

5.2.8 习题

1. 你认为 AI 作曲领域目前面临哪些难点?
2. AI 作曲的版权归属是什么?
3. 你了解哪些 AI 作曲的算法?
4. 你对 AI 作曲的应用有何体会?
5. AI 作曲会取代人类吗?

5.3 AI 绘 画

AI 绘画参考资料

AI 绘画,即利用人工智能进行绘画创作,是人工智能领域中一个非常有趣的方向,也是受人们广泛关注的议题。绘画,是日常生活中接触最多的艺术类型之一,从艺术层面上讲,绘画艺术是忠实于客观物象的自然形态,是对客观物象采用经过高度概括与提炼的具象图形进行设计的一种表现形式。简单来说,绘画可以看作将具体事物在人脑中的映射加以个人理解进行创作后的被视觉所感受的产物,是艺术领域中最原始且最直观的表现形式之一。相比于语言文字,图像能让人更直观地感受到其中包含的信息,且留下印象,但即使对于人类来说,一般情况下通过绘画描述事物是比语言文字更难的,比如几乎任何人都能通过文字表述清楚自己的想法,却极少人拥有绘画的能力。而让人工智能完成这样一个任务,无疑是对人工智能语义理解和创造性能力的一大考验。本节介绍 AI 绘画的发展历史及各阶段一些应用效果[①]。

---

① 本节所介绍的 AI 绘画,指的是利用深度神经网络模型进行自动绘画的技术,对于早期的根据程序员的理解而设计的绘画程序技术则不做过多阐述。

5.3.1　AI 绘画

早在 20 世纪 70 年代,计算机诞生后不久,就有一些研究人员研究如何利用计算机进行绘画,并在随后得到一定发展(如由 Harold Cohen 提出的 AARON,Simon Colton 提出的 The Painting Fool 等)。但是这些技术,本质上是由技术人员基于自己对绘画艺术的理解而设计出的程序,与我们如今探讨的人工智能中的"智能"理念相去甚远。

2012 年,人工智能领域的著名学者吴恩达(Andrew Ng)在加入谷歌团队不久后,和 Jeff Dean 带领 Google Brain 团队推出了著名的 Google Cat 模型,用于对含有猫的图像进行识别。这令谷歌人工智能团队一时名声大振,甚至被认为翻开了人工智能历史上新的一页。而更令人关注和好奇的是,研究团队展示了一张由该模型生成的非常模糊的猫脸图片,如图 5.13 所示。这张图片虽然看起来质量非常差,只能勉强辨别出猫的大致轮廓,但是对于当时的人工智能发展水平来说已经足够惊艳。这也让人们认识到了 AI 生成图片的能力,所以这次突破可以看作将深度神经网络用于图像生成(本节所讨论的 AI 绘画)的开始。

图 5.13　Google Cat 生成的猫脸图片

值得注意的是,该模型在当时的训练中,使用了 1 000 万个来自 Yotube 视频中的猫脸图片,在 Google Brain 的 1.6 万个 CPU 上,训练了整整三天时间。最终的模型含有超过 10 亿个权重参数,这比当时任何一个已知的神经网络模型都要大。显然,在如此多计算资源和数据量的投入之下,这样的效果无论是从质量上还是从可用性上都是无法令人满意的。但在当时的人工智能研究领域,它却是一次突破性的尝试,吸引了更多的 AI 领域的研究人员探索 AI 绘画方向,因此 Google Cat 可以看作利用深度学习模型进行 AI 绘画的起点。

5.3.2　基于 GAN 的绘画模型

2014 年,Goodfellow 及 Bengio 等人提出了一个非常重要的深度学习模型 Generative Adversarial Network,这就是在 AI 领域中大名鼎鼎的对抗生成网络 GAN。GAN 提出了一个非常巧妙的模型训练策略,就如其名字"对抗生成"所介绍的那样,让其内部的生成器和判别器进行对抗,在一代代博弈中自我优化,达到平衡。在图像生成中,生成器的作用是生成与目标相似的图片,判别器的作用是将生成的图片与真实的图片区分开,于是在生成器和判别器的对抗迭代下,生成器生成的图像越来越真实,判别器的分辨能力也越来越强。

GAN 一经推出便迅速流行于人工智能领域,并被广泛地应用于各个领域,尤其是运用于图像生成类的任务,极大推动了 AI 绘画的发展,并激励了许多以 GAN 为基础框架的不同风格的 AI 绘画模型的构建。例如,Facebook 公司联合罗格斯大学和查尔斯顿学院艺术史系三方合作推出的创造性对抗网络(Creative Adversarial Networks,CAN),能生成类似抽象艺术的画作,如图 5.14 所示;普林斯顿大学的 Alice Xue 受中国山水画启发,结合 GAN 模型 RaLSGAN、StyleGAN2、Pix2Pix,设计出的 SAPGAN 模型生成了非常逼真中国风山水画,如图 5.15 所示。

图 5.14 CAN 生成作品

图 5.15 SAPGAN 生成作品

经过众多研究人员的发掘与发展，许多以 GAN 为基础框架的模型，已经能"绘画"出效果很好的作品，即使是人类，单凭肉眼也难以辨别出它们是否由 AI 生成的。但是使用 GAN 模型生成的图片仍存在着问题，因为 GAN 生成器的原则是生成与所给图像相似的图像，这就意味着生成器在迭代优化过程中会去模仿所给的真实图像，而不是"绘画"出一幅新的图像；同时，受到所给的真实数据的限制，GAN 的模型生成的结果往往在风格和内容上比较单一，无法做到根据需求"绘画"所想的内容。最后，由于 GAN 模型难以训练和输出不稳定的特性，因此其在 AI 绘画领域遇到了瓶颈。

5.3.3 基于 DM 的绘画模型

GAN 在 AI 绘画领域经历长时间的瓶颈期后,人们想到了另一种精妙的生成模型——扩散模型。扩散模型采用了一个精妙的生成思路,其训练过程可以大致描述为:在正向过程中,依据马尔可夫链,在各个阶段不断向原始图片添加噪声,破坏原始图片,致使原始图片成为随机噪声图像;而逆向过程中,则反转这个添加噪声过程,参考正向过程中每个阶段的行为,进行逆处理,从而逐渐学习到对抗噪声的能力,这样就能通过模型直接从噪声生成图片,如图 5.16所示。细节越多的图片,其实越接近于随机的噪声,使用扩散模型更容易将这些图片扰乱,完成训练,这也是扩散模型能生成细节更多的图片的原因之一。

正向过程

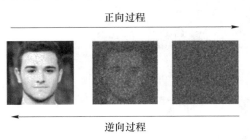

逆向过程

图 5.16 扩散模型(DDPM)

扩散模型理论最早在 2015 年的"Deep Unsupervised Learning using Nonequilibrium Thermodynamics"中完整提出。2020 年,"Denoising Diffusion Probabilistic Models"(DDPM)首次将其应用于高分辨率图像生成任务,让人们看到了扩散模型在 CV 领域的发展潜力,随后扩散模型便不断发展,在不同图片生成任务中达到了当前最先进的水平,取代了原先的霸主 GAN,且相比 GAN,扩散模型所需的数据更少,生成效果更优。

2021 年 1 月,人工智能领域的前沿团队 OpenAI 公布了 DALL·E 模型,该模型实现了从文字生成图片,让人们可以用文字决定图片生成的内容,而不是由模型决定或随机生成,但当时 DALL·E 模型的图像生成部分以 Transformer 模型为基础,存在生成图片分辨率不高、渲染时间漫长等问题,令其失色不少,但扩散模型的运用很大程度上弥补了这些短板。目前,先进的 AI 绘画模型基本都是以扩散模型为基础的,这些模型在图像的分辨率和细节处理上都非常优秀。例如,OpenAI 在自家 DALL·E 的基础上结合扩散模型推出的 DALL·E 2,在同一文本内容下,DALL·E 2绘出的图片从分辨率和细节上都好于初代模型,如图 5.17 所示。左为 DALL·E 生成,右为 DALL·E 2生成)。

(a) DALL·E生成   (b) DALL·E 2生成

图 5.17 Dall·E 与 Dall·E 2:莫奈风格的田野中的狐狸油画

如今,扩散模型可谓风靡 AI 绘画领域,各种基于扩散模型的 AI 绘画模型百花齐放,模型绘画的作品不断刷新着人们对于 AI 绘画的理解。越来越多人开始关注 AI 绘画领域、使用 AI 绘画模型、研究和发展 AI 绘画。AI 绘画从一个较为小众的领域,转变为最为火爆的人工智能任务之一,可以说扩散模型功不可没。

5.3.4 文本引导的 AI 绘画

在文本-图像生成技术出现之前,AI 绘画模型的推理过程大体是先输入采样的噪声数据,再将其解码成图像,或是先输入一张原始图像,再以原始图像为基础生成另一张图像,这样产生的结果就非常受限于模型的风格特性或原始图片的内容。这与人们对于“绘画”的理解相去甚远,因为对于大部分人来说,绘画的过程应该是将想象中的事物或具体想法通过图像表达出来。例如,若我想画“一把牛油果风格的扶手椅”,显然,随机地在噪声数据或是已有的图像条件下生成的绘画作品并不符合我的想法。

在人工智能领域的多模态发展趋势下,各个方向都在尝试多模融合,AI 绘画也不例外,文本引导的 AI 绘画也应运而生。Dall·E 模型首次将图文预训练模型结合于 AI 绘画模型中,使得可以用文字引导生成绘画,这可谓 AI 绘画领域的一个重要节点,从某种角度上实现了人们所期望的“绘画”。图 5.18 所示便是由 Dall·E 模型生成的“一把牛油果风格的扶手椅”。

图 5.18 Dall·E:“一把牛油果风格的扶手椅”

如今,随着模型语义理解能力越来越强大,文本引导的 AI 绘画已经不止于指导绘画的内容,还可以在绘画生成后,继续通过文本对生成画作的细节进行修改。比如可以凭借语义描述,将图 5.18 中“一把牛油果风格的扶手椅”的椅子腿由三根改为四根,坐垫颜色由黄色改为紫色,等等。最新的 AI 绘画模型基本都具备这种能力,比如 DALL·E 的二代版本 DALL·E 2、Midjourney 等。

5.3.5 AI 绘画作品

当前 AI 绘画模型仍在蓬勃发展,随着数据算力资源的投入,人工智能领域各大团队都正在 AI 绘画方向上发力,涌现了众多出色的 AI 绘画模型。图 5.19～图 5.22 展示了一些由优秀的 AI 绘画模型“画”出的天马行空的作品。

图 5. 19　Disco Diffusion

图 5. 20　Stable Diffusion

图 5. 21　DALL·E 2

图 5.22　Stable Diffusion

可以看到,当前 AI 绘画模型已经能产出非常高质量的图画,可以在此基础上稍加修改或直接将生成的图画作为美术作品用于各种生产活动中,如书本插画封面、各类商品装饰图案、网络虚拟背景等等。实际上,人们也是这样做的。显然,区分这些图片是 AI 模型生成的还是人类画出的是非常困难的。这也表明,以当前的人工智能发展速度和水平,高分辨率、高质量将不再是 AI 绘画面临的难题,人们也不会满足于仅仅生成一幅更像图画的图画。让生成的图画更接近人们的想法或带来眼前一亮的感觉——创造性,或许是 AI 绘画进一步提升的一个方向。虽然人工智能有别于人类智能,AI 对于绘画的认知肯定与人类存在偏差,但正是由于这些偏差,AI 绘画的作品才常常给人带来期待和惊喜。AI 绘画的作品即使不能直接使用,也能为人们节省一些步骤和带来一些灵感,这便是 AI 绘画的价值所在。

5.3.6　习题

1. 回顾 AI 绘画发展的各个时期,分析早期 AI 绘画与现代 AI 绘画的区别。

2. 以生成对抗网络为基础的 AI 绘画模型,其训练过程是怎样的?这类模型的不足之处是什么?

3. 能够使用文本关键词生成图画,按照想法进行绘画的关键在于什么?

4. 先进的 AI 绘画模型产生的作品已经具有很高的质量。思考:若将这些 AI 绘画模型用于生产活动,那么生成的作品的版权归属于谁?

5.4　AI 广播影视

随着融媒体时代的到来和人工智能技术的不断发展,在广播电视和影视领域也越来越多地看到了"智能化"的身影。AI 在广播影视领域同样掀起了一波改革浪潮。

5.4.1　AI 与广播电视

1. 人工智能赋能广播电视媒体

在广播电视领域,人工智能技术可以在媒体内容的采集、生产、存储、分发等环节中发挥重要作用。例如,在内容采集方面,采访人员可以利用语音转文字技术提高采访效率,使用智能拆分技术可以拆分新闻信息并识别新闻事件标题,从而提高新闻信息生产效率;在内容创作方面,人工智能技术(如语音转写和翻译技术)可以协助工作人员有序地完成任务,可以快速识别音视频中的敏感词汇,加速审核工作,有效避免漏审。这些技术的应用不仅提高了工作效率,还可以保证内容质量和审核的准确性。

为了确认新闻的真实性,美国西维吉尼亚大学和 WVU Reed 大学联合开发了一种新闻检测系统,以验证新闻的有效性。该系统利用"AI 打分"技术进行新闻检测,以维护网站的安全。人工智能技术的应用不仅可以降低人工成本,而且可以大幅度提高拦截速度和拦截质量。

基于人工智能的时间切片系统在体育赛事转播中能够提供更出色的视觉体验。例如,中央广播电视总台自主研发了一款超高清 AI 时间切片系统,如图 5.23 所示,这款系统利用人工智能深度学习算法进行图像处理,能够在高速运动场景中实现高清晰度的图像捕捉和更精细的时间分辨率。视觉暂留技术则能够利用人眼在观看高速运动场景时产生的视觉暂留现象,实现更为连续流畅的图像播放。同时,图形学和图像学技术的应用,还能够对图像进行更精准的校正和优化。此外,自动化控制技术能够实现对摄像机的自动控制,确保在高速运动场景中拍摄到的画面更加稳定和清晰。这些技术的组合使得该系统能够实现对高速运动场景的高清拍摄和更为精细的时间切片,为广电行业提供了重要的技术支持。

图 5.23　中央广播电视总台 AI 时间切片系统

VR/AR 技术是人工智能技术的一种应用方向,在广播电视行业已经得到广泛应用。虚拟主播等 VR/AR 视觉效果已经成为受用户欢迎的内容呈现形式。在人工智能即将全面崛起的时代,将人工智能和 VR/AR 技术融合,可以让用户实现"所想即所看"的梦想。从广播媒体的发展历程中可以看出,载波是媒体阶段的载体,声音和图像则是应用领域的外在表现。随着媒体技术的发展,智能终端系统和人工智能成了当前时代的主要技术。而 VR/AR 和全息的融合则会为用户提供更加真实、优质的视觉体验,使用户更好地享受虚拟世界的乐趣。

2. 人工智能技术赋能广播电视媒体

(1) 人工智能技术重塑广播电视内容的制作模式,提升运营效能

人工智能技术在广播电视媒体领域的应用已经非常广泛,特别是在新闻内容制作和音视频剪辑方面。借助知识图谱和机器学习等技术,运营人员可以更加高效地制作新闻内容和视频材料。此外,人工智能技术能够帮助媒体制作出多种风格和类型的视频,提升了产品的质量和核心竞争力。在采访和内容制作方面,智能技术也发挥了重要的作用。广播电视媒体可以利用搭载在无人机、移动智能 AI 等设备上的智能摄像终端,全天候、高精度、智能化地采集新闻,实现数据的实时传输,从而提高内容时效性和制作效率,同时降低制作成本,加速广播电视

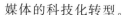

媒体的科技化转型。

（2）人工智能技术推动广播电视技术的创新迭代，提高传播效率

人工智能技术在广播电视媒体中的广泛应用，不仅促进了技术的不断进步，也推动了媒体的业务转型和盈利模式的创新。现在，越来越多的广播电视媒体开始注重在视听方面进行软硬件技术的研发，推出一系列新产品，如 VR 新闻视听设备、智能音箱、定向音频眼镜、智能广播蓝牙耳机等，以更好地满足消费者多元化的需求，提升消费体验。这些产品通过植入可穿戴设备，创造出全新的广播电视场景，使用户随时随地享受到高质量的视听体验。这些技术的应用，不仅提升了广播电视媒体的核心竞争力，也为媒体提供了新的商业机会，进一步推动了广播电视媒体的转型发展。

（3）人工智能技术推动广播电视资源共享协同，提振发展信心

在人工智能时代，广播电视媒体的竞争已经不再是传统意义上的内容创作和传播能力的竞争，而是数据平台建设、数据资源获取、数据内容处理及产品生成的竞争。这意味着广播电视媒体必须适应新的时代，加速建设自己的数据平台，获取更多的数据资源，并利用人工智能技术进行数据内容的深度挖掘和处理，以提升产品的精度和针对性。未来，人工智能编辑室将成为广播电视媒体的重要组成部分，通过替代人工处理初级的、基础性的新闻信息岗位工作，提高生产效率和信息处理的准确性。

3. 代表案例

以下介绍 4 个把人工智能技术运用在广播电视领域的代表性案例，包括科大讯飞、Yi＋、网易、百度云。

（1）科大讯飞

科大讯飞公司推出了多款基于人工智能技术的智慧媒体解决方案，其中包括讯飞听见app、智能文稿唱词系统、智能内容监审平台等。这些解决方案可以帮助广播电视媒体完成从采访、编写、播报、监管到媒资管理等一系列流程，大大提高了广播电视媒体的生产效率和内容质量。此外，科大讯飞公司还通过虚拟形象生成和虚拟形象驱动技术，推出了虚拟主播等创新产品，如图 5.24 所示。这些产品的应用在广播电视行业也取得了很好的效果。

图 5.24　科大讯飞虚拟主播

（2）Yi＋

人工智能计算机视觉引擎品牌 Yi＋制作了一系列的营销方案，人脸识别分析引擎可进行人脸检测、人脸对比、人脸关键点检测以及特征分析，可实现 200＋个人脸关键点动态检测。Yi＋的营销方案包括大屏 AI 助理、直播点播导流、场景营销广告、短视频智能生成、安全播控、政务宣传等，目前已与广电总局、中国有线、中信国安、华数传媒、阿里数娱、华为、中兴、浪

潮、优酷土豆、微博、360、品友互动、京东、趣拍、魅族、响巢看看、CIBN 等数十家机构/产品深度合作。

（3）网易

网易人工智能事业部打造了综合技术服务平台网易 AI,该平台涵盖多个领域的 AI 技术,如计算机视觉、数据智能、自然语言处理、智能语音交互等,能够为游戏、电商、娱乐等行业提供全套解决方案,以及为企业客户提供定制化服务。

网易 AI 平台长期为网易集团业务提供技术支持,如网易云音乐、网易易盾等。在与网易云音乐的合作中,该平台实现了对用户上传的视频自动打标签、为云音乐 4 亿用户提供精准的视频推荐等服务。此外,网易 AI 平台的解决方案被广泛应用于网易易盾等安全服务产品中,能够高效解决直播视频素材的垃圾内容检测问题。

经过多年为网易全系产品提供服务,网易 AI 平台现已对外正式开放合作,与央视、二更、人人影视等机构和公司达成了不同层面的合作。例如,基于视频翻译技术打造的"网易见外"产品已与央视网达成合作,为央视网影视剧集和综艺节目提供精准的校译解决方案;与人人字幕组达成深度战略合作,为其提供影视剧翻译及字幕生成的一体化解决方案。

（4）百度云

百度已经推出了 ABC 战略,这是一个关于媒体行业解决方案的计划,旨在实践人工智能、大数据和云计算三位一体的理念。该计划依托百度云的先进公有云基础设施,融合"天智""天算""天像"平台级解决方案,提供面向媒体行业的解决方案,涵盖智能调度、智能生产、智能分发和传播评估等核心业务场景,旨在为媒体行业赋能,并通过技术推动行业变革。图 5.25 所示为爱奇艺 AI 手语主播。

图 5.25　爱奇艺 AI 手语主播

5.4.2　AI 与影视

人工智能在电影行业同样扮演着十分重要的角色,使用自动化工具可以大幅度降低人工成本,减少烦琐的重复性劳动,提高电影制作的效率和质量,同时也能够为电影制作过程带来更多的灵活性和可控性。目前,人工智能已经可以编写出科幻电影短片并已在国外亮相,国内也已经出现基于人工智能和三维显示技术研发的智能 3D 制作平台。在影视制作的整个流程中,人工智能在剧本、剪辑、特效处理等环节都发挥了极大的作用。

1. 剧本分析与拆解

大数据挖掘和"人工智能＋自然语言"处理技术可以在剧本分析阶段实现高效率和自动

化。通过这些技术,人工智能可以自动识别和分析剧本内容,包括角色、情节、主题等要素,帮助编剧和导演更好地理解故事的结构和内涵,并可以提供创意启示和改进建议。迪士尼研究团队利用人工神经网络的方法评价剧本叙事质量是一个很好的例子。他们开发了一种可以模拟文本区域和相互依赖关系的神经网络,将社交媒体内容的点赞数作为叙事质量评价方法,并创建了一个数据库来记录这些评价结果。通过这个方法,他们可以评估不同剧本的叙事质量,并为实现高质量剧本打下坚实基础。此外,ScriptBook 已经推出了基于机器学习和自然语言学习技术的智能剧本分析系统 Deepstory,其预测市场潜力的准确率高达 86%。除了剧本分析外,人工智能还可以实现剧本拆解,如安捷秀可以通过 OCR 技术将剧本转换为可编辑的电子文档,然后利用自然语义分析技术自动识别并提取其中的人物、场景等要素,并生成相应的人物和场景列表。

2. 制作与剪辑

在制作阶段,有些技术目前已经很成熟了。现在的体育比赛、现场秀和新闻节目中,摄像机的轨迹很多都是通过人工智能的大数据分析驱动的。

因为拍摄影视剧需要从不同角度多次拍摄同一个场景,所以后期剪辑会消耗大量的时间,而将这样程式化的工作交给人工智能来做是一个不错的选择。现在有一些人工智能可以自动同步相同场景的录像,将它们与演员念的台词对上,并根据数据库中的剪辑风格和镜头语言自动选择和组装录像,这在无形中解放了剪辑人员的双手。例如,在北京冬奥会中,央视频"AI智能剪辑"系统在人工智能的帮助下,高效地生产和发布冬奥冰雪项目的短视频内容。央视频的 AI 智能内容生产剪辑系统可以快速将大量的比赛内容自动地浓缩成几分钟的集锦。AI 剪辑系统不仅可以识别运动员动作、比分板和比赛场景,还可以分析每个动作和回合的重要性,通过观众反应、评论员语音、赛场原声、OCR 识别和目标对象等维度分析出不同类型的场面,并制作出逻辑性强且符合观众要求的集锦。该系统的生产效率和内容质量均达到了业内顶尖的水平。AI 剪辑系统支持按项目、按运动员和按比赛等不同维度自动生成视频集锦,从而协助央视频高效地进行冬奥相关报道。

3. 瑕疵处理

在影视技术不断进步的现在,动画、电影、电视剧依然受到创作成本的制约,因此在不少作品中,图像会出现一定的瑕疵(也叫噪声,noise),这时就可以用人工智能来帮助"降噪"。这一领域已经有很多公司做了尝试,如迪斯尼和皮克斯共同研发的采用"卷积神经网络"的 AI 深度学习模型,就曾被应用到了《汽车总动员 3》的制作中。图 5.26 所示为《汽车总动员 3》中的一个镜头。

图 5.26　《汽车总动员 3》中的一个镜头

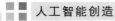

4. 全流程智能监管

人工智能的应用价值在影视行业中得到了充分体现。安捷秀是一款以人工智能为工具的项目工作流程监控与数字资产管理应用，能够帮助影视人降低人力、时间成本，提升工作效率。安捷秀还具备财务管理、进度监管、质量把控、在线审片、后期 PIPELINE 管理等功能，使影视制作过程更加高效、精准。

数美科技的协同式人工智能平台集成了深度学习和行为画像技术，能够对社交平台视频的语音、画面和片段进行识别，并筛查涉政、色情、暴恐等内容。该技术可应用于影视制作的自我审查中，提高自审工作效率，减少人力成本，同时帮助制作方尽早规避不合格内容，从而提高作品质量。因此，人工智能在影视行业中的应用已经成为提高生产效率和保障作品质量的重要手段。

5. 智能脚本编写

在电影的前期制作阶段，最重要和最复杂的方面是剧本写作。剧本是电影的命脉，它们的卓越与否几乎决定了电影的成败。一方面，剧本需要创新，以吸引观众的注意，这是因为陈词滥调的故事往往并不优秀，在某些情况下，甚至可能陷入法律纠纷。另一方面，脚本需要叙事和情感表达，需要创作者敏锐地洞察生活和强大的文学技巧，能够提炼生活中的问题，并将它们以一种巧妙的方式纳入情节。这两方面都是很难实现的，而且通常需要创造者付出大量的努力和时间。人工智能可以解决大多数问题。它可以访问互联网上的大量信息，并对其进行分析，以选择合适的故事和参考文献，并可以将它们与数据库中现有的作品进行比较，以避免重复。与此同时，人工智能可以以比人类编剧更快的速度完成一个剧本。例如：一个叫本杰明的人工智能剧本创作程序，使用了一个具有长短期记忆（LSTM）的递归神经网络（RNN）。为了训练本杰明，本杰明的创作者为人工智能提供了他在网上找到的许多科幻电影剧本，包括《星际迷航》《杜鲁门的世界》《X 战警》等。在输入完成后，本杰明使用该算法对电影进行了非常详细的分解，学习并预测哪些字母倾向于连接在一起，哪些单词和短语倾向于出现在一起。随着时间的推移，本杰明学会了模仿剧本的结构，创建舞台方向，生成格式良好的线条，并根据它所学到的内容快速生成剧本。与传统的神经网络相比，RNN 具有记忆能力。它在模型上携带一个指向自身的循环，从而传递在当前时刻处理过的信息，以便在下一刻使用，而不是只关注当前时刻。但是一般的 RNN 不能解决长期依赖的问题，这在学习脚本编写时是致命的。然而，LSTM 算法作为一种特殊的 RNN，可以很好地解决这一问题。它的中心是一个四层结构：第一层用于决定可以传递什么信息；第二层是一个输入门，它决定使用 sigmoid 函数来更新哪些信息；第三层是一个 tanh 函数，它生成新的候选值，并将这些值加在一起以获得最终的候选值；第四层用于确定模型的输出。

人工智能编剧的创作速度对人类来说是无法实现的。对人类来说，即使是平庸的脚本也可能需要几个月甚至几年的时间来编写，而人工智能可以将时间减少到几天，这肯定可以加快制作过程。有了庞大的数据库，人工智能可以创造出创造者可能没有想到的新想法。与此同时，人工智能脚本编写中仍存在一些不可避免的缺陷，比如没有意义的混乱语言、没有深度的荒谬情节。此外，人类编剧有复杂而现实的情感，几十年的文学技巧，独特的、多才多艺的思维，以及传统的文化精神，所有这些都是人工智能目前所不具备的。这就是为什么人工智能编写的剧本和多年来精心编写的剧本之间仍然有很大的差距。然而，目前，人类编剧可以利用人工智能打开、激励，甚至完善他们的思路，在更短的时间内创作出更好的故事，这可能是现在与人工智能合作的更好选择。

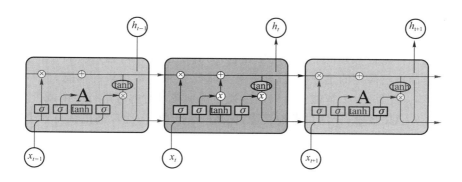

图 5.27　LSTM 结构

5.4.3　需要关注的问题

人工智能在广播影视行业中的应用带来了很多积极的影响,但是也需要注意以下问题。

其一,隐私与信息安全问题。人工智能需要大量数据来训练模型,这些数据可能涉及用户的个人信息,如观看历史、兴趣爱好等。因此,在使用人工智能预测的过程中,需要保护用户数据的隐私和安全。

其二,人工智能算法可以准确地预测受众的偏好,但也容易造成"信息茧房"效应,使受众被推荐的影视作品和相关信息所影响,从而干扰选择,降低影视作品的教育和审美功能。同时,智能预测算法也容易偏向低俗内容,忽视影视作品的质量和价值,导致更多的低俗内容被生产和推广,进一步削弱观众的文化素养和审美水平。

其三,人工智能预测背后存在着商业逻辑和利益驱动,可能导致不同受众面临不同的价格和服务待遇,也可能导致某些内容被优先推广,甚至被推广低俗内容。因此,需要通过一定的法律和政策手段,规范文化企业和广告商的商业行为,保护观众的权益和利益,避免商业利益对影视作品的质量和价值产生负面影响。

5.4.4　人工智能技术在影视传媒领域的未来发展趋势

目前,广播电视行业面临的主要挑战是如何吸引并留住用户,以及如何盈利。随着互联网电视的发展和交互式网络电视的兴起,新用户不断增加,因此广播电视媒体和相关企业需要不断创新和提供更多的增值服务。在大数据时代的影响下,广播电视行业需要借助先进的技术和人工智能,对用户数据进行分析,从而更好地了解用户需求,提供更加精准的服务。同时,广告投放也是一个重要的挑战,需要广告投放者通过数据分析和人工智能等技术来设计吸引用户注意力的广告,并将广告投放与用户需求相匹配,以最大化广告投放的效果。

现在,许多广播电视媒体都在使用人工智能等技术来优化用户体验并提高收益。通过分析用户行为和收视率数据,电视台可以更好地了解观众的需求和偏好,并制定相应的服务内容。此外,人工智能还可以用于自动推荐个性化节目,以提高用户体验。除此之外,电视台还可以利用人工智能进行广告投放。通过分析用户的兴趣和喜好,将广告投放到最具有针对性的受众面前,可以提高广告的点击率和转化率。这不仅可以吸引更多广告客户,也可以提高广告的效果,从而增加电视台的收益。例如,可以利用千人千面智慧平台精准分析用户,结合 VR/AR 技术,打造一系列互动式内容,提升用户体验,吸引更多用户。又如,在世界杯专题上,可以运用人工智能技术分析不同终端使用者,为其定制推荐内容,使用户参与到定制过程中:用户可以选择自己喜欢的足球明星,获取有关其比赛和比赛结果的信息,而不感兴趣的明星则不会被推荐。此外,人工智能还可以通过视频识别技术对内容进行分解或拆分,为商品贴上标签,结合 VR/AR 技术,让用户身临其境,提高广告转化率,为广播电视行业带来社会和经济双重效益。

5.4.5　习题

1. 人工智能在广播电视领域有哪些方面的应用?
2. 人工智能在影视行业有哪些应用?
3. 人工智能的发展会取代人在影视创作中的重要性吗?
4. 人们在使用人工智能技术时需要注意哪些问题?
5. 你身边还有哪些人工智能技术应用于广播影视的具体案例?

第6章
工业设计中的 AI

6.1 AI 广告设计

我国的广告业自 19 世纪 70 年代开始便进入了迅猛发展的时代,随着时代和科技的飞速发展,广告业也在不断进步。近年来,随着人工智能技术的日渐成熟与 AI 在各领域的广泛应用,广告业同样开始与 AI 相结合,不断革新传统广告生产架构与内容,逐步进入智能化阶段。

6.1.1 广告设计的背景与发展趋势

1. 早期广告的诞生与成熟

广告是一种基于商业活动和物质交易的衍生活动,一旦有交易与买卖,就会有广告的影子,但广告的表现形式因时因地而有所不同。

在世界广告发展史中,可追溯到的最早的文字广告现存于大英博物馆,是一则写在羊皮纸上的奴隶主悬赏缉拿逃奴的广告。而古代雅典曾流行过四行诗形式的广告。直到近代,德国工匠古登堡发明了铅活字印刷术,印刷品广告、报纸广告、杂志广告等具象的广告形式开始兴起。1645 年 1 月 15 日,一本名为 *The Weekly Account* 的杂志首次使用"广告栏",这时"广告"这一特有词汇诞生。而对于广告的经营模式,从 1488 年法国散文家蒙太尼提出的一则倡议"任何人想出售珍珠,想找个仆人或伴侣去巴黎旅游,可以把他的想法及要求向一位负责这项事务的官员提出"开始,为客户办理广告业务的专门机构逐渐形成,由最初的广告代理店逐渐演变为现在的各个公司的广告部门以及广告公司。

在中国广告发展史中,广告活动的出现则更早。而早期的商业广告可追溯到原始社会后期,自从物物交换出现,原始形态的广告活动就诞生了:街头叫卖的"口头广告";加入一些辅助工具如拨浪鼓、铜锣等发出声响,"口头广告"发展成更吸引行人的"音响广告";街边商铺在店外悬挂的各类标识,如铁匠铺前的锄头、镰刀,中药铺前的药葫芦,或一些酒肆、客栈外的宣传语句,这些标识被称为"悬物广告"……到宋代,商业逐渐兴盛,形成了"招牌广告"。我国现存最早的印刷广告是北宋时期济南刘家功夫针铺的广告铜板,上面雕刻有"济南刘家功夫针铺"的字样,如图 6.1 所示。

图 6.1　北宋时期济南刘家功夫针铺的广告铜板

从明清到近代，各类纸质印刷广告逐渐盛行，直到广播媒体的出现，广告开始走向数字化、信息化、多样化。我国当代广告业的复兴和快速发展，实际上是随着改革开放的推行，从上海播出中国大陆第一条电视广告——参桂酒开始的，如图 6.2 所示。

图 6.2　中国大陆第一条电视广告——参桂酒

2. 当代广告的发展与革新

广告发展的过程可以归纳为以下四个阶段。

（1）产品广告阶段

这个阶段的广告内容主要集中在产品本身的特性和独特的卖点上，如图 6.3 所示，而且只需要投入少量的资金对产品进行推广。但随着工业革命的发展，产品被大规模生产且市面上出现大量同类型的产品，单靠推广产品收效甚微。

图 6.3　早期产品广告

（2）形象广告阶段

这个阶段主要依靠产品公司的品牌形象和声誉获得成功。如 IBM 公司在三家公司合并的时候，邀请了设计师 Paul Rand 设计了独特的标识，使其品牌与其他品牌区别开来，效果显著。但是当每一家公司都致力于打造自己的品牌形象时，往往难以有几个能够脱颖而出。知名品牌 logo 如图 6.4 所示。

图 6.4　知名品牌 logo

（3）广告定位阶段

这一阶段主要依靠寻找消费受众的空隙，争当第一个吃螃蟹的人，抢先进入"空隙"得到竞争优势。如图 6.5 所示，脑白金广告之所以能够家喻户晓，与其对市场需求的洞察和产品定位的判断密不可分。脑白金产品广告在实施前，对产品进行了准确的市场定位：一方面以老年人健康为诉求点，将受众群体定为中老年人，当时交际活跃的中年人、50 岁以上的退休老年人的数量，保守估计有 1.5 亿，针对这一特定人群提出了"加深睡眠、改善肠胃"的功效；另一方面以"送礼"概念的强势灌输，对标"过年送礼"的中国传统习俗和以家庭、企业为单位的基本人际交往需求。从上市开始到现在，脑白金的有些广告语连孩子都能够背得出来，可见其广告语深入人心的程度。

图 6.5　脑白金广告

（4）数字媒体广告阶段

这一阶段，广告形式发生了巨大的改变，如图 6.6 所示。在人工智能时代，进行脑力劳动的广告创意人员，其生产的主导地位发生动摇；通过大数据促进广告的精准传播与运作，广告的生产方式和内容都发生了变化。

图 6.6　地铁站数字媒体广告牌与手机软件动态广告

智能时代下，依靠单一的产品特色和品牌形象已经不能获得优势，因此，与人工智能技术相结合已经成为智能时代广告发展的必然趋势。人工智能所拥有的数据分析能力和自身的算法，都是其逐渐接管广告行业的重要影响因素。人工智能技术在广告产业中的应用在运作流程上表现为基于自然语言理解的消费者洞察、基于智能推理的广告策略分析、基于智能学习的广告内容创作、基于智能推理的广告智能推荐、基于机器学习的广告效果深度应对与网络广告监管。

其中，通过用户的个人数据推动广告产业的设计产出，已经成为当今互联网商业变现的重要模式之一。例如，许多数字广告成为互联网商业巨头的收入来源，Google 母公司 2017 年第一年度的财务报告显示，广告营收总计 214.11 亿美元，占其总营收的 86.5%；而 Facebook 的广告收入占比更是达到夸张的 98%；连百度、腾讯、阿里巴巴等公司的广告部门也是核心部门。

人工智能设计的广告，可以渗透人们生活的各方面，比传统的广告有更广的传播途径和更高效的传播效果，所以许多公司开始加大自己在广告设计方面的支出。

6.1.2　广告设计的智能化发展

生活处处离不开广告，"智能"介入广告产业，其效果是直接且直观的。虽然传统的广告设计在现代生产生活中仍有一席之地，但是其在技术和传播途径等各方面已经有了巨大的改变，比如，进行广告设计时，原来需要画笔、颜料等繁杂的工具，而现在只需要一台电脑即可完成几乎全部流程。

广告设计正在经历由人脑主导设计到智能算法与大数据主导设计的转变，最终实现以数据为驱动、以算法为准则、以平台（系统）为支撑的智能设计体系。广告设计智能化可以说是人工智能技术对广告设计过程的变革性影响。

智能时代下的广告设计不再是单一的形式，而需要根据不同的传播途径进行不同的设计，因此在探究智能时代的发展推动广告变革、冲破原有的广告认知和界限的过程中，应了解依托智能化发展广告设计方面的新动向。

2016 年，阿里智能实验室开发的 AI 鲁班系统在广告设计领域成功应用，为当年的"双十一"活动设计了 1.7 亿张海报，后又为 2017 年"双十一"活动设计了 4 亿张海报。2017 年，360公司推出了"达·芬奇画布"智能创意设计工具，其设计师团队精心打造了 1 000 套背景修饰图层的模板库，囊括了 20 余种排版版式和上百种配色风格作为排版和设计的素材库，并结合 AI、数据和场景化实现创意与设计的优化。

可以说，广告设计智能化已经成了一种实践。

具体而言，广告设计的智能化体现在广告设计工具的智能化、广告设计生产的智能化、广告创意与设计的一体化三个方面。

（1）广告设计工具的智能化

从一定意义上讲，人类设计史就是设计工具的发展史，每一种技术创新都推动了设计工具的"现代化"。在广告设计发展历史中，设计工具也是在不断迈向"智能化"的。

现代广告设计出现之前的大多数时间内，广告设计更多是凭借广告人的大脑来生产创意，通过艺术家或设计师的双手借用笔触进行设计和表现，即整个广告创意与设计过程是由人主导的。

在其后的发展中，摄影术的发明和普及推动了平面广告设计的变革，将之前"以文为主"的平面广告作品结构转变为"以图为主、以文为辅"。

具有智能意味的广告设计是电脑在广告设计中的应用。广告设计工具的高科技化可以促使设计工具获得一定的智能性,降低设计的专业门槛、提高生产效率、降低生产成本。近年来,设计软件的智能化发展是值得关注的,如 AutoDraw 智能绘图工具、CorelDRAW、GauGAN图像绘制软件等,即使是没有受过专业训练的人也可以利用这些软件进行绘画创作。

（2）广告设计生产的智能化

设计工具智能化只是人工智能技术在设计领域的初步应用。随着大数据技术、深度学习、机器算法等人工智能领域的应用深化,广告设计生产流程呈现出智能化趋势。如果说工具的智能化只是软件的升级,那么设计生产的智能化将覆盖全产业链条。

传统的广告设计生产是由众多的人力资源构成,明确分工并且各司其职,按照流程一步一步推进工作。设计生产的智能化具有变革性的意义:先通过智能技术建立一个容量很大的素材资源库,再依托于一套智能算法和模型就可以高效地生成数量巨大的平面广告或影视广告,整个流程都在计算机的后台自动运行。在这个"黑箱"中,根据不同模板可以快速形成风格版式迥异的平面作品。

另外,在媒介投放方面,智能投放也已经成了一种趋势,如群邑集团已经在广告投放方面进行了大胆的创新。传统的媒介购买需要历经协议签订、策略制定和媒介购买等线性流程。但群邑集团以媒介采购为依托,对投放业务的全链条进行了数字化改造和智能化提升,并对接如阿里、百度智能等平台,打通了数据资源,强化了与智能投放相关的数据洞察、效果优化、精准传播。

（3）广告创意与设计的一体化

广告设计智能化的另外一个表现是广告创意与设计的一体化。

传统广告设计是按照"调查—策划—创意—设计表现"的流程来运作的,每个环节紧紧相扣。其中,调查是为了获得更多信息资料并以此作为策划的依据;策划主要解决策略问题以及确定创意的思路和方向,然后开展设计的构思与表现。

现有的广告设计智能平台一端连接着消费者的数据和相关设计素材等信息资料库,另一端连接着由电脑程序控制的创意与生产。只需要输入指令,设定相应的风格标签、关键词等,平台系统就会按照设定好的程序来实现创意与设计。

创意阶段与设计阶段之间的界限已经消失,并逐渐成为一体化的生产作业模式。数据和智力是两大核心资源,决定着广告业务运作方式及效果。数据是广告设计智能化的基础,当数据成为广告产业的核心资源时,人工智能将推动广告设计生产方式的变革。随着传统线性作业生产体系的消解,新的生产模式逐渐形成,广告创意与设计一体化只是其中的一个小插曲。

6.1.3　AI 在广告设计中的应用

广告设计包括广告作品的生产与制作。广告作品是广告创意的具体表达与呈现,以文字、声音、图片、视频等形态被生产与制作出来,这就是显性的内容生产。从广告诞生之日到工业社会,广告作品的生产与制作大致经历了手工化和机械化两个阶段,人工智能时代,广告作品的生产与制作不断革新,涌现出各式各样的新型广告形式与内容,遍布生活的方方面面,广告逐渐成为人们工作生活中不可剥离的组成部分。

1. 广告设计程序化

传统的广告设计通过手工完成,耗费时间和精力较多,而且难以适应不同场景的需求,这限制了广告设计的发展与应用。计算机技术的发展为广告设计带来了巨大的变革,提高了设计的效率和质量,并且使得广告设计师可以更加灵活地应对不同场景的需求。借助计算机硬件和专业设计软件等辅助手段,广告设计师可以更方便快捷地进行创意构思、图像处理、版面排版和调整等工作,从而节省时间和精力,提高设计质量。同时,计算机技术还为广告设计师提供了更多的表达方式和可能性,如动态图像、三维建模、交互式广告等,使得广告设计更加生动有趣、具有视觉冲击力和美感。但是,即使在计算机技术的支持下,为适应不同场景而不断更改和调整广告元素仍然是一个烦琐的问题。智能化的技术和工具可以更好地解决这一问题,如自动调整尺寸和布局的工具、智能化生成配色方案的工具等,它们能够使广告设计师更加便捷地应对不同场景的需求,从而提高广告的实际效益。而人工智能技术背景下,广告设计的变革用现在业界流行的概念来说就是程序化内容生产,即基于智能机器内部事先设计好的模型和算法生产内容。

广告设计的程序化并不是简单的复制生产或个性化定制生产,而是两者的结合,旨在生产大规模差异化的内容。通过使用人工智能和数据分析技术,广告设计可以自动化地进行,从而实现批量生产具有差异性的广告作品。这种方法可以在保持一定程度的统一性和品质的同时,使得广告在形式和内容上更加多样化、丰富化,能够更好地满足受众的需求和兴趣。与工业化时代大规模同质化的复制生产不同的是,广告设计的程序化并不是简单的机械复制,而是根据受众的需求和反馈进行调整和优化,以实现更好的效果。与网络时代的个性化定制生产不同的是,广告设计的程序化是基于大规模数据和算法的分析和处理,从而实现更为精准的目标定位和内容生产。因此,广告设计的程序化并不是简单的结合,而是创造了一种全新的广告生产方式,具有其独特的意义和价值。

阿里巴巴公司的人工智能设计师"鲁班"在 2017 年"双十一"活动期间的海报设计中发挥了重要作用。据报道,它每秒钟可以完成 8 000 张旗帜海报设计,总设计量达到四亿张,这是人类设计师无法想象的速度和规模。如果全靠人类设计师来完成这个任务,假设每张图需要耗时 20 分钟,那么需要 100 个设计师连续工作 300 年,这是不可想象的庞大工程。从工业化角度考虑,"鲁班"已经大大满足了市场对成本和效率的需求。从技术角度考虑,"鲁班"设计师首先进行图像分割,用机器代替人类劳动,与阿里搜索部门做图像分割的算法团队合作,便于处理商品"抠图"的问题;其次将设计转化为"数据",利用机器将商品、文字和主题进行在线合成,结合设计师人工设计的风格模版进行嵌入;最后让机器自己学会"设计"。"鲁班"设计的商品宣传海报如图 6.7 所示。设计师的人工设计仅在初期使用,为了日后让"鲁班"更好地服务大众,从 2016 年 8 月份开始,团队着手引进图像算法专家,使其主导智能设计的算法框架,目前在基本设计功能实现的前提下,也在不断提高广告的艺术质量。无论 AI 算法如何改进,终究还是依赖数据分析和大量模板学习的,本质上也只是复制粘贴的过程,如果要给这个 AI 设计师的职业定性,那么"鲁班"更像是一个"美工"而不是设计师。

2016 年,谷歌旗下的人工智能开发小组设计出的 Alphago 围棋人工智能程序,曾以 4∶1 的绝对优势战胜韩国围棋大师李世石,引起了全世界人民的关注。随后,该小组又宣布其在人工智能领域有了一个全新的尝试,即应用于平面设计领域的新型人工智能程序 AlphaGd(Alpha Graphic Design)。AlphaGd 通过让两个不同的神经网络"大脑"合作来进行设计,该大脑是多层神经网络,从多层启发式二维过滤器开始,处理平面画面中各个元素的定位关系,其工作过

图 6.7 "鲁班"设计的商品宣传海报

程类似图片分类器网络处理图片。经过过滤,多个完全连接的神经网络层产生对所看到的画面的判断。这些神经层能够进行分类和逻辑分析,并且借此建立一套深度自我学习的网络。

AlphaGd 的第一大脑 DA(Demand Analyzer)需求分析器是一个基于海量数据库和人工智能技术的设计辅助工具,它可以根据客户的需求和实际情况,选择合适的设计模型。研发者在 AlphaGd 中存储了近 20 年来世界各地的近 500 万个设计案例,并将这些案例按不同行业进行细分,建立起基于客户的产业构架、市场模式、产品特性和设计模式之间的大数据网络。通过使用 DA 需求分析器,设计师可以快速获取并运用具有普遍市场共识和美学共识的设计形式,从而更好地满足客户的需求和期望。此外,DA 需求分析器还可以根据客户的具体情况和需求,对设计方案进行个性化的调整和优化,以达到最佳的效果和效益。总的来说,DA 需求分析器的出现为设计师提供了更多的设计思路和灵感,减少了设计的时间和成本,能够帮助设计师更好地应对客户的需求和其他挑战。

AlphaGd 的第二大脑 PP(Page Planner)页面规划器,被看作 AlphaGd 的双手,通过分解平面作品为四个分层维面,并且根据 DA 确定的风格指令,在字体选择网络、图像处理网络、色彩应用网络、构图规划网络这四个项目联结的神经网络中进行同步的分组工作,从而设计出平面作品。具体来说,字体选择网络中内置了接近 12 万种字体选择模式和 26 万种字体变换组合形式,可以根据项目的不同类型,按照 DA 的指示选择合理的字体组合。其图像处理网络建立在 Adobe 公司的 Photoshop 系统上,拥有半智能化的图形图像处理能力,可以通过 Google 图片搜索引擎,建立针对具体项目需求的素材库应用分析。总之,PP 页面规划器作为 AlphaGd 的重要组成部分,通过其强大的功能和智能化的设计,为用户提供了高效、精准的平面作品设计服务。

AlphaGd 在五角设计联盟伦敦分公司的实习经历,使它经历了大量真实项目的实际操作,不断完善深度学习网络,并提高设计水平。设计总监苏珊·塞勒表示,AlphaGd 目前已经达到了五角设计联盟中的中等能力设计师水平,这是一个很大的成就。虽然 AlphaGd 目前可能会犯一些在人类设计师看来低级可笑的错误,但是它具备超强的学习和自我纠错能力,因此随着时间的推移,它的表现也将越来越好。另外,AlphaGd 具备强大的数据计算能力和 API 多线程操作能力,让它可以达到人类永远无法企及的工作速度。例如,AlphaGd 在 5 分钟内就可以完成一本 300 页画册的排版工作,这是人类设计师无法想象的速度。这些特点使得

AlphaGd 在设计领域具有广阔的应用前景,尤其在大规模、复杂的设计项目中,AlphaGd 可以帮助人类设计师提高效率、减少工作量,并且保证设计质量。

2. 广告叙事自动化

广告叙事是指广告创意故事的讲述与表达。在影视广告中,广告叙事一般通过故事板的形式呈现,即为影视广告的拍摄过程和内容提供可视化的蓝本,该蓝本通常是由广告拍摄导演或专业的故事板绘画师编绘的。而随着电脑绘制软件的广泛应用,大量影视广告,尤其是大制作的商业影片,都会选择采用电脑动画模拟的方式创建故事板。显而易见,上述两种方式,前者存在人力成本过高的问题,而后者存在物力成本超支的弊端。如今,AI 技术逐渐应用于广告故事板的绘制中,广告叙事的自动化逐步趋于成熟,有效解决了人力和物力成本双双超支的问题。由 Yoji Kawamura 提出的商业电影制作系统(CFPSS)就是一个广告故事板自动化生成的代表,其基本架构如图 6.8 所示,该系统旨在搭建生成适应于用户关键词和句子(生活场景)输入的各种商业电影系统。CFPSS 指的是生成适应用户关键词和句子(生活场景)输入的商业电影系统。该系统包含一个由 3 643 个根据关键字和句子搜索、分类的图像镜头组成的数据库,这些图像镜头可以转换为商业电影。CFPSS 不仅能够根据用户输入的关键字和句子生成适合其需求的商业电影,还具备基于广告故事的选择生成故事板并按照故事板中排列的顺序进行回放的功能。它由四大版块组成:供应商故事类型、消费者故事类型、整体类型和图像类型。这四大版块分别提供了四种故事类型:产品和公司的故事、消费故事、供应商和消费者的故事以及消费者相关的图像。CFPSS 使用人工智能相关技术,通过用户和系统之间的交互自动生成商业电影。它能够根据用户输入的关键字和句子自动匹配相应的图像镜头,并将它们组装成商业电影。这种系统能够大幅度提高商业电影制作的效率和质量,同时为用户带来更好的体验。CFPSS 基本框架如图 6.8 所示。

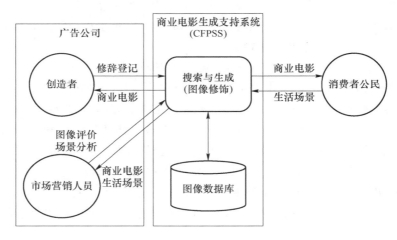

图 6.8 CFPSS 基本框架

3. 广告制作 3D 化与 AR 化

广告制作是广告内容生产的最终阶段,其目的是将广告内容转化为实际可见或可听的物理产品。具体来说,平面类广告作品需要通过打印等方式制作出实物,以表现广告宣传的视觉效果;而影视类广告作品则需要播放出视听声像,以让受众真正感受到广告宣传的力度和效果。广告制作环节对于广告的成功宣传非常重要,只有经过精心制作、完美呈现的广告才能引起受众的共鸣,从而达到营销目标。

　　在平面广告作品制作方面,传统的手工制作和机器打印存在许多问题,如技术难度、生产成本、生产周期等方面的限制。机器打印虽然提高了生产效率,但仍然存在作品只能二维呈现和无法个性化生产的问题。3D打印技术与人工智能的结合将会带来很大的变革。3D打印技术具有制作周期短、制作材料多、制作成本低、制作个性化等优势。通过3D打印技术,广告制作可以更快速地完成,并且可以采用不同种类的材料进行制作,提高广告作品的质量和呈现效果。3D打印技术结合人工智能技术,可以实现自动化设计、优化设计、个性化定制等功能,为广告制作带来更多可能性。因此,3D打印技术与人工智能的结合将可以克服传统平面广告制作的许多问题,并为广告行业带来更具创新性的发展前景。

　　例如,3D打印发光字减少了环境污染,更符合中国现有的生产环保要求。在生产过程中无气味、无粉尘、无噪声,适合在各种环境下进行发光字的定制和生产。在日常生活中,3D打印发光字的应用场景非常广泛。例如,在地铁站、商场柜台以及公司背景墙等场所,可以看到3D打印发光字为品牌宣传和导航提供服务;而街边小店,则可以利用3D打印发光字吸引人们的注意力并增加产品的销售量。此外,3D打印发光灯箱也是一种很有前景的应用,如图6.9所示,它可以被放置在儿童房间中作为装饰物,并且具备照明效果。总之,3D打印发光字技术的出现,为广告行业带来了更多的创新和可能性,同时为环境保护做出了积极的贡献。图6.9所示为3D打印发光字广告。

图 6.9　3D打印发光字广告

　　传统的影视广告作品生产需要经过前期策划、中期拍摄和后期剪辑等多个环节,周期较长。同时,由于媒介技术的限制,影视广告作品在呈现上存在一些局限性,如视听主导、感官割裂、无法互动等缺陷,难以满足现代消费者日益增长的多样化需求。然而,随着科技的不断发展,数字化技术已经逐渐改变了传统的影视广告制作方式。通过数字化技术,广告制作可以更快速地完成,更具互动性,更加个性化,也可以更好地融合视听、感官等元素,为受众带来更加丰富的体验。

　　例如,VR技术的应用使影视广告的视听传播发生巨大变化,最明显的改变就是影视广告的受众可以从视觉、听觉、触觉、嗅觉甚至味觉上产生沉浸式体验。

　　VR本身具有众多的技术属性,在不同的传播媒介及手段下,其所呈现的全景内容在广告表现中也大不相同。场景体验最注重的便是临场感,临场感是广告感知的基本元素。VR技术能够更加全面地呈现出传统广告镜头之外的场景内容,为观众带来几近真实的体验与感知。如房地产行业的展示广告等,广告商在展示住房信息的时候,通过VR技术这种集网络技术与动画技术于一体的新型广告技术,构建出形象的三维动态建筑模型,全方位展示建筑物的内部空间结构与外部空间功能，从而帮助用户快速且全面地掌握住房信息，如图 6.10 所示。与三维动画在广告设计中的应用不同，VR 技术所展示的效果图不是静态的而是动态的，是具有鲜明交互性的，用户能够在虚拟现实系统中实现自由走动、随意观看等动作，而以往的三维动画只能依据事先设定好的某一视角对商品进行静态展示。VR 技术的应用彻底打破了这一观赏模式，为广大用户带来了前所未有的现场体验感，这无疑会大大刺激用户的消费需求。

图 6.10　利用 VR 技术实现全景看房

　　产品体验式广告注重介绍产品的品质与性能。以最典型的服装行业为例，现阶段，我国多数服装生产厂家都成立了自己的销售网站，并投入了虚拟广告，部分技术先进的企业逐渐利用 VR 技术开发出了更多的体验功能，如设立虚拟服装设计与试穿网站等，如图 6.11 所示，让顾客参与品牌的服装设计，并运用人体三维服装模式设计出二维服装样片，之后再往系统中录入的顾客的身材信息，将服装穿戴在模特身上。如此既便于设计师完善设计方案，又能够让顾客更为直观地看到较为真实的试穿效果，还可以进行试衣搭配等，大大省去了线下实体购物的烦琐，为消费者提供了更加便捷的购物体验。

图 6.11　利用 VR 技术实现虚拟试衣

　　产品体验式广告在发展模式及内容表现形式等方面通常具有一套固定的程序，即通过放大产品的某一代表性功能或特征，提升品牌产品在同类产品市场中的知名度，形成企业独有的产品特色与发展优势。VR 技术所带来的三维视觉体验及立体听觉体验是以往三维动画技术无法企及的，这种几近真实的场景体验能够促使用户更为主动、积极地了解某个品牌与产品，这对于塑造企业的品牌形象具有重要意义。如国内知名的"海尔"家电企业便在市场中投放了很多的虚拟展示广告，如图 6.12 所示，在客户想要了解某款洗衣机或者冰箱等产品的时候，可以通过观看外形并亲手操作进行体验等，从而更加准确地掌握产品的性能信息，这将在很大程度上避免了实体销售人员"恶意吹捧"产品性能的问题，十分利于品牌形象的树立与宣传。

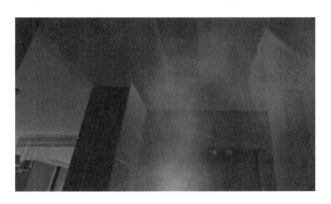

图 6.12　VR 交互展示空调运行时的冷热风流动情况

复制视听感官比较常见,更有可以体验触觉和嗅觉的案例。美国《国家地理》杂志在商场投放的 AR 广告片,使受众可以触摸平时不敢靠近的各种野生动物,如图 6.13 所示,或体验登上遥不可及的太空,甚至可以感受到因海豚跃起而溅到身上的水花。

图 6.13　商场中投放 AR 广告

为宣传爆米花公司的 Pop-Secret,Deeplocal 公司的创意人员首先为其开发了一款名为"Poptopia"的手机游戏,然后专门设计了一个会散发爆米花香的手机外设,将其与手机音频接口连上,玩家在玩游戏的时候就可以闻到爆米花的香味。

6.1.4　AI 对广告设计的影响

人工智能与广告设计的结合,对广告业产生了翻天覆地的影响。

(1) 广告设计智能化能够大大缩减人力成本,同时制作质量精良的广告。在智能时代之前,广告推广是需要耗费大量时间、人力和成本的,需要先对市场进行大量的调研和分析,然后进行创作与投放,单是进行数据分析这一个环节在当时就是令众多广告商感到头疼的事情。智能时代,依靠智能技术对用户进行数据分析已经不再如此麻烦,广告生产商利用大数据分析并预测消费者的各种行为和需求,不仅可以全面了解全部用户,而且能够精准分析个人的爱好、需求以及消费习惯。智能时代的发展大大减少了广告行业工作人员的工作量,降低了人力成本投入,并提升了广告质量。

(2) 广告设计智能化能够利用数据分析进行精准投放。随着数据分析及人工智能技术的不断发展,广告公司可以更加精准地了解受众的心理和信息,从而更好地满足受众的需求,避免因向非目标受众发布广告造成资源的浪费和用户对广告的厌烦。利用庞大的互联网数据和计算机体系的数据处理，在建立精细化的用户画像的基础上，生产者可以进行更精准的广告投放，提高广告效果和转化率。例如，阿里巴巴利用其海量购物数据构建消费者画像，并根据这些信息为用户推荐商品和广告，这使得阿里巴巴在电子商务领域的市场份额不断增加。同时，通过不断观察、分析用户的行为，广告公司可以实时调整广告策略和创意，更好地适应受众的需求和反馈，实现最大程度的广告效益。

（3）广告设计智能化能够高效进行广告创作。在智能时代，利用人工智能技术进行广告设计和内容生产，可以大大提高广告的数量和质量，并且节省时间和成本。通过智能学习和数据挖掘，人工智能可以快速生成不同风格类型的广告作品，使得广告风格更加多元化、独特化，从而更好地吸引受众的注意力。同时，智能预览和辅助软件也可以大大提高广告设计师的工作效率，使其能够集中精力进行创新性思考和创意设计，减轻他们的工作负担。MT 广告公司的智能延展云平台是一个很好的例子，它可以根据广告设计师提供的原始创意平面作品以及需求，自动完成尺寸调整、智能排版和格式转换等工作，从而实现快速、高效的广告延展。这种智能化的方法能够有效地提升广告设计的效率和质量，为广告行业的发展带来新的机遇和挑战。

广告设计智能化在带来诸多优势的同时，势必会引起人们的担忧。人工智能具有速度快、基础资源广等得天独厚的优势，它会代替广告设计人员完成设计广告时的重复性劳动，比如素材搜集、受众资料细分、图文编排、抠图等机械性工作，也可以单独承担简单的商业排版，甚至可以在编排的程序中进行创意设计。那么，人工智能是否可以拥有洞察社会大背景，做出审时度势的"创意"的能力？其可否成为文化与艺术的引领者？基于同样工作原理下的人工智能作品又是否拥有能够见证不同文化、不同时代的参考价值？

这些问题的答案是"否"。广告设计不仅仅是元素的可视化组合，也不仅仅是基于受众喜好的创造。它赋予的使命之多、之复杂，是人工智能无法完成的。人工智能不能代替人类设计师，它只能作为其工具。人工智能生成的作品，即使再有美感，也只是一种人为的"伪艺术"，不具有推动设计思想发展的动力，也不具有全局审视和策划的能力，不能根据环境的变化而做出高语境的反应。

未来的广告设计市场将是智能与智慧的结合，即人与机器协同开展工作，但两者会有不同的工作重心。一方面，资料搜集与整理、设计执行、数据的采集等内容将成为智能机器的工作内容，流水线一样的人工智能化广告占据大量市场；另一方面，设计师的工作重心将更加关注创意生成、设计管理、过程控制以及方案决策，设计师们的创意性、前瞻性、内涵表达将成为核心竞争力。这种人机协同的作业模式需要设计师加快转型并逐步适应，对创意生成的质量进行把控，对作品的设计生产过程进行控制，并完成每一个关键节点的决策。

总之，人工智能归根结底是被生产物，即使广告设计智能化的发展使得人工智能越来越多地渗透到设计活动之中，它还是无法完全取代人类设计师对于广告设计的贡献。

6.1.5　AI 广告设计面临的挑战

每项技术的产生，在带来便捷与优化的同时，势必要接受社会与规范的约束和考验。在智能时代下，新兴技术与领域层出不穷，人工智能与广告设计的结合同样要面临当下社会的各项舆论挑战与道德伦理考验。

智能时代下,人工智能通过大数据的计算收集用户情报。从用户角度来看,这种通过大数据手段,从表层行为痕迹窥探和揣测用户的兴趣爱好、勾画用户行为踪迹的数据获取方式,得到的是个人不曾公开的,甚至是不愿意被其他主体知晓的信息。当广告从业者因为用户数据而吃到红利时,就会不断对消费者进行个性定制和强行推送,精确推送有可能变成暴力推送,这些经过人工智能计算过的推送因为很大程度分析用户而使得推送内容单一,导致用户接收的信息一直停留在自己的喜好方面而视角收窄。而这种无节制使用人工智能对用户信息的挖掘,会造成用户的困扰,引起用户不满和对该广告品牌的抵触。

另外,站在广告从业者角度考虑,入行门槛降低,同时行业标准开始面临新的品质危机。智能时代,人工智能通过自身强大的功能和对用户数据采集分析成为现代许多广告从业者的助手。广告创作原本需要经历烦琐的构思和创作阶段,而人工智能利用大数据为广告设计师分析出时下广告热点,为其开阔创作思路,并且利用自身强大的功能辅助广告从业者除去繁杂的排版、修改尺寸和修改元素等步骤,让其将精力集中在广告创作上。从前,广告从业者不仅需要富有创意,还需要精湛的技术。但是由于智能的发展,利用智能本身的功能可以帮助设计师解决技术上的问题,这就使设计从业的门槛降低,只要有好的设计创意就可以进入这个行业,最大程度上实现了"人人都是设计师",这种现象使想要从广告行业攫取利益的人涌入这一行业,低级趣味和违反人伦道德的广告开始出现,给用户带来不利影响。

从社会角度来看,广告设计智能化带来了不利影响。智能时代下,表面上是智能收集用户信息实行精准投放,实际上是消费者在披上智能外衣的广告精准推送中日益被"催眠",广告的功能性激发消费者的欲望使其产生购物的冲动。网络上到处都是被精准投放的广告信息,这种信息的泛滥无疑已经偏离了以用户为中心的理念,而是为了利益而对用户信用进行透支。用户对广告的不信任使他们在商品选择中日趋迷茫,甚至会导致商品的滞销和积压,因此当前已经有许多用户提出自己的隐私正在被智能侵犯,产生对智能的不信任感以及抵触,这对社会发展来说是不利的。

人工智能近些年来发展迅速,但是法律法规尚未有明确的针对智能广告的规范,即存在滞后性。2018 年,《人民日报》对信息流广告进行了评价,首先肯定了信息流这一新兴广告的优点,然后提出监管部门的滞后性和智能时代的初级阶段引发了它的弊端,即虚假广告、引诱性广告层出不穷,最后《人民日报》还呼吁相关监管部门抓紧时间介入,净化广告环境。

广告设计智能化发展不仅给广告从业者带来挑战,还给监管部门带来新的挑战,因此应该对以互联网为媒介的广告进行标注,使消费者可以辨明广告。这样做,不仅可以利用智能技术提高广告的质量和对用户实现精准投放,还能够反过来利用智能技术监管市场中不规范的广告,通过对低俗、模糊化等广告信息的收集,健全广告投放市场,从中筛选出"垃圾"广告信息,为用户严格把控广告内容。

6.1.6　习题

1. 你在生活中遇到过哪些类型的广告?你能否分辨出哪些是 AI 生产的机械性广告?这些广告中 AI 批量生产的广告所占比例有多高呢?

2. 随着人工智能技术的不断创新与发展,广告设计中的各个环节均有可能被 AI 所取代,那么人类能否继续保证自己在广告设计行业中的不可替代性?如何才能做到不被 AI 取代呢?

3. AI 设计的广告内容,如宣传海报,目前仍保留较强的同质性,人类能够轻易识别广告的机械性和模板化。但研究者正在不断增强 AI 广告设计的艺术性和不可复制性,在未来的一段时间,AI 设计的广告能否"瞒过"人眼,兼具智能化与艺术性呢? 若真的实现这一目标,AI 设计对广告行业及人类社会又有什么样的益处和危害呢?

4. 随着广告智能化发展,广告在生活中出现的方式日益更新、频率日益增长,各种弊端相继暴露出来,如虚假宣传、引诱性广告、病毒广告等。除此以外,你还能想到哪些现实问题和潜在隐患或弊端吗?

5. 当前对广告市场的规范与监管刻不容缓。对此,你有什么样的想法或建议呢?

6.2　AI 3D 建模

6.2.1　研究背景

当今,图像数据已经成为人们日常接触最多的信息形式。众多基于图像数据的计算机视觉技术及应用对人类生活造成了重大影响。3D 影院、3D 打印和 3D 建模等行业的兴起,则逐渐拓宽了人们发现世界的视角,可以从自身视觉系统的角度来看待周围环境。三维建模旨在获取这种信息载体的三维数据,以便在虚拟现实、城市数字化管理、自动驾驶等领域中使用,并能够帮助人们通过一幅或多幅图像获得目标对象的三维几何、空间和颜色信息。

在工业建模软件中,计算机辅助设计(Computer Aided Design,CAD)和计算机辅助制造(Computer Aided Manufacturing,CAM)技术,扮演着越来越重要的角色,在医疗、建筑、电子、机械等行业中取得了广泛应用。随着工业制造的不断发展,建模软件的作用越来越重要。传统的手工设计方式效率低下,且容易产生误差,而利用建模软件可以大大提高设计效率和准确性,从而缩短产品设计生产周期,降低成本,提高工业水平。

为了更有效地利用建模软件进行模型设计,一些方法和技巧是很重要的。首先,在使用建模软件之前,需要对所需设计的产品进行充分的调研和分析,明确其具体需求和细节,有利于在建模时把握重点和难点。其次,在建模过程中要注重模型的可塑性和表现力,使得模型能够更真实地反映产品的外形和内部结构。最后,可以通过加入自动化设计和智能优化算法等技术进一步提高建模效率和准确性,使得设计人员能够专注于核心创意和创新,而非烦琐的建模过程。总之,建模软件在工业设计和制造中起到越来越重要的作用,如何合理利用建模软件进行模型设计并进行深度优化,是未来工业设计和制造领域的重要课题。

传统的三维重建方法主要采用立体匹配、基于明暗度恢复、基于纹理恢复和基于运动恢复等方法,这些方法主要依靠相机标定、特征配准和几何约束等理论和技术。近年来,人工智能得到了研究人员的广泛关注。以深度学习为代表的新型技术在各个领域中逐渐崭露头角。使用数据驱动的深度建模学习技术,在拥有足够数据集的情况下,可以通过训练设计好的网络模型使得三维建模这项任务由原本的烦琐复杂变得简洁而生动,这是当前的一个新型研究领域。

许多客观因素使得人们获取三维数据并不容易,主要原因有以下几点。

(1)虽然许多传统方法可以重建出物体的三维模型,但是在处理复杂的自然光照、噪声等因素时,重建模型的过程中常常会遇到巨大的阻碍。即便是如今,随着硬件设备的不断更新和发展,有许多三维数据采集设备可以帮助人们获得三维数据,如 Kinect 相机、激光扫描仪、TOF 相机等,但是这些设备通常受造价昂贵、采集数据精度低以及需要专业技能支持等实际问题的限制。

(2)三维数据的表示方式主要分为点云、体素、网格三种形式。由于三维数据的表示并不唯一,且各种表示方式都具有各自的优缺点,因此不同的三维数据,需要设计不同的算法和方法来获得效果良好的三维模型。对于研究人员而言,这具有一定的挑战性。

(3)目前,一些基于深度学习的三维模型生成方法已经可以利用数据驱动的力量,通过学习的方式实现从点云、图像以及文本中恢复出三维模型的结构和几何信息。然而,基于深度学习技术的模型生成方法仍处于初级研究阶段,存在着精度低、网络参数多以及预测速度慢等问题。这些问题仍需要广大研究人员经过探索和研究去解决。

三维建模所使用的 3DMAX 软件在国内用户需求量比较大,能够为各行各业提供大量的绘图和编辑功能,能够满足各行各业不同的三维建模需求。可以说,计算机三维建模辅助设计完全推动了各行各业三维建模的创新。三维建模技术在各个行业的应用非常广泛。比如,在机械制造领域,三维建模可以帮助人们设计出更加准确、稳定和高效的产品;在建筑领域,三维建模可以让建筑师更好地呈现场景,方便客户进行沟通和理解;在航空航天领域,三维建模可以帮助工程师更好地设计和改进飞行器的结构和部件等。

除此之外,三维建模还可以应用于纺织、医疗、军事、教育等领域。例如,在纺织领域,三维建模可以帮助设计师创建织物图案,方便生产过程中的调整和优化;在医疗领域,三维建模可以用于制作仿真器官和人体模型,方便医生进行手术前的规划和模拟操作;在军事领域,三维建模则可以用于制作虚拟战场和兵器装备的模型,方便军事指挥员进行实战演练和决策。

手工创建 3D 资产确实是非常耗时和对技术要求较高的一项工作。对于游戏、机器人、建筑和社交平台等多个行业来说,需要大量高质量的 3D 内容,而手工创建这些资产的成本和时间投入非常高。

为解决这一问题,现在出现了许多自动化 3D 建模技术。其中,基于机器学习的方法是目前比较流行的一种方式。通过训练,神经网络能够学习从 2D 图片或其他输入信息中生成 3D 资产的方法,进而自动化地生成 3D 模型。此外,还有一些基于扫描和重建的 3D 建模技术,可以通过扫描现实世界中的物体并利用重建算法生成 3D 模型。

这些自动化 3D 建模技术的出现,极大地提高了 3D 资产生成的效率和质量,并帮助各行业降低了成本。随着技术的不断发展和创新,相信未来会出现更多更高效、更准确的自动化 3D 建模技术。为了在当前的现实应用中起作用,3D 生成模型应该满足以下要求:它们应该有能力生成多样几何和任意拓扑;输出应该是一个纹理网格;应该能够利用更简单的数据(如 2D 图像)对它们进行监督,以此更简便地训练 3D 生成模型。

6.2.2　相关理论基础

1. 主动视觉方法

基于主动视觉的三维重建技术主要包括结构光法、激光扫描法、雷达技术、Kinect 技术等,这里主要介绍前三种。

(1)结构光法

基于结构光法的三维重建是一种主动获取信息的技术,可以通过投射结构光来测量物体表面的形状和深度信息。这种方法需要使用三角测量原理和图像处理等技术进行分析和计算。结构光通常包括点结构光、线结构光和面结构光等不同类型。在实际应用中,可以根据不同的场景和需求选择合适的结构光类型。例如,在精细制造领域,常常使用高精度的线结构光或面结构光来获得更加精确的三维模型。在进行结构光三维重建时,系统标定是非常关键的一步。几何参数标定包括确定相机的位置和姿态,以及建立相机坐标系与世界坐标系之间的变换关系;相机设备内部参数标定则是为了确定相机内部的一些参数,如焦距、畸变等,以保证三维重建的准确性和稳定性。

（2）激光扫描法

激光扫描法主要使用激光测距仪进行测量,可以通过测量待测物体和仪器之间的时间差来确定它们之间的距离,从而实现三维重建。

针对空间环境的三维重建,点状激光不能够提供足够的信息,因此需要使用线状激光。将扫描仪旋转180°,并使用线状激光来扫描空间环境,可以获得更加全面和准确的三维数据,进而生成高质量的三维模型。

与结构光法不同,激光扫描法可以在任何光照条件下进行测量,并且具有高精度和高速度的优点。但是,激光扫描法也存在一些缺点,如需要安装多个传感器来同时捕捉多个角度的数据、难以应用于透明或反射性较强的物体等。

（3）雷达技术

雷达是一种广泛应用于研究和实际应用中的主动视觉传感器,可以利用电磁波的特性来测量目标物体的距离、深度等信息。常用的雷达三维重建方法包括三角测量法和 TOF 测距法等。激光雷达作为一种新兴技术,在智能机器人、无人机、无人驾驶等领域有着广泛的应用前景。与传统方法相比,激光雷达不易受外界光线强度和天气等因素的影响,可以在复杂室外环境中进行高效准确的三维重建和避障规划。

除了在机器人、自动驾驶等领域的应用,激光雷达还可以应用于数字地图制作、城市规划、工业制造等领域。例如,可以利用激光雷达获取城市的三维地形数据,并结合地图数据进行数字化建模,方便城市规划和管理。

2. 被动视觉方法

被动视觉方法可以根据相机数目、匹配方法、应用方法等不同的大方向来分类。其中,基于深度学习的三维重建是计算机视觉研究领域的热点之一,该领域已经有很多最新研究成果。

基于深度学习的三维重建通常使用卷积神经网络进行图像处理和特征提取,可以学习图像的多维度、多尺度特征,并获得三维模型的重建结果,无需复杂的标定过程或对物体参数进行复杂的数学运算。与传统方法不同,深度学习方法不存在固定的公式和计算过程,而是通过神经网络自主学习,并根据训练数据集自主调节模型参数。

在整个三维重建过程中,深度学习方法可以理解为对一个函数的拟合,其中,自变量是像素信息,因变量是图像的深度信息。在训练过程中,可以加入语义信息以提高神经网络对环境中目标物体的识别和检测能力。它还可以对目标物体进行分割和优化,从而提高重建模型的精确度。除了应用于三维重建,基于深度学习的图像处理方法还可以应用于物体识别、目标跟踪、自动驾驶等领域,具有广泛的应用前景。

3. 三维模型表示形式

选择生成哪种表示形式的三维模型,对三维模型生成任务的过程具有很重要的影响。如图 6.14 中所示,目前常见的不同三维数据的表示方式有四种:深度图、三维点云、三维网格、三维体素。根据数据表示形式的不同,往往会应用不同类别的方法主要针对特定表示形式的三维模型的生成问题提出解决方案,由于这几种方法的表示各有优缺点,不同表示形式的三维模型的生成难度系数也有所不同。下面对这四种三维数据的表示特点做简要介绍。

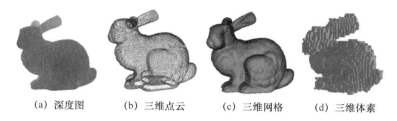

(a) 深度图　　　(b) 三维点云　　　(c) 三维网格　　　(d) 三维体素

图 6.14　三维数据表示形式

（1）深度图

深度图是一种将场景中各点到图像采集设备的距离储存为像素值的图像。由于其中包含了三维场景下的深度信息,因此可以使用相机内参数结合深度图来解析每个像素点在相机坐标系下的三维坐标,并得到物体或场景的三维点云模型。

（2）三维点云

点云是三维空间中点的无序集合,具有无序性、点之间的相互作用和变换不变性等特点。根据点的近邻信息能否快速检索,三维点云分为有序点云和无序点云。在 3D 场景理解任务中,点云可以被视为 3D 形状曲面的离散化样本,因此非常流行。

尽管点云很容易获得,但它们的不规则性使得它们难以使用现有的神经网络处理规则网格数据,这给点云的处理带来了更大的挑战。与传统的图像或视频处理方法相比,点云数据的体量较大,而且点之间的关系和结构比较复杂,这也增加了点云处理的难度。

为了克服这些难点,近年来逐渐出现了一些针对点云的深度学习算法,如 PointNet、PointNet＋＋、PointCNN 等。这些算法通过设计新型的卷积操作、局部聚合模块和池化模块等,可以有效地处理点云的不规则性,并提取其中的特征信息。同时,还可以通过引入先验知识、注意力机制等手段来进一步优化网络性能,在点云分类、目标检测、语义分割等任务中取得了很好的效果。

（3）三维网格

多边形网格表示具有顶点、边和面的集合的形状曲面,可以更紧凑地对场景曲面进行建模,占用内存较少,还提供了模拟点关系的曲面点的连通性。将 3D 形状表面参数化为 2D 几何图像,并使用 2D CNN 处理几何图像,可以避免处理 3D 拓扑问题。

在传统的计算机图形应用中,多边形网格被广泛应用于几何处理、动画和渲染等领域。然而,其在将深度神经网络应用于网格时,比三维点云更具挑战性,因为除了顶点之外,还需要考虑网格边缘。在使用深度神经网络处理多边形网格时,特别需要注意这些边缘情况。

针对多边形网格的深度学习方法,主要有基于图的 CNN 方法和基于网格的 CNN 方法两种。基于图的 CNN 方法通过将网格转换成图来处理,利用图像处理中的 CNN 网络架构来学习形态特征。而基于网格的 CNN 方法则直接利用原始网格数据进行处理,采用卷积操作进行特征提取。

（4）三维体素

体素是欧几里得结构的数据,是一种结构规整的立体网格。与二维图像相比,一个三维物体通常由若干个规则的立方体放置在三维空间中组成,每个立方体被称为体素,和图像中的像素一样,包含 RGB、位置等信息。

在计算机图形学和计算机视觉领域,体素被广泛用于三维场景建模、形状分析、医学图像处理等任务中。体素可以表示三维物体的形状和空间结构,可以存储几何占有率、体积、密度和符号距离等信息以方便渲染。

由于体素表示的规则性,因此它们与标准卷积神经网络建立了良好的配合,并且被广泛应用于深度几何学习。体素的规则性使其易于处理,同时可以更高效地使用卷积神经网络进行训练和预测。

4. 数据集

数据集对实验研究至关重要,尤其是对深度学习技术来说,数据集的标准、数量、标注信息等因素,对算法研究工作的顺利进行起基础决定性作用。目前,常见的三维重建数据集有以下两种。

（1）Shape Net 数据集

Shape Net 是由斯坦福大学、普林斯顿大学和美国芝加哥丰田技术学院的研究人员开发的大规模 3D CAD 模型存储库。该数据集包含两个部分,一部分是该数据集的子集(Shape Net Core),该部分共包括 55 个类别,51 300 个三维模型;另一部分是 Shape Net Sem,该部分数据集涵盖更广泛的可达 270 个类别的三维模型,模型总数 12 000 个。目前,Shape Net 数据集是公认的、被大多数模型生成算法用来检验算法性能的数据集。

Shape Net 数据集中每一个模型都被处理成体素模型和其对应的二维视角图像,可以用于训练和检验算法性能。这些数据可以用来完成形状分类、语义分割、三维重建等任务,在计算机图形学、计算机视觉、机器人等相关领域得到了广泛应用。Shape Net 数据集如图 6.15 所示。

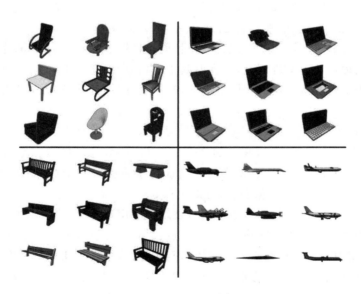

图 6.15 Shape Net 数据集

除了 Shape Net 数据集外,还有其他一些类似的大规模三维模型数据库,如 ModelNet、ScanNet 等,这些数据集也可以被用来评估和改进三维模型生成和处理算法的性能。利用这些数据集,研究者可以进行深度学习算法的训练和测试,进一步推动三维模型处理和计算机视觉领域的发展。

（2）Pix3D 数据集

Pix3D 是一个专门为基于图像的 3D 重建任务构建的数据集。这个数据集的设计旨在提高基于图像的 3D 重建任务的真实性和精度。通过使用大量的自然图像，并将其与高精度的 3D 模型对齐，Pix3D 在多样性和数量上都具有一定优势。此外，该数据集中每个形状对都包含了丰富的信息，包括 2D 和 3D 关键点、体素表示、图像遮罩、渲染相机内部和外部参数以及标记，这些信息可用于训练和评估基于图像的 3D 重建算法。图 6.16 所示为 Pix3D 中采样的一些数据。

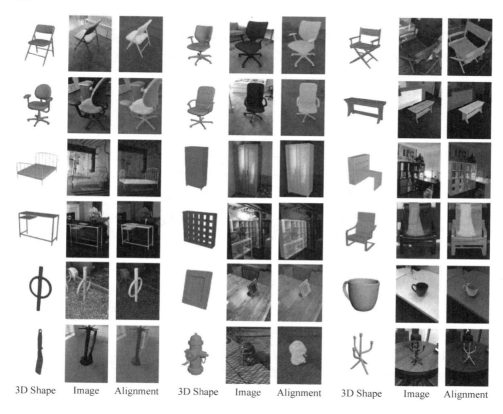

图 6.16   Pix3D 中采样的一些数据

6.2.3   基于 AI 的三维建模技术

虽然相较于传统方法，基于深度学习的方法起步较晚，但近年来这种方法迅速发展，并取得了较好的成果。刚开始，主要是通过将预测形状与真实模型进行匹配和对比来进行三维重建。后来，出现了基于机器学习的 2D 到 2D 和 3D 到 3D 建模方法、2D 生成对抗网络和条件生成对抗网络重建方法、基于深度学习的分析方法等。这些方法按照模型建立的基础数据类型进行分类，主要包括体素、点云、图像和文本等不同类型。

1. 三维体素上的建模

三维体素化模型是一种常用的数据表示形式，它可以将三维物体划分成一系列小的立方体单元，从而明确反应物体的空间结构信息和几何信息。与传统的三维模型生成方法相比，三维体素化模型基于已标定相机拍摄目标的多幅图像进行特征的立体匹配原理实现,生成更为简便快捷。同时,三维体素化模型能够保留物体的几何信息,并且对于不规则形状的物体也能够进行准确的表示。近年来,随着三维视觉应用的不断发展,由于体素化三维模型表达特点简单且易于使用,因此其逐渐成了国内外研究人员聚焦和关注的重点,基于深度学习的体素化模型生成目前已经取得了一些成果。例如,作为先驱的 3D ShapeNets,如图 6.17 所示,首次将体素表示引入 3D 场景理解任务,它提出了一种将三维几何物体表示为体素上二元变量的概率分布的方法,并使用深度置信网络对其进行建模。在该方法中,通过卷积深度置信网络将输入的单视角深度图用三维体素上二元变量的概率分布表示,即对于每一个空间中的点,判断其是否被三维物体占据,并用一个立方体体素表示。

深度置信网络是一类强大的概率模型,通常用于对二维图像中像素和标签的联合概率分布进行建模,可以有效地处理高维数据的不确定性。在 3D ShapeNets 中,通过使用深度置信网络,可以更好地处理三维体素数据的不确定性,并进一步预测其他视角下的三维物体表示。

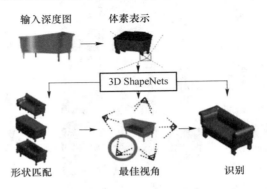

图 6.17　3D ShapeNets 示意图

2. 点云上的生成模型

点云技术是一种快速、高效的三维几何数据采集方式,可以帮助我们获取物体的几何特征。相比传统的三维模型表示方式,如多边形网格或 NURBS 曲面,点云具有更小的存储空间和更快的处理速度。因此,它们被广泛使用在各种应用场景中,包括机器人导航、虚拟现实、工业设计和医学图像处理等领域。同时,点云具有很好的可视化效果,可以直观地展示物体的结构和外观。

点云的学习生成模型具有强大的无监督表示学习功能,可以表征数据分布,为完成形状补全、上采样、合成等各种任务奠定基础。生成模型,如变分自编码器、生成对抗网络、归一化流等,在图像生成方面已经取得了巨大的成功,并且这些方法也可以推广到三维空间中的点,学习点云的生成模型。

深度学习带来了数据驱动方法的希望。在数据丰富的领域,深度学习工具已经不再需要人为定义模型特征。自编码器(AE)等架构和生成式对抗网络在学习数据表示和从复杂的底层分布生成真实样本方面取得了成功。Achlioptas 等人的研究是点云领域中的一项重要工作。他们使用了深度自编码器和生成对抗网络来学习点云数据的表示和生成。首先,他们训练了一个 AE 来学习点云数据的潜在空间表示。然后,他们使用这个固定的潜在空间来训练一个生成模型,称为 l-GAN。相比 GAN,l-GAN 更容易训练,并且能够实现更好的重构效果和数据分布的覆盖。此外,他们还探索了其他的生成模型,包括在原始点云上运行的 GAN、在

AE 的固定潜空间中训练的具有显著提升的 GAN 以及高斯混合模型(GMM)。这些模型的结果表明,深度学习技术在点云数据的表示和生成方面具有很大的潜力,可以帮助我们更好地理解和处理三维几何数据;验证了在 AE 的潜在空间中训练过的 GMM 总体效果最好。如图 6.18 所示,由 l-GAN 和 GMM 生成的样本生成的合成点云物体,两者都使用 EMD 损失,在 AE 的潜在空间上进行训练。

图 6.18　合成点云物体

　　生成新颖、多样和逼真的 3D 形状以及相关部件语义和结构的能力对于许多需要高质量 3D 资产或大量真实训练数据的应用程序至关重要。实现这一目标的一个关键挑战是如何适应不同的形状,包括零件的连续变形以及增加、移除或修改形状成分和组成结构的结构或离散变化。这种对象结构通常可以组织成构成对象部分和关系的层次结构,表示为 n 元图的层次结构。Mo 等人使用 VAE 对 3D 对象的层次图表示生成点云,提出了 StructureNet,这是一个分层图网络,它可以直接编码表示为 n 元图的形状,并可以对大型和复杂形状的家族进行强有力的训练,用于生成多种逼真的结构化几何形状。

　　受非平衡热力学中的扩散过程启发,Luo & Hu 于 2021 年为点云提出了一个新的概率生成模型,其训练了两个阶段:第一阶段是潜在流动模型或潜在 GAN;第二阶段是点云中单个点上的扩散模型,利用反向扩散过程来学习点分布。点云由离散的三维空间点组成,我们可以将这些点看作非平衡热力学系统中与热浴接触的粒子。在热浴作用下,这些点会随机演变和扩散,并最终覆盖整个空间,这个过程被称为扩散过程。因此,我们可以使用熵增理论来描述点云从原始分布到噪声分布扩散的过程;同时,通过学习反向扩散过程,我们可以把噪声分布转换为所需形状的分布,实现点云的生成,如图 6.19 所示。具体来说,将点云的反向扩散过程建模为以某些形状潜变量为条件的马尔可夫链,以闭合形式推导出训练的变分约束,并提供模型的实现方法。该模型在点云生成和自编码方面取得了有竞争力的效果。

图 6.19　扩散模型生成的点云样本

相对于体素表征和网格表征,三维形状的点云表征确实需要更少的存储资源,并且不需要考虑点之间的关系,同时,与隐域场表征相比,点云表征也不需要进行后继的显式网格生成步骤,因此更为便捷。

然而,对于三维物体的点云表征来说,面临一些挑战。例如,在点数不够多的情况下,物体的细节信息难以被准确地表示。此外,点与点之间的真实相邻关系也很难确定,这可能导致点云重建时缺失某些细节信息或出现异常情况。因此,如何有效地保持点云的细节信息和点之间的相邻拓扑关系,是当前点云处理领域需要解决的问题。

3. 二维图像数据集中训练三维生成

一些行业正在向大规模的 3D 虚拟世界建模,对能够生成 3D 物体的数量、质量、多样性,以及建模工具的需求正变得越来越明显。而先前在三维生成建模方面的工作在它们可以产生的网格拓扑上缺乏几何细节,通常不支持纹理,并且在合成过程中使用神经渲染器,这使得它们不常用在三维软件中。因此三维生成模型需要合成纹理网格,并立即用于下游应用。

英伟达公司发布了最新的 GET3D 模型,这是一种从二维图像集合中训练的生成模型,可以直接生成具有复杂拓扑结构、丰富的几何细节和高保真纹理的显式纹理三维网格。该方法的核心是一个生成过程,利用可微显式表面提取方法和可微渲染技术。前者使我们能够直接优化和输出具有任意拓扑结构的纹理三维网格,而后者允许我们用二维图像训练模型,从而利用为二维图像合成开发强大而成熟的鉴别器。它被成功地应用于可微曲面建模、可微渲染和二维生成对抗网络等领域。通过使用 GET3D,我们可以生成高质量的 3D 纹理网格,涵盖了从汽车、椅子、动物、摩托车和人类到建筑等各种结构,如图 6.20 所示。这项技术的优势在于允许学习高质量的几何和纹理细节,从而进一步提升三维几何数据的表示和生成能力。

图 6.20　GET3D 生成的具有任意拓扑结构、高质量的几何图形

NeRF 技术在近几年非常受欢迎,它成功地利用隐式表示方法实现了基于照片的高质量 3D 模型场景合成。相较于其他三维表示方法,NeRF 并不需要生成完整的三维几何物体,而是使用任意视角下的二维图像来表示。因此,它的主要挑战是如何通过给定的一些拍摄图像,生成新的视角下的图像。

NeRF 被认为是元宇宙实现的重要技术基础之一,并且仅 2021 年就有上百篇相关文章,其中不乏高质量的论文和令人惊艳的合成效果。这说明隐式表示方法以及 NeRF 等技术在近年来的发展中得到了广泛应用和探索,这将对三维几何数据的表示、生成和应用产生深远影响。它利用神经网络建模连续的 5D 辐射场,并能够从稀疏的多角度图像中训练出这个模型。与传统的三维重建方法不同,NeRF 不需要将场景表示为点云、网格或体素等显式的表达,而是采用隐式存储方式,能够更加高效地捕捉真实世界中的细节。

具体来说,NeRF 将场景表示为一个连续的 5D 辐射场,其中第一维是位置,第二维是方向,第三维是 RGB 值,第四维是透明度,第五维是密度。这个辐射场可以通过一个神经网络进行隐式建模,输入稀疏的多角度带姿态的图像即可训练得到。在新视角下合成图片时,NeRF 会将光线的位置和方向输入神经网络,得到相应的体密度和颜色,并通过体渲染算法得到最终的图像。

由于 NeRF 能够无缝地集成深度学习技术和体渲染算法,因此在三维重建和新视角合成方面具有很大的潜力。它在计算机图形学、虚拟现实、增强现实等领域都有广泛的应用前景。

随后,Bautista 等人开展了研究,他们使用 GAUDI 技术学习解码为 NeRF 的表示空间来生成完整的三维场景。该表示空间上的扩散训练能够准确捕捉复杂、真实的 3D 场景分布,并且能够通过移动摄像机实现沉浸式渲染。尽管如此,这些工作并未证明能够基于复杂的开放式文本提示生成任意的三维模型。

4. 文本-图像条件的三维生成

详细的三维对象模型将多媒体体验带入生活。游戏、虚拟现实应用程序和电影都有数以千计的物体模型,每个模型都是用数字软件手工设计的。虽然专业艺术家可以创作高保真资产,但这个过程非常缓慢而昂贵。之前的工作是利用 3D 数据集,以点云、体素网格、三角形网格和隐式函数的形式来合成形状。这些方法只支持少数对象类别,但是多媒体应用程序需要各种各样的内容,并且同时需要 3D 几何图形和纹理。

最近的几项研究通过文本图像匹配目标优化三维表示探索文本条件三维生成问题。Jain 等人介绍了基于梦场(dream fields)的零样本文字引导目标生成。其中,梦场是一个神经辐射场(NeRF),通过训练最大限度地提高对两者的深度感知度量。这是一种利用基于 CLIP 的目标优化 NeRF 参数的方法,它将神经渲染与多模态图像和文本表示相结合,能够仅从自然语言描述中合成各种 3D 目标。与以前的方法不同,该方法不需要大量的描述性的 3D 数据,因此可以生成更多类别的物体。该方法使用预训练的图像-文本模型指导生成过程,并优化来自多个相机视角的神经辐射场以获得高分数的渲染图像。为了提高生成图像的保真度和视觉质量,该方法还引入了简单的几何先验,包括疏散性诱导透射率正则化、场景界限和新的 MLP 架构。在实验中,梦场从各种自然语言的标题中产生了现实的、多视图一致的物体几何和颜色。梦场可用于生成合成对象,允许用户通过详细的说明形成特定的艺术风格。图 6.21 中,前两行生成对象的标题为"不同形状的扶手椅/茶壶",第三行生成对象的标题为"一只用不同食物做成的蜗牛"。

谷歌公司的研究员近期提出了一项名为 DreamFusion 的新模型,可以将文本转换成 3D 模型,而不需要大规模标记的数据集和高效的 3D 数据去噪方法。这项突破是由数十亿对图像-文本训练的扩散模型推动的。该团队使用预先训练好的文本到图像扩散模型生成逼真的 3D 模型,通过引入基于概率密度蒸馏的损失函数,并优化随机初始化的神经辐射场 NeRF 模型来实现这一目标。与传统的方法不同,DreamFusion 模型不需要大量的 3D 训练数据,也无

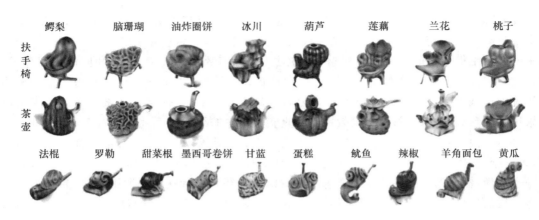

图 6.21　给定标题生成的合成对象

需修改图像扩散模型,完全由预训练扩散模型作为先验,可以生成具有高保真外观、深度和法线的可重绘 3D 对象,而且可以在任意角度、任意光照条件、任意三维环境中基于给定的文本提示生成模型,如图 6.22 所示。

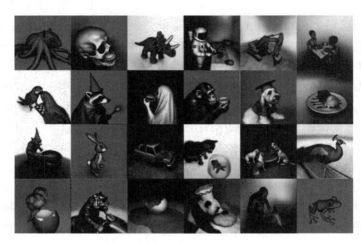

图 6.22　给定文本提示,DreamFusion 模型即可生成 3D 神经辐射场对象

6.2.4　三维建模的应用

基于 AI 的 3D 建模有许多应用。本节举出一些最常见的例子。

1. 虚拟现实和增强现实

人工智能生成的 3D 模型可用于创建身临其境的虚拟现实和增强现实体验。通常,采用两种方法对角色进行动画处理:运动捕捉和手动 CG 工作。手工制作场景很费力,而动作捕捉则受限于演员的能力。借助 AI 方法进行改进,如演示学习、自我教式 AI 和具有生成式功能的神经网络,可以很好改变我们的建模方式。

2. 视频游戏

基于 AI 的 3D 建模被用于创建更逼真、更细致的游戏环境和角色。AI 在游戏渲染中的应用是如此明显,以至于英伟达公司甚至提供了正式的课程,教 3D 图形艺术家如何将深度学习技术应用于超分辨率、照片到纹理映射和纹理倍增等任务。在虚拟现实中,机器学习可以用于选择性渲染,其中只有观众正在观看的场景会以完全的视觉保真度动态生成,从而节省计算成本。

3. 建筑

AI 和机器学习在建筑行业中的应用已经越来越普遍,并且正在彻底改变着这个行业。3D 建模和 BIM 可以使建筑师、工程师和其他专业人员更加高效地合作,从而减少错误和返工。使用机器学习算法可以自动化建筑信息模型的创建过程,也可以准确地识别冲突并提供最优解决方案,还可以通过分析大量数据来提高建筑物的能源效率和可持续性,以及预测建筑物的性能和需要维护的部件。AI 已经成为建筑行业不可或缺的工具,并且将继续对这个行业产生深远的影响。

6.2.5　习题

1. AI 在三维建模领域迎来了快速的发展,请列出除本章中所列领域以外的领域中可能的应用。
2. 如今基于 AI 的三维建模有哪些可以提升的地方?
3. 常用的 AI 三维重建损失函数有哪些?
4. 简述 NeRF 三维重建有哪些不足之处。
5. 简述三维物体重建的研究趋势。

6.3　AI 人机交互

AI 人机交互参考资料

2017 年,政府工作报告中首次提及了"人工智能",2018 年的政府工作报告正文中再次提及"人工智能",并强调了"产业级人工智能应用"。未来几年,"产业化"和"应用化"将成为人工智能的两大发展方向。截至 2020 年,中国人机交互核心产品市场规模为58.5 亿元,同比增长 59.84%。预计 2023—2028 年复合增长率约为 24.14%,因此估计到2026 年我国人机交互核心产品市场规模将达到 285 亿元。

人机交互(HCI)是指通过特定的对话语言和交互方式,使人与计算机之间进行信息交流,以完成特定任务的过程。人工智能和人机交互技术的结合,为人们与计算机系统的互动创造了全新的创新方式。

人工智能服务的准确性、故障处理模式和对用户行为的理解能力,对产品设计、服务设计和程序开发人员提出了新的挑战和机遇。因此,微软提出了 18 条普遍适用的 AI 人机交互设计指南。这些指南综合了二十多年来关于如何使人工智能更加用户友好地思考和研究。微软团队经过三轮验证,确保这些指南具体、可观测且易于理解。图 6.23 所示为 AI 人机交互指南。

当前,人工智能在人机交互技术中的一个重要应用是自然语言处理。通过 AI 驱动的NLP 系统,计算机能够理解和响应人类的语音,使人们能够以更加自然和直观的方式与计算机进行交互。例如,iPhone 中的 Siri 语音助手凭借其自然语言理解和回应语音请求的能力,彻底改变了人们与技术互动的方式。

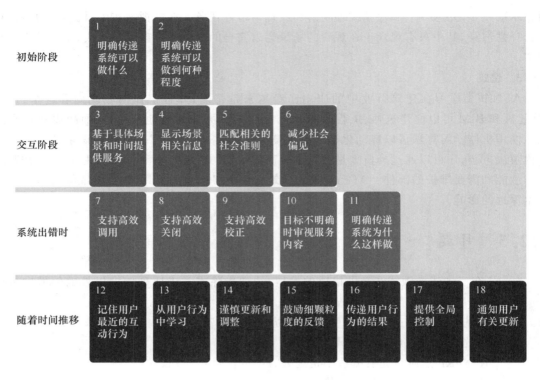

图 6.23　AI 人机交互指南

AI 人机交互技术的另一个重要应用是计算机视觉。人工智能驱动的计算机视觉系统可以识别和解释视觉信息,使计算机能够以像人类的方式理解物理世界。例如,手势识别技术的发展让用户使用简单的手势控制他们的设备,而不需要使用传统的键盘进行输入,为用户创造更具沉浸感和交互性的体验;在智能家居场景中,计算机视觉系统可用于自动监控和响应环境变化,如检测房间何时有人或监控能源使用情况等。

在健康行业,AI 人机交互技术被用于开发改善患者护理状态的医疗设备和健康信息系统。例如,人工智能系统可以协助医生诊断和治疗患者,并可以通过跟踪和分析患者的生命体征帮助患者管理自己的健康。在教育领域,AI 人机交互技术正被用于开发可以为每个学生提供个性化学习体验的教育系统。例如,基于人工智能的辅导系统可以根据学生的长处和短处调整教学方法,帮助他们更有效地学习。在娱乐领域,AI 人机交互技术正在被用于开发更具沉浸感和互动性的游戏体验。例如,人工智能系统可以创建自适应游戏环境来响应玩家的行为和决定,使每个游戏环节都独一无二且引人入胜。

总而言之,AI 和人机交互技术的结合正在改变人与计算机交互的方式,使计算机系统能够实时理解和响应人类需求、情感和意图,为用户创造更加身临其境的体验。

6.3.1　AI 语音交互

1. AI 语音交互的发展历程

语音交互(Voice User Interface,VUI)是指人类通过自然语音与设备进行信息传递的方式。自从 1952 年 IBM 公司开始研究机器对人类语音的识别检测以来,对机器接收并理解语言的研究从未停止。近 20 年来,语音交互取得了长足的发展,并引入了认知科学领域的情感化理解和表达,从而增强了人工智能的类人化交流属性。

2000 年,日本研究者提出了一种基于声学特征的语言语音情感识别方法。这种方法利用语音信号中的声学特征,如频率、音调和语调,来识别说话者的情感,通过对语音信号进行特征提取和分析准确地识别出说话者的情感状态,如平静、愤怒、伤感、快乐等。这种方法适用于任何语言使用地区和任意性别、年龄的检测,在语音识别和情感分析领域具有重要意义,被广泛应用于各种领域,如语音对话系统、智能客服等。

2010 年,苹果公司推出了 Siri,这是一款先进的语音助手,能够回答用户的问题、完成各种任务、提供信息等。随后,谷歌公司也推出了语音助手 Google Now,并在 2016 年推出 Google Assistant。2014 年,亚马逊推出了语音助手 Alexa,这款产品可以通过语音命令完成各种任务,如播放音乐、控制家居设备、回答用户问题等。同样在 2014 年,微软推出了语音助手 Cortana,能够通过语音命令为用户提供各种帮助,如完成任务、提供信息等。亚马逊在 2018 年推出了语音技术 Amazon Polly,能够将文本转换为高质量的语音,并应用于各种场景,如语音对话系统、智能客服等。

在人工智能技术快速发展的推动下,语音交互技术取得了一系列革命性的进步,这些进展在语音交互领域引发了重要的突破,为语音识别、语义分析和自然语言生成等关键技术的发展和应用带来了新的机遇。国家工业信息安全发展研究中心的数据显示,截至 2018 年年底,我国在语音识别与自然语言处理技术领域共申请了 6.1 万件专利,占据了人工智能领域总计申请专利(44.4 万件)的 13.6%。2019 年,全球语音交互市场规模达到 13 亿美元,预计到 2025 年,全球语音交互市场规模将达到 69 亿美元。目前,语音交互已广泛应用于智能家居、车载语音、智能客服等行业和场景。

2. AI 语音交互的流程

ASR→NLP→Skill→TTS 是一次完整的语音交互流程,如图 6.24 所示。

图 6.24　AI 语音交互流程

1)ASR

自动语音识别(ASR)技术是指将口头语言转换为文本的过程,使计算机能够理解和响应人类的语音。ASR 系统使用多种算法(包括机器学习和深度学习)来识别语音并将其与特定的单词或短语匹配,也可以针对特定语言、口音或方言而设计。

如图 6.25 所示,ASR 技术通过结合语音信号处理、特征提取、建模和解码等多个阶段将语音准确地转录为文本。具体实现步骤如下。

(1)语音信号处理:ASR 的第一步是预处理语音信号以消除噪声或干扰。这是使用过滤、放大和去噪等技术完成的。

(2)特征提取:语音信号经过预处理后,下一步就是提取可用于识别特定单词和短语的相关特征。这涉及分析语音信号的频谱和时间特性,并将这些特性映射到一组特定的声学模型。

(3)声学建模:声学建模是表示语音信号与其所指代的单词或短语之间关系的过程。这是通过创建语音信号的统计模型来完成的,该模型考虑了在上一步中提取的各种频谱和时间特征。

(4)语言建模:语言建模涉及创建所讲语言的统计模型,同时考虑给定语言中单词和短语的频率和上下文。该模型用于帮助 ASR 系统确定最有可能的语音信号转录。

（5）解码：解码器采用前面步骤中创建的声学模型和语言模型生成语音信号的转录。解码器根据模型评估不同转录的可能性，并选择最可能的转录作为输出。

2）NLP

自然语言处理是计算机科学、人工智能和语言学交叉融合的学科，研究如何利用机器学习等技术，使计算机学会处理和理解人类语言，如图 6.26 所示。

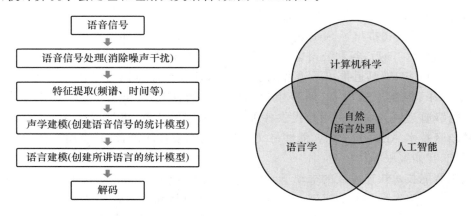

图 6.25　ASR 实现流程　　　　　图 6.26　自然语言处理的定位

在语音交互中，NLP 主要包括文本预处理、文本处理和自然语言生成三个主要阶段。NLP 流程中大致包含如图 6.27 所示的几个步骤。

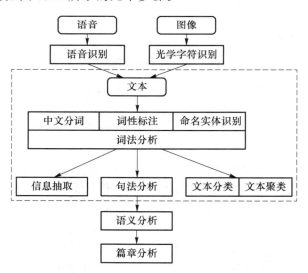

图 6.27　NLP 流程

NLP 技术涉及的技术领域较广，包括文本预处理、词法分析、句法分析、语义理解、分词、文本分类、文本相似度处理、情感倾向分析、文本生成等多个方面。以下对一些主要的技术点进行简单介绍。

文本预处理：原始文本被清理并转换为适合进一步处理的格式。①去噪声：删除空格、换行、斜杆等符号，使文本变得更加规范化。②词汇归一化：在处理英文文本时比较常用，如"runner""runs""ran" 和 "running"是"run"的多种表示形式。尽管这些词语的含义不同，但在上下文中它们是相似的，可以将这些不同形式的单词进行归一化处理。

分词：将文本分解为单词、短语或句子。这是很重要的一步，因为它让 NLP 算法识别和处理语言的各个元素，通过一些词匹配内容。

词性标注：文本中的每个单词都被标记为相应的词性，如名词、动词、形容词等。这些信息用于识别并确定句子的结构。

命名实体识别：NLP 算法可以对文本中的人物、组织、地点、日期等实体进行识别和分类。实体识别在信息检索、自动问答、知识图谱等领域有广泛应用，其目的是告诉计算机某个词汇属于某一类实体，从而有助于识别用户的意图。

3）Skill

Skill 就像是 AI 时代的 APP，在语音交互中就代表着该机器的"技能"，其作用是处理 NLP 界定出的用户的意图并做出反馈。如某机器在收到"查天气"指令后做出的"查天气"的反馈。

4）TTS

TTS 即语音合成，从文本转换成语音，让机器说话。这是通过使用计算机算法分析文本并根据预先录制的声音数据库合成生成的语音来实现的。图 6.28 所示为 TTS 实现流程。TTS 的基本过程包括以下几个步骤。

（1）文本分析：识别和处理每个单词、标点符号和其他元素。

（2）音素生成：将每个单词映射到其相应的音素，这些音素是构成口语单词的单个声音。

（3）韵律生成：生成韵律信息，包括语音的节奏、重音、语调等信息。

（4）合成：使用音素和韵律信息来合成语音。这是通过连接预先录制的语音或使用共振峰合成器根据音素生成类似语音的声音来完成的。

（5）输出：通过计算机的扬声器或连接的设备将语音合成结果传送给用户。

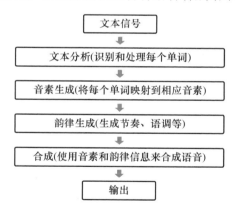

图 6.28   TTS 实现流程

TTS 技术近年来取得了长足的进步，变得更加复杂和自然。WaveNet 是由谷歌公司 DeepMind 提出的一种基于深度学习的语音合成模型，其使用神经网络直接在时域对每个采样点进行合成语音波形的预测。Deep Voice 3 则采用一种新颖的全卷积架构，用于语义合成，适用于大规模的录音数据集。而 VoiceLoop 是 Facebook 公司提出的一种新型 TTS（文本到语音）神经网络，可以将文本转换为类似室外录音的语音，且其网络架构相较于现有的架构更加简单。高级 TTS 系统使用机器学习算法从大型语音数据库中学习并生成听起来更自然的语音。此外，一些 TTS 系统还可以合并有关说话者的性别、年龄和口音的信息，以进一步提高语音输出的质量。

3. AI语音交互的应用

随着人工智能技术的持续发展,语音交互技术不断取得进步,AI语音交互正不断演进,越来越接近人类自然对话的体验。语音交互已从最初的机械式单轮对话发展到更加流畅的多轮对话形式,生成的语音也变得更加自然、真实,接近真人的表现水平。这一系列的创新推动了语音交互技术在人机交互、智能助理、语音识别、语音合成等领域的广泛应用,为改善用户体验和提升人工智能系统的实用性带来了新的突破。2019年7月,百度开发者大会上展示的百度智能客服机器人不仅会在对话中自然地加入"哦""额""嗯"等语气词,说话之余还能让人清楚地听到它换气和呼吸的声音。随着AI语音分离技术的攻克,机器人在嘈杂的环境下也可以选择性接收指令,并提供个性化反馈。例如,摆放在展厅的讲解机器人,在嘈杂的环境下,仍然可以区分出不同人的声音,并分别进行针对性回答。

AI语音交互技术的一个重点应用是智能音箱和虚拟助手。Amazon Echo和Google Home等智能音箱使用AI语音交互技术来响应语音命令并执行任务,如播放音乐、提供信息和控制智能家居设备。AI语音交互技术的另一个重要应用是无障碍,该技术使得视力或行动不便等残障人士的生活更加舒适、便捷。例如,声控设备和屏幕阅读器可用于帮助有视觉障碍的人获取信息。此外,AI语音交互技术正广泛应用于汽车行业,打造更安全、更便捷的车内界面。例如,许多汽车现在都包括用于导航、音乐和其他系统的声控控制,让驾驶员可以将双手始终放在方向盘上。

AI语音交互技术让人们使用自然语言与计算机和其他设备进行交互,正迅速渗透到我们生活的方方面面,极大地为人们的生活提供便利。

6.3.2　AI视觉交互

1. 基于计算机视觉的人机交互技术

如图6.29所示,基于计算机视觉的人机交互技术包括以下多个具体的阶段。

图像采集:基于计算机视觉的人机交互技术的第一步是图像采集,通过集成到系统中的摄像头和其他传感器来实现。

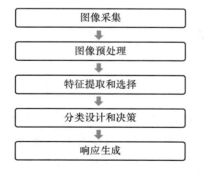

图6.29　基于计算机视觉的人机交互技术

图像预处理:对采集到的图像和视频进行去噪、平滑、变换等操作,使其更适合后续的处理和分析。

特征提取和选择:从采集到的图像中提取出有用的特征,这是图像识别过程中的关键步骤。在特征抽取过程中,得到的特征可能并不都对当前的识别任务有用,因此需要进行特征的选择,以提高识别的准确性。

分类设计和决策:分类器设计是通过训练得到一种识别规则,通过这种规则可以对图像中的特征进行分类。

响应生成:系统使用前面步骤中收集到的信息生成适当的响应。

2. 手势识别技术

目前最常用的手势交互系统是基于视觉的技术,它通过摄像机捕捉手势运动画面,并对连续的画面进行分析以识别手势的语义信息。随着计算机视觉和图像处理技术的不断发展,基于视觉的手势交互系统在人机交互领域取得了显著的进展。这种系统能够识别不同手势的语义信息,使用户可以通过简单的手势控制设备,如电视、智能手机、虚拟现实头显等,从而提供更加便捷、自然的交互方式。图 6.30 展示了一些手势识别。同时,基于视觉的手势交互系统对硬件要求较低,可以在各种设备上广泛应用,为人们的生活和工作带来了便利和创新。

图 6.30 手势识别

目前,基于视觉的动态手势识别通常采用两种方式:基于机器学习和基于深度学习的视觉动态手势识别。如图 6.31 所示,基于机器学习的方法包括手势检测和分割、背景噪声去除、手势追踪、特征提取、手势分类及识别等一系列手势建模过程,并选择适合的分类模型进行手势识别。这种方法通过手动设计特征和选择分类器进行手势识别,需要对特征工程和模型参数进行调优。而基于深度学习的方法则通过组合简单的非线性单元,将低级别的特征表示转换为更抽象的特征表示,从而自动学习原始图像中的手势特征并进行分类。这种方法不需要手动设计特征,而是通过大量数据进行训练,能够从数据中自动学习手势特征表示和分类模型,具有更强的表达能力和识别性能。基于深度学习的手势识别在动态手势识别领域取得了显著的进展,并成为当前研究的热点之一。

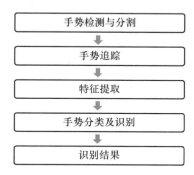

图 6.31 手势识别技术

由于计算机视觉算法的进步、可穿戴设备和物联网(IoT)的日益普及,以及对更直观、更自然的技术交互方式的需求不断增长,手势识别领域近年来取得了重大的成就。在人机交互中,手势识别技术被用于创建更直观和用户友好的界面,使人们更容易与计算机和其他数字设备进行交互。该技术可用于控制光标、浏览菜单,甚至可以使用手势打字。2016 年,宝马在其最新款量产车型中引入了 AirTouch 人机交互技术,这是手势控制功能首次应用于量产车辆。该技术的传感器安装在车内后视镜前方的车顶位置,当驾驶员将手伸到挡把上方,高度大约在出风口前方时,传感器就能够识别手势。在安全和监控系统中,手势识别可用于根据个人独特的动作和肢体语言来识别个人;在游戏中,手势识别技术使玩家能够以更直观和自然的方式控制角色和执行动作,而不是仅仅依靠按钮和操纵杆。

3. 人脸识别技术

近年来,人脸识别作为生物特征识别领域的一个重要分支,取得了飞速的发展。人脸识别技术通过对图像的数字分析,捕捉面部信息,并从中提取个体的面部特征。通常包括面部检测、关键部位提取和输出识别结果等三大步骤,其最终目的是分析计算出个人的面部结构信息。随着计算机视觉技术的不断进步和深度学习算法的突破,用于身份验证的人脸检测和识别技术已经变得越来越成熟。目前,人脸识别技术广泛应用于金融、智能家居、智能安防等领域,主要用于确认用户身份,实现安全解锁、安全支付、安全通行等功能,为人们的生活带来了便利。

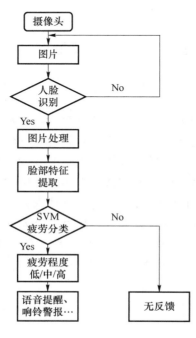

图 6.32　疲劳检测系统流程图

2017 年,百度推出了一款疲劳驾驶监测系统,通过对驾驶者面部、眼部、嘴部等细节的分析,来判断驾驶者的疲劳程度,并通过播放音乐等方式提醒驾驶者,从而避免事故的发生。目前,这种疲劳驾驶监测系统已经被广泛应用,并且其监测精度也在不断提高。图 6.32 所示为疲劳检测系统流程图。

疲劳驾驶系统大致分为以下四个子系统。

(1)视频捕获单元(video capture unit):实时记录驾驶员脸部视频,对视频进行一定频率的采样,并将采样帧发送到人脸检测单元。

(2)人脸检测单元和特征提取(face detection unit and features extraction):对图像进行预处理后,提取眼部和嘴部特征上传到疲劳监测单元进一步处理。

(3)基于特征的疲劳检测(fatigue detection on extracted features):对眼部和嘴部的特征进行疲劳分析(如眼睛闭合时长监测和打哈欠监测),得出驾驶员是否疲劳驾驶。

(4)警报单元(alert unit):若发现疲劳驾驶行为则通过语音提醒、播放音乐等形式进行提醒。

6.3.3　多模融合人机交互

多模融合人机交互是指人与计算机通过多个通道如声音、肢体语言、信息载体、环境等进行交流。随着计算机视觉技术的不断发展,机器人可以通过识别面部表情、肢体动作等人体信息,更加便捷地判断用户的意图和需求,并及时准确地提供服务或回应。这种多模融合人机交互方式使得用户与计算机的交流更加智能化、自然化,为用户提供了更加便利和高效的互动体验。

1. 多模融合的主流通道

在人类五感通道中,视觉占据了最高的比重,达到了 83%,其次是听觉,占据了 11%,而触觉、嗅觉、味觉在人类接收信息中的比例较小,分别为 3.5%、1.5% 和 1%。因此,视觉和听觉这两个通道可以获取的信息比例高达 94%。因此,在多模融合人机交互中,触控、语音、手势和人脸识别有可能成为主流通道。传统的触控、按键等交互方式由于其高操作精度和低技术成本等优势,将继续发挥应有的作用;语音交互作为最自然、便捷的人类沟通和信息获取方式,已经成为人机互动的主流方式;而空中手势作为一种接近人与自然交互的方式,随着可识别手势种类的不断增加和自由度的不断提升,在智能驾驶、智能家居等领域将会优先应用。

微软是一家在多模融合人机交互技术领域处于创新前沿的公司。多年来,微软公司一直在开发先进的多模融合技术并将其集成到他们的产品和服务中,并为其 Surface 系列设备开发了先进的多模融合技术。Surface 设备配备触摸屏,可以更自然、更直观地与计算机进行交互,设备同时支持语音命令和手势识别,允许用户使用触摸、语音和手势输入的组合进行交互。此外,微软公司的 Xbox 游戏机利用触摸、语音和手势输入的组合,为用户提供更加身临其境的游戏体验。例如,用户可以使用手势和语音命令来控制游戏,甚至可以使用控制器上的触摸输入来浏览游戏。

百度公司以其搜索引擎和人工智能相关技术而闻名,一直积极参与多模融合人机交互技术的研究,并将该技术应用在其产品和服务中。百度最引人瞩目的多模融合技术应用之一是小度助手,它通过结合语音和文本识别技术,能够理解用户的请求并提供相应的响应。目前,搭载小度助手的设备每月的语音交互次数已经达到了 66 亿次,可连接的 IoT 智能家居设备数量超过了 2 亿台,涵盖了 60 多个品类。

2. 多模融合的辅助通道

随着科技的不断发展,生理信号、触觉、嗅觉等多种辅助通道也将融入多通道交互。随着人体检测技术的进步,肌电、心率等生理信号可以作为输入信息传递到智能系统中,从而帮助智能系统更好地理解用户的需求并提供服务。

在 2018 年 6 月的上海 CES 亚洲电子消费展上,本田公司展示了一项以嗅觉为主的感官体验技术。该技术可以根据用户需求,向车内释放不同的气味。这一技术通过释放特定的气味,进一步提升驾驶者的驾驶舒适度和愉悦感。这标志着在智能汽车领域,感官体验技术正不断创新和拓展,为用户带来更加丰富和个性化的出行体验。

随着 AI 人机交互技术的发展,医学界也开始使用计算机和医疗设备与患者交互,以改善医疗保健结果。通过监测生理信号,计算机和医疗设备可以更深入地了解患者的健康状况,从而实现更加个性化和有效的护理。例如,在康复医学中,监测生理信号的可穿戴设备可以向患者提供物理治疗过程中的进展反馈,帮助患者更快、更有效地康复;在心理健康治疗中,通过监测大脑活动和心率等生理信号提供有关患者情绪状态的实时反馈,帮助医疗保健提供者根据每位患者的个人需求定制治疗计划。

6.3.4　习题

1. 语音交互前,设备需要先被唤醒(如说"小度小度"),从休眠状态进入工作状态,才能正常处理用户的指令。把设备从休眠状态叫醒到工作状态的过程就叫唤醒。查阅资料,简要介绍如何训练一个唤醒模型。

2. 查阅资料,简要介绍对话机器人常见的对话形式。

3. AI 语音交互已经广泛应用于各个领域,你认为 AI 语音交互技术还有哪些可以提升的地方?

4. 基于计算机视觉的人机交互技术还面临哪些挑战性问题?

5. 针对上述挑战性问题,有哪些可能的研究方向?

第7章

虚拟现实与增强现实

7.1 AI虚拟现实

AI虚拟现实参考资料

虚拟现实是当前计算机领域的热门话题之一,包含了虚拟现实设备和虚拟现实技术。虚拟现实设备主要包括建模设备、三维现实设备、声音设备和交互设备。虚拟现实技术的组成部分包括3D图形生成技术、多传感器交互技术和高分辨率显示技术。本节介绍虚拟现实及AI和虚拟现实的关系,并对两项技术的发展融合进行畅想。

7.1.1 虚拟现实

"虚拟现实"一词来源于英语"virtual reality",简称VR,又称心理技术、虚幻现实、虚拟现实。虚拟现实的概念起源于斯坦利·G·温鲍姆的科幻小说《皮格马利翁的眼镜》,其被认为是第一部涉及虚拟现实的科幻小说。这个故事详细介绍了一个基于嗅觉、触觉和全息眼镜的虚拟现实系统。虚拟现实技术是集电子信息、人机交互、计算机仿真技术、人工智能技术、传感器技术及心理和生理于一体的综合技术,利用最先进的科技成果创造真实的3D视觉、触觉、听觉等感官体验,能让人们在虚拟世界中获得身临其境的感受。

虚拟现实,字面意思为虚拟的现实,是一种计算机仿真系统,用户可以沉浸在电脑生成的模拟环境中。虚拟现实技术将真实世界的数据转化为计算机可以处理的信号,并输出到特定的设备上,以呈现各种场景。这些场景可以是现实中真切存在的事物,如宏观的电脑、高铁、楼房等,又如肉眼无法直接观测到的细胞、病毒、原子等;或者是完全不存在于现实世界中的虚构事物,如动画或游戏中的人物、科幻小说或电影中的场景等。由于这些景象是通过计算机技术模拟出来的,而不是真实的,因此被称为虚拟现实。

虚拟现实具有多个特点,包括沉浸性、交互性、多感知性、想象性和自主性。沉浸性是该技术最重要的特征,意味着虚拟环境可以创造出类似真实环境的体验,使用户感受到自己是环境的一部分,很难区分模拟环境和真实环境。用户可以真实感受到虚拟世界中的物体,如看到、听到、摸到,其至嗅到。交互性指用户可以操作虚拟世界中的物体,并得到相应的反馈,例如,移动或接触虚拟物体时,用户可以感受到它们的存在和运动。多感知性指虚拟现实技术涉及各种感知方式,包括视觉、听觉、嗅觉、触觉等等,但由于科学技术的限制,目前大多数虚拟现实系统能实现的感知功能依然十分有限,局限于视觉和听觉。想象性是指虚拟环境中存在超越现实的场景,用户可以通过自己的想象创造出来。自主性是指在虚拟环境中的物体也遵循着一定的物理规律,如物体可以按照物理学定律移动。这种遵循物理规律的特点也为虚拟现实技术的应用提供了更多可能性。

7.1.2　虚拟现实的发展

　　虚拟现实技术的发展主要有以下三个阶段。

　　第一个阶段是探索阶段。1929 年,出现了使用机械飞行模拟器的室内飞行训练。这种模拟器可以让训练者感受到坐在真实飞机中的感觉。1935 年,美国科幻小说 *Pygmanlion's Spectacles* 中首次提到了虚拟现实技术的概念,这部小说被认为是虚拟现实技术的萌芽。1956 年,莫顿·海利格发明了 Sensorama 仿真模拟器,如图 7.1 所示,它可以让体验者感受到多感官刺激,但观众只能观看,无法与其进行互动。后来,该立体电视获得了美国专利权,孕育了虚拟现实技术的思想。1965 年,一种全新的图形显示技术出现在伊万·萨瑟兰博士的一篇题为"The Ultimate Display"的论文中,其中提到用户可以直接沉浸在虚拟世界中,并用身体部位与虚拟世界进行交互,获得一种类似真实世界的感觉。到了 1966 年,第一个头盔式显示器(Helmet Mounted Display,HMD)出现在美国麻省理工学院林肯实验室中。1967 年,北卡罗来纳大学教堂山分校启动了研究力反馈装置的小组项目,这种装置可以通过接口将压力传递给用户,让用户在计算机程序中感受到模拟的力。1968 年,伊万·萨瑟兰在哈佛大学发明了一种头戴式显示器 Sutherland,如图 7.1 所示。

图 7.1　史上第一台 VR 设备 Sensorama(左)和第一款头戴式显示器 Sutherland(右)

　　20 世纪 80 年代初到 20 世纪 80 年代中期,是虚拟现实技术的概念形成和系统化阶段。在此期间,出现了两个代表性的虚拟现实系统,分别是 VIDEO PLACE 系统和 VIEW 系统。1980 年代初,由于坦克编队的战术训练的需要,DARPA(美国国防高级研究计划局)开发了虚拟战场系统 SIMNET。该计划成功地将美国和德国的 200 多个坦克模拟器连接成一个网络,并在此网络中进行模拟作战。进入 20 世纪 80 年代后期,美国国家航空航天局(NASA)和美国国防部在虚拟现实技术上进行了广泛的研究,并取得了引人注目的成果。1984 年,NASA的虚拟行星探测实验室开发了虚拟世界视觉显示器,用于模拟火星表面的立体世界。同年,JaronLanier首次提出了"虚拟现实"这一概念。1985 年,WPAFB 和 Dean Kocian 联合开发了VCASS 飞行系统模拟器,如图 7.2 所示。1986 年,虚拟现实取得了一系列创新成果,其中弗内斯提出了"虚拟工作台"的革命性概念;罗比内特和他的合作者发表了关于虚拟现实系统的早期论文《虚拟环境显示系统》;Jesse Eichenlaub 提出了开发一种全新的 3D 可视化系统的设想,让用户可以看到相同的 3D 世界,而不需要使用笨重的辅助设备,如 3D 眼镜、头部跟踪系统和头盔。1996 年,随着新技术的出现,如立体显示器的出现,这一设想得以实现。

图 7.2　VCASS 飞行系统仿真器

20 世纪 90 年代,虚拟现实技术进入了快速发展和应用阶段。由于计算机硬件技术和软件系统的不断进步,虚拟现实技术也得到了快速的发展。随着大数据技术的不断进步,实时动画制作成了可能。此外,人机交互技术的创新和新型输入/输出设备的出现,为虚拟现实技术的发展奠定了基础。1990 年,虚拟现实技术被定义为包括 3D 图形生成技术、多传感器交互技术和高分辨率显示技术。此外,VPL 公司还开发了第一套传感手套 DataGloves 和第一套头戴式显示器 EyePhones,如图 7.3 所示。

图 7.3　DataGloves(左)和 EyePhoncs(右)

1992 年,Sense8 公司开发出的 VTK 使得虚拟现实技术应用于更高层次。1993 年 11 月,宇航员在虚拟现实系统的帮助下,成功地完成了从航天飞机的货舱中移除一个新的望远镜面板的任务。波音公司使用数百个工作站组成的虚拟世界中有包含 300 万个部件的波音 777 飞机。1996 年 10 月,世界首届虚拟现实技术博览会在英国伦敦开幕,通过互联网,世界各地的人们可以参观该博览会,各式各样的展开可以通过不同角度和距离进行观看。2022 年,加拿大造船公司 Seaspan 将 3D 沉浸式虚拟现实系统引入船舶设计,设计师可以在虚拟现实中实时浏览他们的设计。21 世纪以来,虚拟现实技术在软件开发系统不断完善的基础上高速发展,出现了许多代表性的软件开发系统,如 MultiGen Vega、Open Scene Graph 和 Virtools 等。在游戏领域,虚拟现实技术逐渐找到落地场景,飞利浦、任天堂都是这个领域的先驱,但直到 Oculus 的出现,虚拟现实技术才真正地进入大众视野。从 2016 年开始,随着硬件设备的不断升级和各种基础条件的不断完善,虚拟现实技术迎来了技术的爆发期。2022 年 12 月 2 日,虚拟现实/增强现实入选"智瞻 2023"论坛发布的十项焦点科技名单。图 7.4 展示了 Oculus 和"智瞻 2023"十大焦点科技。

图 7.4　Oculus(左)和"智瞻 2023"十大焦点科技(右)

7.1.3　虚拟现实技术

虚拟现实是由三种技术组成的综合性技术,包括立体显示技术、3D 建模技术和自然交互技术,如图 7.5 所示。

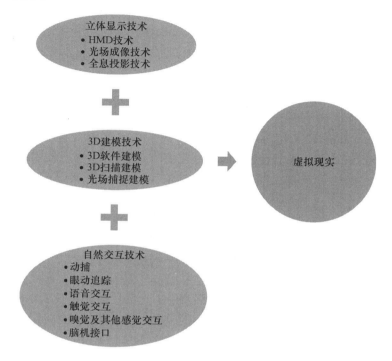

图 7.5　虚拟现实技术

1. 立体显示技术

人类双眼能够生成立体图像的视觉原理是立体显示技术的基础。因此,了解人眼的立体视觉机制和规律对于设计立体显示系统非常必要。为了在虚拟世界中实现立体效果,需要研究视觉为什么能够呈现出立体效果,并使用适当的技术通过显示设备还原立体效果。

HMD 技术:头戴显示技术,即 HMD 技术利用反射,让图像进入人眼成像于视网膜上,制造出近距离观看超大屏幕的效果,同时保持高分辨率。头戴式显示器通常包含两个屏幕,由电脑驱动分别向左眼和右眼提供不同的图像,并通过大脑将两个图像合成,产生深度感知和立体图像。目前市面上主要的 VR 眼镜,如 Oculus Quest、HTC Vive、Sony Playstation VR、3Glasses 和 Pico VR 等,大多采用双显示屏技术。

全息投影技术:全息投影技术主要有两种实现方式,分别是投射式和反射式。不同于传统的三维显示技术,全息投影技术可以通过将光线投射在空气或特殊介质(如玻璃或全息膜)上,呈现出 3D 图像,使观众可以从任意角度观看并获得与现实世界完全相同的视觉效果。当前,各种表演中所使用的全息投影技术需要特殊的介质(如全息膜或玻璃),并需要在舞台上进行精密的光学设置。虽然这种技术在表演中具有绚丽的效果,但成本高昂、操作复杂,并需要专业人员进行操作。

光场成像技术:“光场成像”技术可以被认为是一种“准全息投影”技术。该技术使用螺旋

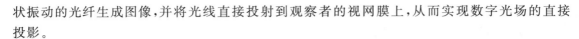

状振动的光纤生成图像,并将光线直接投射到观察者的视网膜上,从而实现数字光场的直接投影。

2. 3D 建模技术

为了给用户创造一个身临其境的虚拟现实体验,需要利用计算机生成一个无中生有的虚拟世界,或者将现实生活中的环境转化为虚拟世界的一部分。通常,利用 3D 建模技术构建这个虚拟世界。目前来说,3D 建模主要通过 3D 软件建模、3D 扫描建模和光场捕捉建模等方式来实现。

3D 软件建模:简单来说,3D 软件建模是使用各种三维设计软件在虚拟三维空间中使用三维数据构建模型的过程。这些模型,也称为 3D 模型,可以使用 3D 渲染技术渲染为二维图像,也可以使用计算机模拟或 3D 打印设备进行构建。除了游戏,3D 软件建模还广泛应用于电影、动画、建筑和工业产品的设计。游戏、电影、动画等领域常用的 3D 设计软件包有 3Ds Max、Maya、zBrush、Cinema4D、Blender、Softimage 等。在建筑和工业产品设计中,最常用的软件是 AutoCAD、Rhino 等。单独使用 3D 软件建模的问题在于,它严重依赖建模者的技能水平,并不总是能够准确地再现真实世界的场景、对象和角色,这很容易导致"恐怖谷"现象的出现。

3D 扫描建模:在建立虚拟现实世界时,除了传统的 3D 建模技术和实景拍摄技术外,还可以运用 3D 扫描技术。这种技术可以快速建模真实的环境、人物和物体,并将实物的立体信息转换成计算机可处理的数字模型。3D 扫描仪是一种利用该技术快速建立数字模型的工具,一般可以分为接触式和非接触式两大类。

光场捕捉建模:Ren Ng 创办的 Lytro 最早采用了光场捕捉建模技术,该技术通过在单个传感器前放置微透镜阵列实现多个视角下画面的采集,但这种方案会导致分辨率大大降低。近年来,一种新的方案被 Facebook Reality Labs、微软 MR 工作室、上海叠境、深圳普罗米修斯和微美全息等公司采用,使用内环抓拍系统(由上百个深度相机组成的多相机阵列)对对象进行全方位拍摄,并通过高速处理的 AI 算法和动态融合的系统实时合成对象的立体模型。使用 3D 扫描或光场捕捉技术可以大大提高 3D 建模效率,减少前期工作量,并实现更真实的效果。需要注意的是,使用 3D 扫描和光场捕捉建模技术所获取的 3D 模型与动作动画仍需使用主流的 3D 设计软件进行后期处理。

3. 自然交互技术

人们对交互方式的需求已经远远超越了传统。因此,模仿人类本能的自然交互技术成了实现完美沉浸感的重要基础。以下几种自然交互技术可以用于实现虚拟现实的完美沉浸感。

动捕:动捕用于捕捉人体的基本动作,包括手势、表情和身体运动等,目的是让场景和人物在虚拟现实世界中实现自然交互。光学动捕和非光学动捕是实现手势识别、表情和动作捕捉的主流技术。光学动捕技术包括主动光学动捕和被动光学动捕,非光学动捕技术包括惯性动捕、机械动捕、电磁动捕和超声波动捕。

眼动追踪:眼动追踪的基本原理是通过使用摄像头捕捉用户的眼部图像,然后利用算法检测、定位和跟踪眼球的运动,从而估算用户的视线方向。通常,眼动追踪有两种技术方法:光谱成像和红外光谱成像。前者需要对虹膜和巩膜之间的边界进行成像,后者则需要对瞳孔边缘进行跟踪。

语音交互:在与现实世界交互时,除了眼神交流、面部表情、手势交互之外,语音交互也是一种重要的方式。语音识别和语义理解两个主要部分组成一个完整的语音交互系统。语音识别涉及特征提取、模式匹配、模型训练三个方面的技术,同时也是多个领域的结合,如信号处理、模式识别、人工智能等领域。

触觉交互:触觉交互技术也被称为"力反馈"(force feedback)技术,已在游戏行业和虚拟培训中得到广泛应用。它通过向用户施加力量、震动等物理反馈,增强用户的沉浸感。触觉交互技术能够在虚拟环境中创造和控制虚拟物体,如远程控制机器人或机械模拟外科医生进行手术的训练。

脑机接口:脑机接口(BCI)是指大脑和电脑之间的直接连接,使二者能够进行直接的交互,有时也被称为意识-机器交互或神经连接。它在人类大脑或动物大脑与外部设备之间建立了直接的通信通道。BCI 可分为单向和双向两种。单向 BCI 实现了信息单向通信,如只允许大脑向电脑发送命令,或者只允许电脑向大脑发送信号。双向 BCI 允许大脑和外部计算机设备之间进行双向通信,如 Synchron 的 Brainlink。Brainlink 可以收集大脑产生的生物电信号,通过感知算法获取用户的精神状态参数,如专注、放松等,从而实现基于脑电波的人机交互,即所谓的"精神控制"。Neuralink 是侵入性技术的代表。该产品通过在大脑中植入微型电极和芯片,收集大脑中 1 500 个点产生的神经信号。Neuralink 使用了一种叫作"神经网"的技术,通过一种特殊的"缝纫机"将厚度只有头发直径十分之一的线程植入大脑。这些线程可以像人类神经一样高速传输各种数据。侵入式技术虽然难度更大,但在获取和传递信息方面更加准确可靠,具有无限的发展潜力。根据马斯克的想法,BCI 设备的短期目标是治疗一些常见的脑部疾病,最终目标是融合人类和人工智能技术,实现更紧密的人机交互。

7.1.4　AI 与虚拟现实

人工智能和虚拟现实都是当前计算机领域的热门话题。它们的结合被视为一种全新的研究方向,也是未来科技发展的趋势之一。这种结合已经呈现出一种融合发展的态势,展现出相互影响的趋势。人工智能和虚拟现实之间有天然的联系,因此它们在交互技术领域的融合尤为明显。在虚拟现实的环境中,人工智能的事物可以进行模拟和训练,人和机器人的行为方式逐渐相同离不开逐渐完备的交互工具和手段。人工智能和虚拟现实的结合在影视作品《太空堡垒卡拉狄加前传:卡布里卡》和《她》中被展示出来。虽然两者的结合方式有所不同,但它们都向我们展示了这种结合的可能性和潜力。图 7.6 所示为《太空堡垒卡拉狄加前传:卡布里卡》中的 Holoband 全息眼镜。

图 7.6　《太空堡垒卡拉狄加前传:卡布里卡》中的 Holoband 全息眼镜

　　人工智能可以为虚拟现实深度赋能,智能运算让机器的运算能力和存储能力远超人类,感知让计算机像人一样自如交流,像人一样能说会看,让机器拥有认知的能力,具备学习推理和决策的能力。人工智能技术是虚拟现实的重要支撑,助力虚拟现实产业的发展。在虚拟现实技术中,实现智能人机交互有三个关键要素:多模感知能力、深度理解能力和多维表达能力。这三个要素决定"听得懂、看得到、触摸得到"的多模感知能力,能让人们在虚拟世界中拥有和现实世界中一样的真实感知,让计算机面对物体、人物与环境能进行理解,甚至可以在理解之后进行多维表达,以完成相关的工作。在多模感知能力方面,语音交互技术可以把听到的语音转变为文件,即使每个人的声音不一样,也能在自然界和虚拟世界中通过语音快速感知。利用语音识别和图文识别技术可以实现对文字的识别和对事物的理解,再加上图像识别技术,可以将语音、肢体语言和面部表情等融合在一起理解。在深度理解能力方面,在由斯坦福大学发起的 SQuAD 挑战赛上,AI 阅读理解的得分已经超过人类:SQuAD 官网显示,RICOH_SRCB_DML 团队提交的 IE-Net 模型,在精确匹配(EM)项目上获得了 90.939 分,在模糊匹配(F1)项目上获得了 93.214 分,刷新了所有其他团队提交的模型的分数,在排行榜上位列第一。而且目前已经有许多模型的成绩都超过了人类在精确匹配项目上的得分(86.831)和模糊匹配项目上的得分(89.452)。图 7.7 所示为 SQuAD 排名(截至 2021 年)。在多维表达能力方面,语音合成技术已经能够进行情感表达:NVIDIA 文本-语音研究团队开发出了更强大、更可控的语音合成模型(如 RAD-TTS),用户能够对它合成的声音的音调、持续时间和强度进行帧级控制,从而提高 AI 语音的情感表达。微软在 2022 年 5 月发布了一个模型 NaturalSpeech,使人工智能技术在语音合成领域首次达到人类水平,生成的语音人耳难分真假。

排名	模型	EM	F1
	人类表现 斯坦福大学 (Rajpurkar & Jia 等人'18)	86.831	89.452
1 2021 年 6 月 4 日	IE-Net (整体) 理光_SRCB_DML	**90.939**	**93.214**
2 2021 年 2 月 21 日	FPNet (集成) 蚂蚁服务智能团队	90.871	93.183
3 2021 年 5 月 16 日	IE-NetV2 (整体) 理光_SRCB_DML	90.860	93.100
4 2020 年 4 月 6 日	艾伯特上的 SA-Net (合奏) 于鑫	90.724	93.011
5 2020 年 5 月 5 日	SA-Net-V2 (整体) 于鑫	90.679	92.948
5 2020 年 4 月 5 日	复古读者 (合奏) 上海交通大学 http://arxiv.org/abs/2001.09694	90.578	92.978
5 2021 年 2 月 5 日	FPNet (集成) 于阳	90.600	92.899
6 2021 年 4 月 18 日	TransNets + SFVerifier + SFEnsembler (集成) Senseforth人工智能研究 https://www.senseforth.ai/	90.487	92.894
6 2020 年 12 月 1 日	EntitySpanFocusV2 (整体) 理光_SRCB_DML	90.521	92.824

图 7.7　SQuAD 排名(截至 2021 年)

7.1.5 AI 虚拟现实的应用

2022 年 7 月,第五届数字中国建设峰会在福州召开。展会现场,福建省广播影视集团通过新奥特旗下图腾视界(广州)数字科技有限公司打造的全景 VR＋AI 虚拟数字人,以全景地图、在线漫游、AI 数字主持人导览解说的方式活泼、快捷、具象化地呈现演播室的功能,结合实景,让观众更加直观地了解福建省广播影视集团的全媒体演播室。AI 数字主持人是通过深度学习算法,将主持人朗读的句子和各类形象表情进行影像采集和智能处理后虚拟生成的,她的形象气质、语音语调、肢体动作跟真人主持人的相似度高达 97％。

中央广播电视总台利用立体视频投影变换、光学运动跟踪、光学空间定位、AI 智能分析自然视频人体运动跟踪等技术,开发出一套不受环境限制的虚拟现实节目制作生产流程。这套流程可以在真人和虚拟场景同屏时使用,也可以在虚拟角色和真实场景同屏时使用。配合立体拼接大屏幕合成渲染的内容生产平台,形成了标准的电视节目制作流程,拍摄现场即节目制作现场,可实时预览,提高了制作效率。这一流程涉及多 LED 屏幕拼接控制渲染子系统、物体空间运动跟踪子系统以及 AI 智能自然视频人体运动跟踪子系统。在 2021 年春节联欢晚会上,中央广播电视总台基于 AI＋VR 制作系统,通过物体空间运动跟踪子系统对摄影机进行机位跟踪。通过北京和香港“云”上联动录制的方式,完成了刘德华、王一博、关晓彤在春晚现场的“同框”演出节目《牛起来》。场景联动和各元素之间的交互,使得《牛起来》的整体视觉内容呈现融合统一,为观众带来了一个科技感十足的春晚创意节目,给他们带来了焕然一新的视觉体验。制作《牛起来》时,AI＋VR 制作系统通过摄像机跟踪系统和 VR 渲染引擎实现了场景的动态透视效果,将虚拟世界与现实空间完美融合。图 7.8 所示为 AI＋VR 系统示意图。

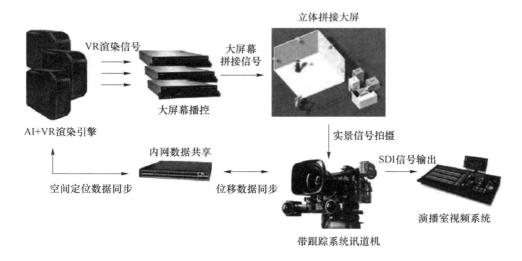

图 7.8 AI＋VR 系统示意图

甘肃省广播电视局无线传输中心设计了两个“VR＋AI”应用场景进行试播和探讨。这些场景包括直播电商以及 AI 试衣间和 AI 换发型。直播电商场景模拟实验中,在直播间中以站姿、坐姿、行走和展示物品等不同活动中进行 3D 扫描全息直播,并与虚拟场景模型结合,通过 VR 眼镜观察模型的逼真度、动作流畅度、虚实融合度和光线追踪效果;观众还可以使用 VR 手柄模拟握手,或使用 VR 手柄拿起同比例的产品 3D 模型,并对其进行观察、移动、旋转等操作。图 7.9 所示为传统直播与立体相机 VR 全息直播对比示意图。AI 试衣间和 AI 换发型则利用 AI 动捕技术进行虚拟试衣间和换发型实验。这项技术可以应用于服装店、理发店等线下实体场景。此外，观众还可以根据个人喜好对主播进行个性化定制，例如，更换主播的外貌、着装、性别、声音、语种和直播间场景等，使节目样式更加智能化。图 7.10 所示为 AI 试衣间和 AI 换发型。

图 7.9　传统直播与立体相机 VR 全息直播对比示意图

(a) AI试衣间　　　　　　　　　　　　　　　　　　(b) AI换发型

图 7.10　AI 试衣间和 AI 换发型

中南民族大学现代教育技术中心提出了一种基于"VR＋AI"模式的创新教育服务平台，旨在加速智慧校园建设，推进教学、管理、服务、校园生活与信息技术深度融合，推动高校内涵式发展。该平台将虚拟现实和人工智能融入高校教育教学的全过程，利用新一代技术的融合创新，包括虚拟现实、人工智能、物联网、云技术和 5G，助力智慧校园建设，实现应用服务体系中的构建虚拟现实系统生态、拓展学习空间、革新教学模式与教育评价方法、创新学校管理与服务方式等目标。该教育服务平台将虚拟现实业务和人工智能进行整合，通过统筹规划校内各类虚拟业务系统，包括访问入口、基础运行环境、硬件接口、软件开发接口、数据对接标准和安全访问策略等，以提升高校虚拟业务构建和模块整合的能力。同时，该平台以人工智能作为智能支撑手段，不断渗透和融合各虚拟仿真系统，并针对各类虚拟仿真场景构建认知模型、知识模型、情境模型,实现集交流、协作、分享和探究于一体。通过构建实体物理空间对应的虚拟空间,打破物理空间和虚拟空间的边界,实现线上与线下空间的融合,学习者能自主地穿梭于物理或虚拟的学习空间参加教学、科研及日常活动。学校能对线上和线下学习空间进行统一设计和规划,根据不同的学习空间设计不同的学习目标、内容和活动,使学习空间变得更加多元化、多样化、个性化和智能化,以满足不同的学习和教学业务的需求,从而提高学校的教学质量和服务水平。

7.1.6　AI 虚拟现实的畅想

众所周知,互联网,尤其是移动互联网极大地改变了人类的行为模式。Facebook 创始人马克·扎克伯格曾在 2016 年巴塞罗那 MWC 上发表主题演讲,称虚拟现实将成为下一代社交工具。随着科技的进步,未来的人们可能会花费许多时间在虚拟现实和人工智能上。可以预见,在未来几十年,虚拟现实技术和人工智能技术将为科学界打开"超写实主义大门",引领下一波技术革命。虚拟现实和人工智能技术与传统产业的结合,预示着一个新时代的到来。

虚拟现实在许多科幻小说和科幻影视作品中也有所提及,甚至有些作品就是基于虚拟现实的。科幻作品在很大程度上预言了人们未来的生活中某些技术的应用,所以各种科幻作品中虚拟现实加人工智能的应用是非常具有参考意义的。

在电影《盗梦空间》中,造梦者分享了使用诱梦药物和分享梦境设备创造的梦境场景。在现实生活中,科学家已经开发了一些技术来读取他人的想法,如磁共振成像(MRI)。加州大学伯克利分校的神经科学家杰克·加兰特(Jack Gallant)使用核磁共振技术来模拟实验对象大脑的视觉,从而计算出大脑活动的影像。日本先进通信研究所的计算神经科学实验室开发了另一项技术,通过分析大脑视觉皮层的血液流动,可以再现实验对象观察到的黑白图像。

对于读过《三体》小说的人来说,一定了解这本小说中所呈现的三体游戏,该游戏支持所谓的 V 装具(虚拟现实设备)。如图 7.11 所示,小说中的 V 装具由头盔和感应服构成,感应服能让玩家在游戏中感受到和现实相同的各种真实感觉,如冷热、触觉,从而体会寒风或炎热的气流通过皮肤等各种各样的感觉,而游戏的画面则是在头戴显示器中以全视角的方式进行呈现的。目前,数据衣、数据手套等人机交互设备的发展还远远落后于虚拟现实技术的发展。此外,游戏《三体》中提到的感觉如冷热、触觉等效果还没有实现。但随着虚拟现实各项技术的不断发展,不断创新,尤其是交互技术的发展,我们有理由相信最终能够实现达到真实世界的游戏体验,甚至超越小说中所描述的游戏体验。

图 7.11　《三体》电视剧拍摄时使用的"V 装具"

《黑客帝国》这部电影完美诠释了"缸中之脑"。在电影《黑客帝国》中,生活在虚拟世界中的人们毫不知情,他们的一切感知和体验都被机器所控制和操纵,直到主角尼奥揭示了真相。这个虚拟世界的技术前提是实现了真正的脑机接口,人类的思想可以与数字世界无缝连接。尽管当前距离实现这个想法还很遥远,但我们相信随着技术的不断进步,这样的技术有望在未来的某一天成为现实。

　　《安德的游戏》是一部著名的科幻小说,讲述了人类组建星际舰队对抗外星种族的故事。为了应对外星种族的破坏性攻击,新一代指挥官接受了训练。这些年轻人在轨道空间站接受严格的模拟训练和比赛,只有一个人能成为领导者。主人公安德·维金在学生中脱颖而出,得到了晋升。他带领他的团队在模拟战斗中与虚拟敌人作战,并精心准备对外星种族的最终攻击。最终,安德和他的团队以几乎整个舰队的代价摧毁了昆虫星球,并赢得了"最后的考验"。然而,他们意识到这不是一场游戏,而是一场真正的战争。另外三部电影《明日边缘》《源代码》《全面回忆》探索了一个概念:通过电脑模拟真实战争,并将虚拟现实技术作为一种新型的人机交互技术,可以最大限度地减少训练过程中的伤亡,使训练更加接近实战。当前,世界各国也正在积极开发用于单兵训练、战术演习和战场指挥等的虚拟现实军事模拟系统。

　　未来世界中,虚拟现实技术和网络游戏完美结合,电影《头号玩家》的故事就是发生在这样的背景下。由游戏公司"绿洲"打造的虚拟世界成了人们的避世港湾,使用虚拟现实眼镜,人们能够完全沉浸在这个虚拟的世界中。公司的创始人哈利迪成为全球首富,但是他在遗嘱中留下的游戏彩蛋的谜题引发了一场风波:如果有玩家能够找到这个彩蛋,就可以接管公司成为新的首富,这启动了一场财富追逐的游戏,玩家们纷纷加入其中。在电影中,绿洲已经成了人们生活的一部分,使用的设备包括 VR 眼镜、交互设备和触感服等,这些设备和《三体》中的 V 装具非常相似。著名导演斯皮尔伯格在执导《头号玩家》时还采用了虚拟现实的拍摄技术。

7.1.7　习题

　　1. 什么是虚拟现实? 最早出现在哪?
　　2. 虚拟现实的几个特点分别是什么?
　　3. 虚拟现实的发展分为几个阶段? 分别是哪些阶段?
　　4. 虚拟现实和人工智能之间有什么区别和联系?
　　5. 结合 AI 虚拟现实的应用和科幻作品对 AI 虚拟现实的畅想,谈谈你对 AI 虚拟现实的看法,说一说 AI 虚拟现实的其他应用领域。

7.2　AI 数字孪生

7.2.1　什么是数字孪生

　　随着物联网和人工智能技术的不断进步,数字孪生技术也在不断发展和扩展应用。数字孪生技术的使能技术主要分为三类:实现物理实体的普遍连接和数据采集,支持实时采集和高可靠性数据承载,为构建物理世界到虚拟世界的映射和两个世界的实时互动打下基础。处理和分析方法,以及便捷、成本可行的存储和算力资源,通过基于人工智能的仿真模拟不断优化数字孪生模型的参数设置和策略,提高数字孪生的实时决策和响应能力。

　　交互技术是数字孪生技术的关键组成部分,包括灵境技术(如增强现实和全息技术)、增强现实技术可以通过在实际场景中添加虚拟元素,让使用者可以更加生动地体验数字孪生模型。

机器人技术和通用开放接口也可以为数字孪生提供更加便捷和智能的交互方式。

7.2.2 AI＋数字孪生具体实现场景

1. 打造 AI 赋能的风险监测预警平台

通过多维感知各类前端数据采集信息(如液位、温度、压力、储量、视频监控实时高清视频等),结合人工智能视频和数据分析算法,可以构建对危化品企业重点装置、重大危险源及企业整体环境的总体态势感知。这个风险监测预警平台可以全面感知和监测企业的风险,提供全维解析、全局感知、全程交互和多类型业务数据适用的重点防控和实时监测。同时,基于企业安全生产各类数据的智能化模型分析,该平台可以对企业当前安全生产动态风险进行分析,并预测未来一段时间内企业的风险趋势。通过掌握企业的精准风险画像,可以洞察企业的安全风险因素,如人员的不安全行为特征、危险物体的不安全状态特征和企业安全管理机制不完善等。基于这些分析结果,推动企业进行自我整改,重视风险防范,压实企业主体责任。

人工智能技术在公共安全领域得到广泛应用,但对于许多化工企业来说,安全生产中的伤害和风险预防仍然是人工智能机器学习技术中的一个盲区。因此,填补这一技术空白对于智慧化工园区的建设非常重要。利用人工智能视频深度学习算法形成的视频行为分析功能,可以设计构造基于人的行为特征算法,用以预防安全生产中由于人的操作异常行为导致的安全风险。视频 AI 分析长尾算法可用于监控危化品企业防爆区域的人员抽烟行为、特殊作业的作业区域环境和人员的防护措施是否到位、高危装置和作业区是否按规定作业等。

通过在重点作业区域部署智能高清视频设备,结合前置视频 AI 分析芯片和后端视频 AI 算法的人工智能计算,可以识别企业重点人员的作业行为、时间、习惯和特征动作。通过定义对应的危险作业行为、位置和特征,可以进一步识别作业操作步骤。例如,对于加油站油罐车卸油的长尾连续算法,需要识别是否有放置消防气瓶、是否有对接油管等特征。视频 AI 算法可以与企业装置开停车信号进行联动,当识别到违规或危险作业动作时,如无防护施工、离岗脱岗、抽烟等特征和行为动作,自动触发告警、装置连锁停车,从而防范和化解重大事故的发生。

2. 建立化工园区数字孪生安全风险智能化管控平台

搭建数字孪生底座,为化工园区提供二三维地图采集和管理服务,支持 GIS 数据整合和空间分析。该底座可支持主流 GIS 平台数据与服务的整合,以及二次开发,提供丰富的开发实例,快速构建定制化的二三维 GIS 应用,为各部门的 GIS 应用提供平台支撑。平台实现了数据模型、场景构建、空间分析和软件形态的一体化,同时实现了二维与三维、地上与地下、室内与室外、宏观与微观的一体化。

该数据可视化引擎的核心技术在于大数据 GIS 可视化,支持多种数据类型的处理和分析,如地理空间数据、时空大数据、物联网感知数据、互联网数据以及视频数据等。通过对数据进行清洗、分析挖掘和 GIS 空间化,可以形成有价值的数据结果。在数据场景化应用中,可以通过二维 GIS、三维 GIS、数据驾驶舱等方式来展示数据结果。

数字孪生技术在化工园区应用中,将多种模型数据进行融合处理,实现园区企业的三维全景展示,并通过实景视频融合的三维地图引擎,将监控视频无缝融合到三维模型场景中。数字孪生技术还可提供化工园区基础设备及部件的虚拟复刻模型,形成专题图层,助力智慧化工园区的各类业务管理。

3. 在数据中心能耗优化中的应用

数字孪生技术可以将真实系统的状态映射到数字模型中,有效地预测系统运行状态,从而为大量参数匹配和机器学习提供可能。深度强化学习是目前应用最广泛的机器学习方法之一,需要大量运行数据进行训练,数据量越大,机器学习模型越准确。针对不同的数据中心,可以设置不同的输入和输出变量,其中输入变量通常包括表征系统实时负载的变量、表征冷却系统运行的控制变量和表征环境的变量。输出变量可以设定为 PUE 值最低,约束为 IT 设备进风温度不超过某个设定值。通过大量的运行样本数据,DRL 可以建立相应的数学模型,然后根据输出变量目标值和约束条件进行最优化,获得最佳的控制变量数值。最终,通过能耗优化控制策略软件,实现节能的目标。

7.2.3　AI＋数字孪生的演进

1. 人工智能在数字孪生中的应用

数字孪生利用知识机理和数字化技术创建数字模型,将物理世界的数据转换为通用数据,并借助 AR/VR/MR/GIS 等技术实现物理实体在数字世界的完整呈现。借助人工智能、大数据和云计算等技术,数字孪生可以进行描述、诊断、预警、预测和智能决策等应用,推动各行业数字化转型。在这一过程中,人工智能作为数字孪生生态系统的底层关键技术之一,主要用于处理海量数据和优化系统,从而使数字孪生生态系统能够智能运行,成为其中枢大脑。

中国电子技术标准化研究院的分析表明,数字孪生生态系统包括基础支撑层、数据互动层、模型构建与仿真分析层、共性应用层以及行业应用层等多个层面。人工智能技术主要应用于仿真分析层,该层面需要解决如何在大量数据中高效挖掘和提炼有价值的信息的问题。数字孪生信息分析技术通过结合 AI 智能计算模型、算法和可视化技术,实现对物理实体运行指标的监测和可视化,模型算法的自动化运行以及对未来发展的在线预演,从而优化物理实体的运行效率。数字孪生技术的典型特征如图 7.12 所示。

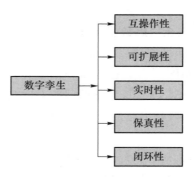

图 7.12　数字孪生技术的典型特征

2. AI＋数字孪生的演进

冯升华在他的论文《数字孪生与 AI 技术的融合应用》中提出,数字孪生时代的认识和改造世界的手段可以分为三种方式:通过身体和五官直接感受客观世界,通过工具(如传感器和测量仪器)以数据化的方式表达客观世界,以及借助计算机通过建模的方式表达和认知客观世界。在这个计算机和技术的虚拟孪生世界中,发展经历了四个阶段:几何外观虚拟孪生、多学科多专业虚拟孪生、全生命周期虚拟孪生和多尺度上下文虚拟孪生。人工智能作为数字孪生生态的重要组成部分,与数字孪生在这四个阶段中的发展息息相关。AI+数字孪生的演进如图 7.3 所示。

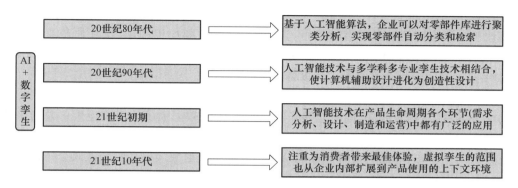

图 7.13 AI+数字孪生的演进

20 世纪 80 年代,以 CATI 为代表的三维设计软件的问世,将产品设计从二维升级到三维,带来了"所见即所得"的技术,使得产品的尺寸、材质和外观可以更逼真地呈现出来。在这一阶段,虚拟孪生集中在产品的几何外观方面。基于人工智能算法,企业可以对其零部件库进行聚类分析,实现零部件自动分类和检索,从而提高零部件的标准化水平,降低维护成本和采购成本,最终提升产品的质量。

20 世纪 90 年代,数字样机的出现将产品设计推向了一个新的阶段。数字样机不仅可以表达产品的几何外观,还可以表达产品内部的多学科多专业知识。因此,虚拟孪生进化为多学科多专业孪生。通过结合人工智能技术和多学科多专业孪生技术,计算机辅助设计逐渐发展为创造性设计,也被称为生成式设计或认知增强设计。通过人工智能算法选择最佳的设计结果和生产方式,可以在零部件设计、整机设计以及制造方法等方面进行优化。

20 世纪 90 年代末期,产品全生命周期管理概念被引入。21 世纪初期,人工智能技术在产品生命周期的各个环节中广泛应用。在需求分析阶段,利用网络爬虫技术从各种论坛中获取用户反馈,借助语义分析和数据挖掘技术定义市场需求。在设计阶段,通过聚类分析企业零部件库以提升零部件的重复使用率,应用认知增强设计技术缩短设计周期。在制造和运营阶段,结合供应链优化、车间物流优化和 APS 等人工智能技术,提高生产效率和降低成本。

21 世纪 10 年代,虚拟孪生的应用范围进一步扩展,不仅应用于产品设计和制造的过程,还应用于产品的使用和服务环节。这就要求虚拟孪生对产品使用的上下文环境进行建模和仿真,以便更好地理解消费者的需求和体验。以汽车为例,虚拟孪生可以模拟不同的驾驶场景,包括道路、交通、天气等因素,帮助汽车制造商优化汽车的设计和性能,以满足消费者的需求和期望。同时,虚拟孪生还可以支持汽车的智能化和互联化,如通过模拟车辆与其他智能设备和系统的互动,来优化汽车的功能和性能,提供更好的使用体验。

7.2.4 AI+数字孪生的应用

人工智能技术可以通过自动执行数据准备、分析和融合来深度挖掘数字孪生数据中的知识,从而生成各种类型的服务。数字孪生与人工智能技术的融合,可以大大提高数据价值、服务响应能力和准确性,并在各个垂直行业中发挥作用。

由于数字孪生技术在智能制造领域被证明具有高效、低成本的优势,数字孪生的技术应用逐步从智能制造向各个领域渗透,众多企业也已在尝试利用数字孪生促进产品全生命周期管理,为远程操控、智慧城市管理、健康监测与管理等方面提供了更多可能。作为数字化发展的高级阶段,数字孪生将向综合企业数字化、信息化、智能化发展历程融合推进。

商业服务及流通领域将是 AI+数字孪生的下一个主要应用领域,与其他产业相比,商业服务及流通领域具备整体数据化程度较高、生产效率直接影响产出的特征,这意味着加大 AI+数字孪生技术应用力度将最大程度体现"降本增效"。

赵宁教授认为,在物流领域,数字孪生技术是进行科研和创新的理想工具。帮助物流企业优化物流方案、提高物流效率,同时能够降低物流系统的成本,提高运营安全性。总的来说,数字孪生技术在物流领域有着广阔的应用前景。

在过去的十年中,商品零售行业已经从集中式商贸流通模式演变为分散式个体流通模式,数字化水平相对较高。然而,当前在线零售平台和商品生产企业的数字模型仅关注销售和交易环节,缺乏商品 3D 生成建模以及消费者使用数据反馈至生产环节的功能,也很少考虑商品规划和运维这两个在商品生命周期中占比较大的环节。

随着 5G 技术的成熟和商品物联网的普及,以商品为核心的商业运营和消费者数据将成为生产企业和电商平台的新趋势。这将使原本依赖于传统信息反馈的现场任务(如售后客服、QA/QC、商品设计和生产规划等)直接数字化,大幅提高了效率和准确性,为下一步生产提供指引。在这一趋势中,数字孪生技术也将发挥重要作用。例如,家居电商平台如宜家、亚马逊和 Wayfair 早在三年前就开始采用数字孪生技术来补充传统的图文商品介绍了。亚马逊 Showroom 平台允许消费者将在售家具的 3D 图像放入虚拟房间中,帮助消费者了解商品的真实外观,从而直接提高销量;而 IKEA Studio 平台允许用户定制整个房间,满足用户个性化在线购物的需求,同时直接降低退货成本。与此同时,大量的用户体验数据也可以为设计师提供指引,使新品更贴近用户需求,更贴近市场需求。

影谱 MADT 以商品为数字资产,提供实时 3D+AI 工具,围绕商品供给体系实现全生命周期(从设计到生产到零售流通)数字化。借助影谱科技的 AI 实时 3D 数字孪生引擎,现在实时设计已经可以商品化,并且成本将进一步降低。随着硬件的成熟,特别是 VR 技术的发展,这些实时设计工具将更加易用,门槛也会降低,商品规划设计师只需要简单操作即可连接设计工具和实时引擎。

MADT 技术包括实时 3D 成像、3D 视觉生成和人机交互等核心组件,这些技术可以互相结合,快速建立物品及服务的模型、行为和交互,除了数字零售,还可以应用于智能家居、智慧传媒、教育培训等商业服务领域。它支持实时传输和渲染模型数据、传感器数据或点云效果。此外,它还能在多个平台上以 AR/VR/MR 的形式进行交互,实现数字孪生。

随着技术的不断发展和更新,数字孪生应用将变得越来越流行,让更多的产业可以将数字孪生应用到他们的生产中。可以预测,未来产业将朝着数字孪生开发平台的方向发展;企业可以整合来自不同系统的数据,通过一个统一的交互式可视化界面操作商品的整个生命周期,支持业务流程的可视化查看和交互,从而获得全新的商业洞察。AI+数字孪生的应用领域如图 7.14 所示。

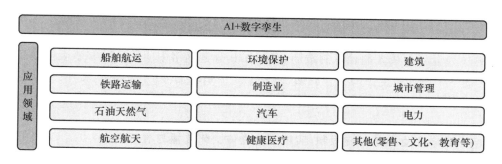

图 7.14　AI＋数字孪生的应用领域

7.2.5　应用场景

数字孪生的概念和形态不断扩展,形成多维动态管理模式和解决方案,对零售、教育、传媒等领域也产生了深刻的影响。《数字经济新型基础设施研究》课题指出,技术和产业之间的融合越来越紧密,数字孪生正与人工智能深度结合,促进了新的数字市场和形态的孕育。

1. AI＋数字孪生弥补零售行业线上与线下鸿沟,打造可触摸的交互式生态环境

AI＋数字孪生对零售业的影响将体现在人、货、场三个方面,即消费者、门店以及供应链,从而将整个零售业变成一个可触摸的交互式生态环境。

数字孪生技术在消费者方面的应用是将实体世界中的商品和场景转化为数字化的模型,使得购物体验可以无缝地从线下转移到线上,消除了实体店和网店之间的差距。数字孪生技术可以实现商品快速建模、场景识别、互动娱乐等,对零售行业的数字化转型起到了重要的作用。

疫情防控期间,3D 视频营销活动因为支持面对面互动在亚马逊平台上引起极大关注,促使更多零售商引入亚马逊平台的在线虚拟店铺功能 Amazon Sumerian,支持零售经营者创建 3D 前端体验和 3D 商品。

在疫情防控期间,亚马逊平台上推出的支持面对面互动的 3D 视频营销活动受到了广泛关注,这促使越来越多的零售商引入 Amazon Sumerian 在线虚拟店铺功能,以创建 3D 前端体验和 3D 商品。同时,影谱科技也推出了创新的 AI＋数字孪生商业方案,使用其独特的 AI 自动生成技术,允许零售企业将商品和角色置于数字"场景"中,通过 AI＋数字孪生引擎 MADT 快速自动化生成 3D 模型或完整的 3D 虚拟视频,并可创建包括商品在内的完整 3D 数字商店。

AI＋数字孪生商业方案在门店运营方面的实践意义在于,以帮助门店经营管理者提高对市场趋势变化的敏感度,从而为经营决策提供科学依据。这种技术可以帮助门店管理者更好地了解客户需求,优化产品展示和销售策略,提高门店的盈利能力和竞争力。

据北京科技大学教授赵宁的分析,京东物流也提出,在传统的供应链管理理论框架下,无论是最佳订货批量模型,还是最优补货提前期模型,都基于各个参与方自身利润最大化的决策。尽管可以通过供应链综合计划、协作计划、预测与补货等方式尽可能地消除供应链中的"牛鞭效应",但依旧存在供应链全链条利润厚此薄彼的零和博弈现象。而这些问题在数字供应链孪生中都将得到解决。

数字孪生供应链是基于数字孪生技术的一种新型供应链系统,它结合了预测技术(如时间序列、机器学习)和决策工具(如人工智能、运筹优化),形成了基于数字孪生的决策支持系统,能够有效解决传统供应链中的响应速度和成本瓶颈,拉动上下游,提高供应链的效率并降低成本。

SKF作为世界上最大的轴承制造商,已经在其分销网络中应用了数字孪生模型。这个模型包含了800个库存量单位的重要数据,涵盖了5个系统的40个安装单元,使得供应链管理人员能够使用数字孪生技术进行全球范围内的供应链管理决策,并通过可视化和完整视图来实现。

2. AI＋数字孪生突破传统限制,实现三维立体文化传播与展示

(1)传媒领域

AI＋数字孪生在传媒领域的应用将传播媒介从声音、二维图像及动画上升至三维立体层面。

根据学者谭雪芳的研究,面对面交流是传播的理想形式,而媒介演进史也表明媒介的发展趋势是延伸时空和恢复面对面传播的元素。同时,国家广播电视总局在2020年12月发布了《广播电视技术迭代实施方案(2020—2022年)》,其中明确提出推进融合媒体内容生产的智慧化和便捷化,以提高媒体内容生产效率和时效性。该方案包括具体的实施措施,如推广人工智能技术在内容制作、智能剪辑等方面的应用,建立智能剪辑训练资源库,以及逐步将虚拟主播、动画手语等技术应用于新闻、综艺、气象、科教等节目中。

数字孪生技术在传媒领域得到了成功的应用,如新华社的"分身主播"。

2020年7月,央视网体育与影谱科技联合打造的国内首位体育虚拟主播既可以实时广播CBA,又可以与用户互动、主持赛事竞答;辅助真人主播工作任务之余,还可独立完成更多富有创造性的深度专题报道。

此外,2020年热播的芒果TV《乘风破浪的姐姐》综艺节目中,影谱科技作为其视觉技术独家合作伙伴,通过AI影像自动生产引擎,有效助力了该节目的商业化触达,通过深度融合智慧广电,实现了内容与商业的平衡发展。更多的场景表现在智能化、自动化的视频内容生产,影谱科技作为国内领先的智能视频生成技术服务商,提供的产品及服务更为多元化和场景化。

(2)物质文化遗产

数字孪生在物质文化遗产中的应用主要在于更好地保护、传承和开发物质文化遗产。

根据一篇关于"数字孪生技术在物质文化遗产数字化建设中应用"的文章,目前数字模型在物质文化遗产数字化方面已经相当成熟,但数字化加工、处理和服务过程中的数据管理问题变得越来越突出。尤其是在需要减少对遗产原址的使用和损坏、遗产数据来源和数据量剧增,以及遗产相关数据类型的日益复杂化的情况下,如何有效地管理和融合多源异构的相关数据,实现物质文化遗产数字化全生命周期过程中遗产保护和开发利用的完美统一,以及对数字化保护和开发利用过程中各种行为进行优化决策,已经成为一个重要问题。数字孪生技术则是解决这个问题的有效技术和方法之一。

首先,数字孪生可以优化、分析、决策和预测数字化建设过程,提出遗产保护与开发利用的最佳策略与方法。其次,数字孪生可以实现虚拟信息空间对物理实体进行镜像映射过程的高效协作,监测遗产行为、状态与活动全生命周期过程,推动遗产保护与开发利用的创新。最后,数字孪生可以为遗产数据化建设所涉及的数据资源提供数据支撑,并以此为遗产数字孪生体系管理与服务的构建、优化、改进和监测提供重要支持。助力传统工艺振兴和文化遗产保护传承,带来新科技视角下的非遗传承与发展模式。

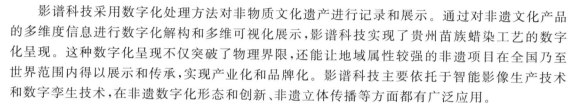

　　影谱科技采用数字化处理方法对非物质文化遗产进行记录和展示。通过对非遗文化产品的多维度信息进行数字化解构和多维可视化展示,影谱科技实现了贵州苗族蜡染工艺的数字化呈现。这种数字化呈现不仅突破了物理界限,还能让地域属性较强的非遗项目在全国乃至世界范围内得以展示和传承,实现产业化和品牌化。影谱科技主要依托于智能影像生产技术和数字孪生技术,在非遗数字化形态和创新、非遗立体传播等方面都有广泛应用。

3. 实现教育信息化 2.0 环境下的全周期、全数据、全空间和全要素的学习

　　随着教育信息化进入 2.0 时代,信息技术将在教育领域产生更深远的影响。张枝实的《数字孪生技术的教育应用研究》指出,数字孪生技术能够解决当前大数据技术和物联网技术发展的瓶颈和问题,结合人工智能技术,利用已有教育理论和学习方法构建虚拟模型,通过仿真技术探讨和预测未来,寻找更优的方法和途径,从而实现教育信息化 2.0 环境下全周期、全数据、全空间和全要素的学习,为教育创新和发展提供新的思路和方案。

　　整体来看,AI＋数字孪生技术从微观、中观和宏观三个层面影响了教育领域。在微观层面,在教育信息化 2.0 环境下,个性化学习需求将得到回应,知识和经验将以非结构化的具象化信息的形式进行跨媒介传递,帮助学生解决应用问题。在中观层面,通过创建孪生画像,打通软硬环境数据的壁垒,教育资源将被激活并促进知识的传递和流通。在宏观层面,教育系统将成为孪生城市的重要网格和数据节点,适应信息化发展的趋势。

　　国内教育领域已应用数字孪生技术,如影谱科技的数字孪生课堂。这个虚拟环境可以让学生和老师远程交互式学习,利用先进技术和解决方案推动线上线下教育融合,促进教育数字化升级,如利用 AI 影像技术,实现智能多元化授课和数字化场景教学等功能,同时也为 AI 产业的发展带来新的机遇。

4. AI＋数字孪生反映实体建筑的全生命周期过程

　　数字孪生建筑技术是一种将数字孪生技术应用于建筑领域的新兴技术,它利用传感器和模拟技术对实体建筑进行全方位数据采集和仿真模拟,实现了对建筑全生命周期的模拟和预测。

　　数字孪生建筑的应用场景可以分为三个阶段:规划设计、建设实施和运营维护。在规划设计阶段,数字孪生建筑可以进行场地、空间、功能、设施等方面的分析,并构建相应的信息模型。在建设实施阶段,数字孪生建筑可以帮助进行施工策划、造价控制、进度管理和施工模拟等工作。在运营维护阶段,数字孪生建筑可以进行物业管理、能源监控、安全应急、模型维护和模型互联等方面的工作。

7.2.6　习题

1. 结合数字孪生应用场景,总结 AI＋数字孪生技术特点。
2. 比较数字孪生和模拟之间的区别和联系。
3. 查找资料,列举 5 个 AI＋数字孪生具体应用场景。
4. 总结数字孪生的优点和局限。
5. 基于目前的研究现状,分析未来数字孪生的发展前景。

7.3　AI 增强现实

7.3.1　增强现实技术介绍

增强现实（Augmented Reality，AR）是一项革命性的技术，它能够将虚拟信息与现实世界融为一体，从而实现对真实世界的增强。与传统的计算机图形技术不同，AR 技术不是简单地创建虚拟世界，而是将虚拟信息融合到现实世界中，从而创造出一种全新的沉浸式体验。AR 技术的三个关键特征是虚实结合、实时交互和三维注册，这些特征可以为用户提供更加丰富的信息、增强视觉效果和交互体验，提高用户的体验和参与度。AR 技术在 2000 年首次应用于室外游戏 ARQuake 中，接着谷歌眼镜于 2012 年推出，掀起了新一轮的 AR 热潮。如今，AR 技术已经广泛应用于零售和广告、游戏和娱乐、旅游、建筑和设计等领域，对这些领域产生了深远的影响。AR 技术可以为用户提供更加丰富的信息、增强视觉效果和交互体验，是备受欢迎并且前景广阔的技术。

7.3.2　增强现实技术原理

AR 技术是一种将虚拟信息与真实世界相结合的技术，利用三维注册、虚拟现实融合显示和人机交互等技术实现。其核心是三维注册，可以将虚拟对象与真实环境无缝匹配。图 7.15 所示为一个典型的 AR 系统结构，由传感器、处理器、显示设备、软件和云服务等多个组成部分构成，这些组件相互协作，以提供逼真、交互和个性化的 AR 体验。传感器是 AR 系统的核心组件之一，它们可以通过扫描现实世界的物体、环境和场景来捕捉数据，如图像、音频、位置、加速度和方向等信息。处理器负责处理传感器收集到的数据，并将其转换为数字化的信息，以便设备识别和理解周围环境。显示设备作为 AR 系统的输出设备，可以在用户的视野中呈现虚拟的图像、文字和视频等内容。软件是 AR 系统的重要组成部分，它通过算法、计算机视觉和机器学习等技术来处理传感器数据，并在显示器上呈现出逼真的虚拟场景。最后，云服务可以提供对 AR 应用程序的支持和增强功能，如对象识别、语音识别和机器翻译等高级功能，以增强 AR 应用程序的能力和性能。

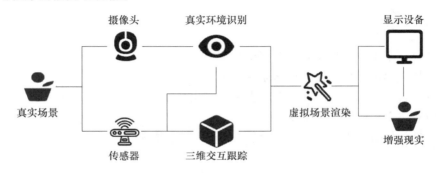

图 7.15　AR 系统架构

1．跟踪注册技术

增强现实技术的核心是将虚拟世界与现实世界相结合。为了实现这个目标,需要使用一系列的跟踪和识别技术来保持虚拟世界和现实世界的对齐。这些技术包括图像匹配和识别以及语义检测和识别。另外,三维注册是确定虚拟物体在真实世界中位置的过程,通过使用相机跟踪技术实现。

利用计算机视觉等方法确定对象相对于空间的位姿,以便将虚拟场景正确地注册到它应在的位置上,确定相对位姿的过程通常称为对象跟踪。在 AR 技术中,对象跟踪被广泛应用。对象跟踪分为基于硬件的定位技术和基于视觉的定位技术两种。其中,视觉跟踪定位技术是主流,这种技术使用计算机视觉技术跟踪相机和物体的运动,从而确定虚拟物体的位置和方向。

当前,AR 技术研发领域的关键是在三维场景中真正认识动态对象。这需利用"即时定位与地图构建"(Simultaneously Localization And Mapping,SLAM)的技术,该技术在无人汽车、无人机和机器人等应用领域中的发展起着核心作用。而目前,尤其在 AR 领域,主要依赖视觉SLAM,其他传感器作为辅助。

标准的视觉 SLAM 问题可以被描述为:将机器人置于陌生环境中,机器人需要解决"在哪里"的问题,即对相机的定位(localization)和需要建立的地图(mapping)进行构建。机器人通过使用单目或多目相机,在移动过程中实时对环境进行理解(建图),同时确定相机在所建地图中的位置(定位)。换言之,机器人在移动过程中通过相机捕获图像,并通过将所观察到的环境元素连接起来构建地图,同时在地图中跟踪机器人的轨迹。这个过程需要使用许多关键技术,如特征提取和匹配、位姿估计、地图构建和优化等。

牛津大学的 Davison 等人在 2007 年开发了 MonoSLAM,这是第一个单目视觉 SLAM 系统。2015 年,Mur-Artal 等人提出了 ORB-SLAM,基于特征点的单相机视觉 SLAM 系统。他们在此基础上推出了 ORB-SLAM2,支持单目、双目和深度相机,在众多视觉 SLAM 系统中表现较好。

从三维重建的方法和结果,SLAM 大致可以分为稠密、稀疏和半稠密三类。

稠密 SLAM:稠密 SLAM 对相机获取到的全部信息进行三维重建。换句话说,就是对看见的空间上的每一个点计算出它到相机的方位和距离,或者知道它在物理空间的位置。在 AR 相关的工作里影响力较大的有 DTAM 和 KinectFusion,前者是纯视觉的,后者则使用了深度相机。由于需要对几乎所有采集到的像素进行方位计算,因此稠密 SLAM 的计算量较大。

稀疏 SLAM:稀疏 SLAM 的三维输出是一系列三维点云,比如三维立方体的角点。相对于实心的三维世界(比如立方体的面和中腹),点云所提供的对于三维环境的重建是稀疏的。和稠密 SLAM 相比,稀疏 SLAM 关心的点数低了整整两个维度(从面到点),计算量小很多。目前流行的稀疏 SLAM 大多是基于 PTAM 框架的一些变种,比如最近被热捧的 ORB-SLAM。

半稠密 SLAM:顾名思义,半稠密 SLAM 的输出密度在上述二者之间,但其实也没有严格的界定。半稠密 SLAM 最近的代表是 LSD-SLAM,不过在 AR 中的应用,其目前没有稀疏SLAM 热门。

2．显示技术

增强现实技术通过将虚拟物体与现实世界相结合来增强人类感知能力,其中显示技术是实现 AR 的重要组成部分。下面介绍几种常见的 AR 显示技术。

反射型头戴式显示器是一种将显示屏放在头盔上,通过镜片将图像反射到观察者眼睛中的显示设备。这种设备可以提供更加真实的 AR 体验,因为它不会阻碍用户的视线,但是它的缺点是体积较大,使用时需要额外的电源和计算资源。

透明型头戴式显示器是将显示屏放在头戴式显示器上,但与反射型头戴式显示器不同的是,它使用透明材料作为显示屏,通过将图像投射到透明材料上来显示虚拟物体。这种显示技术的优点是体积相对较小,使用户可以看到现实世界和虚拟世界的叠加效果;缺点是透明材料存在质量和成本问题,以及可能会影响用户的视线。

手持式设备,如智能手机或平板电脑,可以通过 AR 应用程序显示虚拟物体。这种技术的优点是设备轻便易携带,并且很多人都已经拥有这样的设备;缺点是它不能提供与头戴式显示器相同的沉浸式 AR 体验,而且可能影响用户的手部操作。

投影显示是一种 AR 显示技术,它将虚拟物体投射到真实世界中,从而使用户能够与其交互。这种技术的优点是将用户从佩戴设备的负担中解放出来,而且可以在大型户外场所中使用。但是,它的缺点是投影质量可能会受到周围环境的影响,如光线和反射等。

综上所述,AR 显示技术的选择取决于具体应用场景和用户需求。每种技术都有其优点和缺点,AR 开发者需要根据实际需求选择最适合的技术。

3. 人机交互

AR 的人机交互是用户与虚拟场景的交互方式,可以是语音、手势、触摸等多种形式。AR 技术不仅要求实现高质量的虚拟场景生成,还需要让用户可以与虚拟场景进行交互。因此,人机交互成了 AR 技术的重要研究方向之一。

随着 Kinect 等设备的推出,肢体交互在投影式增强现实中获得广泛应用。肢体交互不仅解放了双手,而且促进了全身的均衡运动,可以理解为一种非常健康时尚的交互方式。因此,肢体交互在游戏娱乐领域获得了广泛的应用。手势交互是一种 AR 人机交互方式,它允许用户使用手势控制虚拟物体。这种交互方式通常涉及手势识别技术和动作追踪技术。例如,用户可以使用手指在空中绘制一个圆圈,从而启动某个操作。手势交互在 AR 游戏和教育应用中经常使用。比如微软的 Hotolens 眼镜是一款 AR 头戴式设备,用户可以通过手势来控制虚拟界面,如点击、拖拽、缩放等。例如,可以使用旋转手势来旋转模型或对象。

在研究 AR 中的人机交互方面,可以探索一些新的技术和方法,如深度学习、计算机视觉等,以提高 AR 中人机交互的自然性和实时性,同时,可以研究不同场景下的人机交互方式,如室内、室外等,以提高 AR 技术在不同场景下的应用效果。

7.3.3 深度学习在增强现实中的应用

增强现实技术是计算机视觉和人机交互的交叉学科,其感知和交互方面离不开人工智能和计算机视觉技术的支持。

目标检测是增强现实应用中的核心问题之一,它需要在实时场景中检测出用户所关注的物体并对其进行跟踪。深度学习可以通过训练一个卷积神经网络来实现目标检测任务。该网络能够在图像中识别出目标物体的位置和大小,然后在增强现实应用中将虚拟物体与目标物体对准。增强现实应用中,姿态估计和图像语义分割常常需要结合起来使用,以提高系统的鲁棒性和准确性。深度学习可以通过训练一个多任务学习网络来实现姿态估计和图像语义分割任务。该网络可以同时对图像进行姿态估计和语义分割,以便更好地将虚拟物体与实际场景相结合。

AR 的交互方式主要包括语音识别、手势识别、人脸识别等。

AR 中的语音识别技术可以将用户的语音输入转换为文本,从而方便用户与 AR 应用程序进行交互。在 AR 中使用语音识别技术,用户可以通过语音命令或语音输入来控制 AR 应用程序,而不需要通过键盘或手势等其他方式来操作。语音识别技术通常包括音频采集、预处理、特征提取、语音识别模型和后处理等步骤。在音频采集阶段,首先,AR 应用程序通过麦克风捕捉用户的语音输入;其次,音频数据经过预处理,如噪声去除和音频增强等,以提高识别准确度;再次,声学特征被提取出来,如梅尔频率倒谱系数(MFCC)等;然后,使用训练好的语音识别模型将声学特征映射到文字标签上。最后,通过后处理技术进一步提高识别准确度,如语言模型和错误校正等。

手势交互在 AR 应用中非常常见,因为它可以提供一种更自然、更直观的交互方式。通过手势,用户可以操纵虚拟对象、导航和操作 AR 场景等。手势识别是将手部动作转化为计算机可以理解的信号的技术,而深度学习模型已经被广泛应用于手势识别中。深度学习模型可以将手部图像或运动序列作为输入,通过模型的多层来提取特征,并将其映射到手势类别上。

总之,深度学习在 AR 的应用中起到了重要作用,深度学习可以帮助 AR 系统实现目标检测、姿态估计、图像语义分割等任务,从而提高系统的鲁棒性和准确性,为用户提供更好的增强现实体验。深度学习和 AR 的结合,也是未来的发展趋势。

7.3.4　增强现实技术应用

AR 技术正在逐渐融入各个领域,它在医疗研究与解剖训练、制造业和物流、军事、工业维修、零售和广告、电视转播、游戏和娱乐、旅游、建筑和设计等领域均得到广泛应用。下面介绍几个具有代表性的 AR 应用场景。

1. AR 直播

在直播领域,通过将 AR 特效与现场直播画面实时叠加,可为屏幕前的观众带来更加真实、生动、震撼的视觉体验。通过 AR 技术,主播可以在直播过程中为观众呈现虚拟的场景、角色、物品等,使直播内容更加丰富有趣,提高观看体验。AR 直播主要由两个部分组成:现实世界的视频流和虚拟世界的图像。现实世界的视频流先由摄像头捕捉,然后通过 AR 技术进行处理,将虚拟元素与现实场景进行结合,最终输出到观众的终端设备上。AR 直播可以用于各种直播场景,如游戏直播、体育赛事直播、演唱会直播、电商直播等。同时,AR 直播还可以为品牌、营销活动等提供新的营销手段和体验。

2. AR 游戏

通过 AR 技术,游戏可以将虚拟的游戏元素(如角色、道具、怪物等)投射到现实场景中,与真实环境进行交互,使玩家可以在现实中探险、战斗、冒险等。

AR 游戏通常需要一部智能手机或平板电脑和一个支持 AR 技术的应用程序。玩家打开应用程序后,通过摄像头捕捉现实环境,应用程序会通过 AR 技术进行处理,将虚拟元素与现实环境进行结合,最终呈现在玩家的设备屏幕上。玩家可以通过移动设备控制虚拟元素,与现实环境进行互动,完成任务或挑战。

AR 游戏可以提供更加真实、沉浸式的游戏体验,帮助玩家更好地了解和探索现实环境。目前,AR 游戏已经广泛应用于休闲娱乐、教育学习、文化旅游等领域。例如,Pokemon Go 是一款非常流行的 AR 游戏,玩家可以在现实环境中捕捉、收集各种 Pokemon。

3. AR 医疗

Research&Markets.com 调查显示,AR/VR 医疗正在经历大幅度的提升,其预期复合年增长率为 33.36%,市场价值预计将从 2018 年的 6.217 亿美元增至 2024 年的 34.97 亿美元,

AR 在医疗行业中的应用在不断增长。AR 医疗如图 7.16 所示。AR 技术可以通过将虚拟元素与真实世界相结合,为医疗行业提供新的解决方案,主要体现在医学培训、手术模拟、疾病诊断和治疗等方面。

在医学培训方面,AR 技术可以用于模拟各种病例,让医学生和医生进行虚拟手术,从而提高手术成功率和保障患者的安全。此外,AR 技术还可以用于医疗设备的培训和演示。

在手术模拟方面,AR 技术可以通过虚拟现实技术模拟手术场景,为医生提供真实的手术体验,减少手术风险,提高手术效率。

在疾病诊断和治疗方面,AR 技术可以用于创建虚拟人体模型,帮助医生更好地理解人体内部结构,提高诊断准确率。此外,AR 技术还可以用于辅助手术操作,如使用 AR 技术进行导航和手术实时监控。

图 7.16　AR 医疗

4. AR 导航

传统地图导航虽然能够为我们的出行提供便利,但在一些复杂道路上的引导却不够快捷、直观。如图 7.17 所示,AR 导航的出现,将极大解决这些问题。目前,可通过手机、HUD、AR 眼镜三种方式使用 AR 导航功能。AR 导航可以为用户提供更加全面、直观的导航信息,可以通过虚拟信息的叠加,提供更加准确、清晰的方向指引。此外,AR 导航还可以在用户行进的过程中,实时更新导航信息,如路况、交通等,提供更加及时的导航支持。AR 导航在旅游、城市出行等领域应用广泛。例如,AR 导航可以通过叠加虚拟标记或指示箭头,为游客提供更加直观的旅游信息。AR 导航还可以为用户提供更加准确的路径规划和导航,帮助用户更加便捷、高效地完成城市出行。

图 7.17　AR 导航

5. AR 仓储管理

如图 7.18 所示,AR 仓储管理可以通过 AR 头盔、智能手持设备等终端设备与 AR 应用程序相结合来实现。仓库管理人员可以通过 AR 终端设备扫描货架上的商品,AR 应用程序会识别并显示该商品的名称、编号、数量和存放位置等。AR 技术可以帮助仓库管理人员进行货物装箱、拣货等工作。例如,AR 技术可以通过叠加虚拟标记或指示箭头,指引工作人员快速准确地找到货物,并将其装入指定位置的包裹或货箱中。此外,AR 技术还可以对仓库内部环境进行实时的监测。例如,当货架上的货物数量不足或超过一定范围时,AR 系统会自动报警或提醒管理人员及时处理。

总之,AR 技术在仓储管理中的应用,可以提高仓库管理的效率和准确性,减少人工差错和操作时间,提高仓库管理人员的工作效率。

图 7.18　AR 仓储管理

7.3.5　习题

1. 为什么说三维注册是 AR 的基础和核心部分。
2. 简述 AI 与 AR 的关系。
3. 除了本文中提到的部分 AR 应用,AR 还可以有哪些应用。
4. 简述 AR 未来发展的重点和难点。

7.4　AI 混合现实

7.4.1　混合现实的定义

混合现实(Mixed Reality,MR)是一种新兴的计算机虚拟现实技术。通过先进的计算机图像处理技术以及电子设备,MR 可以显示和交互在同一可视化空间中的真实对象和虚拟对象。1994 年,保罗·米尔格拉姆和岸野文郎在《混合现实视觉显示的分类》一文中开创性地探讨了混合现实技术的内涵。文中指出,混合现实技术是现实增强技术的子集,与虚拟现实和增强现实技术有着千丝万缕的联系,但混合现实技术更加强调虚实融合,即在混合现实系统中虚拟世界和真实世界是无缝融合的。

"虚拟现实连续统一体"的概念更加系统地说明了混合现实的定义,如图7.19所示。连续统一体的最左端指的是仅由真实物体组成的真实环境,而最右端指的是一个仅由虚拟对象组成的视觉虚拟环境。混合现实环境指的是真实环境和虚拟环境之间的连续空间,其中虚拟元素和真实元素相互交织、相互融合,很难准确区分,从而为人们提供完美的沉浸式体验。

图 7.19　虚拟现实连续统一体

混合现实技术的最大特点是虚实融合,它实现了虚拟世界和现实世界的连接,不仅可以将虚拟对象添加到现实世界中,而且可以将真实对象添加到计算机创造的虚拟世界中。混合现实技术的第二个特点是实时交互,这指的是可以通过感官渠道用户与混合现实环境连接,形成视觉、触觉或知觉的感知,混合现实技术可以提供智能交互和实时反馈,以实现更自然、更逼真的交互体验。三维注册是混合现实技术的第三个特点,这是指在虚拟空间和真实空间之间形成三维方位映射关系,实时感知用户位置和身体姿势的变化,从而做出调整,为用户呈现合适的观察图像,提供卓越的沉浸式体验。

表7-1对VR、AR和MR技术的呈现形式进行了比较。可以看出,虚拟现实意味着虚拟信息单独存在,人所接收的信息全部来自虚拟。增强现实则将虚拟世界中的对象添加到现实世界中,实现真实信息和虚拟信息的简单叠加。混合现实技术包括虚拟世界和现实世界,首先虚拟化真实世界中的对象,然后将它们添加到虚拟世界中,从而在新的可视化环境中实现真实和虚拟数字对象之间的共存和实时交互。由于MR技术是在VR技术和AR技术的基础上逐步发展起来的,因此MR系统继承了VR系统和AR系统的一些特征,它们的硬件有很多重合,比如头戴式显示器、声音设备、交互设备等。

表 7-1　VR、AR 和 MR 技术的呈现形式比较

技术	VR	AR	MR
画面	虚拟数字	虚拟数字＋裸眼现实	虚拟数字＋数字化现实

混合现实技术的虚拟部分侧重于搭建用户与虚拟世界之间的桥梁。因此,混合现实技术的实现主要涉及两个方面:虚拟世界的构建和呈现,人类与虚拟世界的交互。为了在用户与虚拟世界之间建立相同的知觉通道,有必要使用逼真的渲染来呈现虚拟世界,并提供各种感知和反馈,如声音效果、触觉和力度感知等。为了实现混合现实,有必要在虚拟世界和现实世界之间建立联系,并模拟它们的互动。这些技术在实现过程中存在很多难点,如感知用户的位置和行为,感知与现实世界相关的所有人、环境和事件的语义,提供合适的交互和反馈。因此,混合现实涉及光学、计算机图形学、模式识别和电子等多个领域的专业知识。

混合现实技术具备强大而广泛的实用价值,它将在不同的领域发挥作用,如游戏、医疗、教育和工业等。通过混合现实技术,人们可以更加自然地与虚拟世界进行交互,并将虚拟对象融

入现实世界。这为人类带来了许多新的机会和可能性,使人类能够更好地理解和探索世界。

7.4.2　视觉增强技术

理想的 MR 系统可以生成逼真的 3D 增强场景,实现虚拟和现实的无缝衔接。MR 技术的主要关注点和进展都集中在视觉领域上。因此,以下介绍三种视觉增强的方式。

1. 光学透视式

光学透视式(OST)技术实现虚实融合的方式是采用半反半透光学元器件。例如,半镀银镜可以让大量真实世界的光线穿过,让用户可以直观地观察到真实世界;同时,放置在头顶或眼镜一侧的显示器可以显示计算机生成的虚拟图像,这样用户就能够通过反射看到并叠加上这些虚拟图像。

2. 视频透视式

视频透视式(VST)显示通过电子方式将虚拟世界和真实世界融合在一起。首先数字视频图像被摄像机采集,然后传输到图形处理器,之后图形处理器将计算机生成的虚拟图形和数字视频图像结合起来。一般情况下,摄像机采集的数字视频图像会复制到帧缓存区中作为背景,然后在此背景上叠加生成的虚拟图形。

3. 空间投影

在空间投影(space projection)显示中,MR 的虚拟部分由投影设备生成,不需要采用特殊的投影屏幕,可以直接将虚拟图形投影到真实世界的物体上,从而实现了一种体三维显示,方便用户进行观察。

7.4.3　混合现实实现方式

混合现实技术借助云计算和人工智能得以实现。混合现实设备使用强大的 AI 传感器、镜头、图像处理单元(GPU)以及显卡或核心芯片,在三个轴或维度上处理和存储数据。MR 设备可以将用户连接到无线或有线计算机、控制台或 PC 以访问软件。该设备可以添加、复制或重新定位虚拟物品,从而创建完美的沉浸式环境。目前,比较常见的 MR 设备有微软公司的混合现实头盔 Hololens,如图 7.20 所示,它可以生成高保真的设置,让用户参与虚拟活动,从而消除现实与虚拟的界限。可以使用 MR 的设备包括:智能手机和其他移动设备、平视显示器(HUD)、360 度沉浸式环境(CAVE)、头戴式显示器(HMD)和 MR 眼镜等。

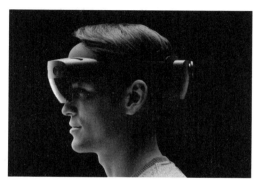

图 7.20　微软公司的 Hololens

7.4.4 混合现实的应用

1. 远程协作

过去,网络电话或视频聊天等工具已能为身处不同地方的人们建立沟通渠道;未来,混合现实技术允许远程团队的全球员工通过全息会议一起工作并完成复杂的任务。只要身边有 MR 设备,无论身在何处,员工们都可以佩戴头戴式耳机和降噪耳机,进入身临其境的虚拟环境进行办公与合作,如图 7.21 所示。由于这些应用程序可以进行实时准确翻译,从而克服员工之间的语言障碍,因此也增加了沟通的灵活性。

图 7.21　MR 技术助力远程协作

2. 医疗保健

外科医生可以使用混合现实技术研究 3D 患者的计算机断层扫描或磁共振成像图像,从而更有效地治疗病人。MR 技术可以帮助外科医生找到要进行手术的确切身体部位,从而提高手术的精准性。智能眼镜可以方便地显示患者数据,从而辅助外科手术,同时为外科医生提供覆盖精确的视觉指南。具体实施方法是,使用患者自己的 CT 或 MRI 扫描数据对器官进行三维建模,并在手术前规划最佳手术切口。手术过程中,医生佩戴智能眼镜,可以看到投射在患者病灶表面的"辅助线",从而实现毫米级的精确定位,将手术操作的风险降至最低。这种技术不仅可以缩短整个手术所需要的时间、减小创伤口和出血量,还可以更加彻底地切除肿瘤,从而提高手术的成功率。

例如,来自中南大学湘雅医院的团队在手术中就用到了 MR 技术。如图 7.22 所示,医学专家们可以在手术前结合患者的影像学资料,通过 3D 数字建模及算法优化,对病灶进行精准定位,随后在 MR 系统的导航下,对患者的切口及骨瓣进行个性化设计,并在术前、术中多次使用该技术对术区及周围重要结构进行跟踪显示,以验证并确保手术切除的精准性。

3. 商业展示

混合现实允许卖家向客户展示某种商品如何满足他们的需求。在 MR 技术的帮助下,买家可以挑选虚拟物品,并放置到他们想要的位置。这提高了买家进行购买的信心并减少了退货次数。采用 MR 技术进行高价值产品展示,如家装、地产、汽车、轨道交通等,可以增强客户体验,加速销售过程。

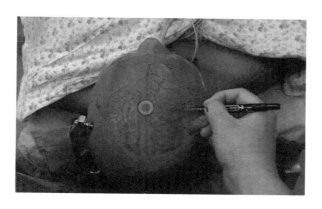

图 7.22　湘雅医院采用 MR 技术进行脑部手术

4. 航空航天

在航空航天领域,具备 MR 技术的仿真训练系统也有着独特的优势。MR 系统可以让飞行员和航天员在地面接受训练,安全性高,风险小。MR 系统不需要耗费过多的资源,成本低,收益高。MR 系统可以实时进行训练,不会受到天气和场地的约束。此外,MR 技术能够实现飞行环境中虚拟景象和真实景象的融合,从而提供更为真实的训练体验。此系统不仅可以展现真实的世界,还能将不存在于现实世界中的物体呈现在受训者的视野范围内。例如,东航技术应用研发中心开发了"基于 MR 技术的波音 737 飞机燃油、液压飞行操纵系统"学习软件,把二维平面知识变成三维立体的视景,通过该软件为学员营造逼真的沉浸式学习环境,让学员身临其境地看到所学的飞机系统,使飞行学员接收更加丰富、具体、完整的信息,从而更加深刻地理解掌握波音 737 机型的燃油、液压飞行操纵系统,大大提高教学质量。

7.4.5　习题

1. 请你分析一下:混合现实与虚拟现实、增强现实的不同之处。
2. 请你列举几个用到混合现实、虚拟现实、增强现实技术的设备。
3. 请你思考一下:混合现实未来可以应用到哪些方面,可以具体举几个例子。
4. 请你思考一下:MR 技术如何与其他新技术相结合。
5. 请你思考一下:MR 技术如何帮助企业实现数字化转型。

第8章

AI 与元宇宙

8.1 概念与发展

8.1.1 AI 与元宇宙概念

AI 与元宇宙的概念
与发展参考资料

如果问当前最火的概念是什么,那一定是"元宇宙"。那么元宇宙到底是什么?它与人工智能技术有什么关系?接下来让我们带着这两个问题,一起学习 AI 与元宇宙。

人工智能作为元宇宙最重要的核心技术,其地位不言而喻。人工智能技术包括计算机视觉、机器学习、自然语言处理和智能语音等。人们进入元宇宙后,会以数字化身存在并活动,而数字化身的视觉、听觉、触觉等全方位感知能力离不开 AI 技术,如 AI 驱动的计算机视觉、自然语言处理、数字触觉等已经有了切实可行的落地应用。AI 技术基于海量的数据,进行模型训练以获得最小的损失,使得神经网络的输出值不断逼近真实值,从而达到分类或预测任务所要求的精度,将人工智能技术赋能元宇宙,可以对元宇宙应用起到一定性能改善和优化的效果。如果说元宇宙虚无缥缈,那么人工智能技术就是连接虚拟与现实的桥梁,是元宇宙的技术基础。可以说,元宇宙是人工智能发展的目标导向,而人工智能是元宇宙的发展动力。

元宇宙 2021 年进入大众视野时,没有标准的概念,随着社会各界的关注和研究,不同的学者、专家针对元宇宙的概念给出了各自的总结,如表 8-1 所示。截至 2022 年 11 月,维基百科对元宇宙的定义是:元宇宙是一个集体虚拟共享空间,由虚拟增强的物理现实和物理持久性虚拟空间融合而成,是所有虚拟世界、增强现实和互联网的总和。构成元宇宙的七要素如图 8.1 所示。

表 8-1　学者、专家对元宇宙的不同看法和见解

姓名	机构	描述
Chen G，Dong H	北京大学	虚拟世界是通过科学技术连接和创造的虚拟世界，与现实世界映射和交互，是具有数字化生存空间的一种新颖的社会系统。
Zuckerberg M	Facebook	虚拟世界是一个由无数互联的虚拟社区组成的世界，人们可以通过虚拟现实设备（如耳机和眼睛）、智能手机应用程序和其他设备进行会面、工作和娱乐。
BaszuckiD	Roblox	虚拟世界是一个将每个人联系在一起的虚拟世界。每个人都有一个虚拟的身份，可以做任何想要做的事情。
Redmond E	Nike	虚拟世界跨越了现实和虚拟现实之间的物理/数字鸿沟。
Kimber C	Posterscope	虚拟世界是由数百万个数字星系组成的可观测的数字宇宙。
Shabro L	Army Futures command	虚拟世界是一个模糊的数字混合现实。虚拟世界中的人和事具有不可替代性和无限性，不受传统物理空间的限制。
Kicks P	BITKRAFT Ventures	元宇宙：一个持久和实时的数字世界，为个体提供一系列的能动性、社会存在和共享空间意识。它有着广泛的虚拟经济系统。
Bellinghausen B	Alissia Spaces	虚拟世界是现实世界和虚拟世界之间的桥梁。
Redding N	Redding Future	虚拟世界是一个有限的空间，在那里人们可以做任何事情，但仍然有感官刺激，如视觉、听觉、触觉和嗅觉。

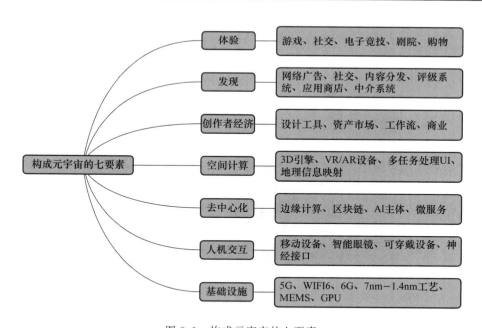

图 8.1　构成元宇宙的七要素

元宇宙是"虚实融合的世界"，人类可以在这个虚拟世界中玩游戏、购物、生活和工作等，可以体验到更丰富的生活，只不过它是虚拟的，是数字的，如图 8.2 所示。

广义上，元宇宙是人类利用数字化技术映射或超越现实世界，并能与现实世界产生互动，由真实世界映射而成的虚拟世界，将数字化生存空间映射在一个全新的社会体系之下。具体而言，借助 VR 眼镜，人们可以身临其境地体验的虚拟空间，就是一种元宇宙。目前，元宇宙一词只是一个大的概念，它本身并没有什么新的技术，换言之，元宇宙是众多科技发展至今的产

物,它融合了今天的一大批先进技术。所以可以认为,元宇宙并非一种新概念,而是将扩展现实(XR)、区块链、云计算、数字孪生、人工智能等新技术融合后,对经典概念进行再创造而形成的。

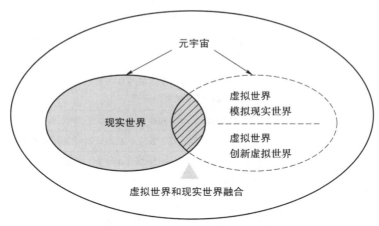

图 8.2　元宇宙概念

8.1.2　元宇宙发展

元宇宙看似是一个虚构的概念,并不存在,但是,随着 AI 技术的发展,元宇宙已经变成现实。这一概念最早出现在 1992 年尼尔·斯蒂芬森的科幻小说《雪崩》中,小说中人们拥有数字化的身体,共同生活在如图 8.3 所示的虚拟数字世界中。

图 8.3　科幻小说《雪崩》中的虚拟数字世界

Cybertown 是新古典"元宇宙"重要的里程碑,它在 1996 被使用虚拟现实建模语言(VRML)构建。随后,一套名为"矩阵"的电脑 AI 系统在全球发行的《黑客帝国》中操控看似正常存在于脑机界面与现实世界之间的"现实世界",主角回到现实才得知自己一直生活在虚拟世界中。这一阶段,人们对元宇宙的畅想不断传播,为其实现描绘了宏伟蓝图。

2003 年,美国互联网公司 LindenLab 基于 Open3D 推出"第二人生",这一阶段人们拥有了除现实世界之外的第二重身份和能够奔向理想社会的标准成果。2006 年,Roblox 公司创建了 Roblox 平台,在兼容虚拟世界、休闲游戏和自建内容的同时,以极高的自由度,让用户能够自行设计游戏作品,涵盖角色扮演、第一人称射击、动作格斗、生存和竞技等多种创意内容。

2006 年,号称元宇宙第一股的游戏 Roblox 横空出世,游戏发售后,该游戏公司就掀起了元宇宙的狂潮。

2009 年,第一条区块链的第一个区块诞生,区块链作为元宇宙的核心框架出现在人们的视野中,一场去中心化的互联网革命正在掀起。

2013 年,区块链领域中的现象级项目"以太坊"诞生,打破了区块链只应用于数字货币的局限,将它的应用场景扩散到了其他各个领域。

2015 年,微软在 CES2015 上首次展示了 MR(虚拟现实)设备 Hololens 眼镜,使 VR 的技术和应用得到了更深层次的扩展和延伸,Hololens 可以为用户提供身临其境的视觉体验。其相关技术在游戏、科学研究、医疗、教育和商业等各个领域的应用也在今天得到了广泛的应用。

2016 年,去中心化自治组(DAO)诞生,这为元宇宙中的社区治理提供了一个良好的策略和方案。

2020 年,由于疫情的原因,人们非接触的时间比以往的时间变得更长,推动了虚拟化技术的快速发展。2021 年,元宇宙快速发展,这一年也被称为"元宇宙元年",相关公司也都积极投身元宇宙的发展和研究,国外的微软、Meta(Facebook)、英伟达、谷歌、a16z 等和国内阿里巴巴、腾讯、抖音、百度和京东等都是其中极具代表性的企业。国外和国内主要的元宇宙研究组织与公司如表 8-2 和表 8-3 所示。

表 8-2　国外主要的元宇宙研究组织与公司

团队组织	商业项目	技术特征	核心技术	适用范围
NVIDIA	Omniverse Cloud	整合 3D 设计协作和模拟等	云计算技术	供艺术家、开发人员和企业团队设计、发布、运营和体验元宇宙应用
Google	Google Pixel Arena	提供虚拟现实应用服务	3D、AR 技术	用户可用自己的虚拟化身参加篮球赛事活动
微软	微软 Azure 云服务 Horizon Worlds	整合多种计算、数据服务、应用服务、网络服务等	云计算	帮助用户快速开发、部署、管理应用程序
Meta	Meta accounts Meta profiles	虚拟现实、身份认证	虚拟现实、电子游戏技术、软件技术	元宇宙应用游戏、身份认证系统
亚马逊	AWS Cloud Quest	虚拟化身	虚拟现实、3D 电子游戏	带有元宇宙色彩的游戏

表 8-3　国内主要的元宇宙研究组织与公司

团队组织	商业项目	技术特征	核心技术	适用范围
百度	希壤	元宇宙平台应用	云计算、人工智能、电子游戏技术	提供一个跨越虚拟与现实、永久续存的多人互动平台
HTC 宏达电子	VIVE VIVERSE	开源元宇宙平台	软件、虚拟现实技术	支持智能手机、PC、平板和 Vive Flow 眼镜的跨平台用户

团队组织	商业项目	技术特征	核心技术	适用范围
抖音	PICO 系列 VR 一体机	VR 头显	UI 与人体工程、光学设计与算法、整机系统与低延迟算法、头部追踪与手势识别、眼球追踪与注视点渲染、Haptics 与触觉反馈、3D Sound	计算机外围设备、光通信设备
Cocos	开源引擎框架 Cocos2d-x、游戏加速框架 Cocos Runtime 等数字内容开发一站式解决方案	数字内容一站式解决方案	—	服务 2D 和 3D 游戏开发、智能座舱、在线教育、XR、数字人、数字文创等领域开发者
京东	灵希	数字藏品平台小程序	—	电子商务

目前,各大科技公司对于元宇宙的研究都倾向于将元宇宙和具体行业结合,比如,微软公司提出的"工业元宇宙"解决方案,希望借助微软 Azure 云服务,用元宇宙赋能制造业,提升工业生产效率、节能减排,实现制造业数字化转型,帮助企业提升竞争力。Facebook 公司一直走在探索元宇宙的前列,其创始人马克·扎克伯格表示希望将 Facebook 打造为一家元宇宙公司,目前其元宇宙业务涵盖了办公、游戏、社交、教育和健身等多个领域,未来将不断探索更加多样的元宇宙应用场景。亚马逊公司则从底层出发,打造支撑元宇宙应用的强大云计算平台 AMS,为元宇宙的实现提供强大的云计算基础设施。国内电商巨头阿里巴巴针对元宇宙的布局,致力于打造电商元宇宙,通过元宇宙技术辅助优化电商场景的体验。

8.1.3 元宇宙与 AI 产品

2021 年,Soul 推出了社交元宇宙 App,与此同时,最大的软件巨头微软也正在打造一个企业级的元宇宙,芯片界的大佬英伟达推出元宇宙基础计算平台,Facebook 更加激进,把公司名字直接改为 Meta。巴巴多斯将在元宇宙设立全球首个大使馆,全球首款 AI 人工智能数字皮影藏品登录元宇宙。作为制造业龙头的海尔公司,提出了将"工厂、商店、家居"的跨场景体验融合在一起,实现智能制造物理与虚拟融合的智造元宇宙,以消费者体验提升为目的,涵盖工业互联网、人工智能、增强现实、虚拟现实、区块链技术。作为互联网公司的字节跳动收购了Pico,Pico 是一家 VR 相关产业的创业公司。百度作为国内最大的搜索提供商,推出元宇宙应用"希壤"。

2022 年,索尼公布了新的次世代 VR 头显(PSVR2)细节,同时也公布了适配 PSVR2 的新游戏。同年,在国际消费电子展上高通技术公司与微软建立合作,加快并扩大元宇宙相关产业在市场中的应用,高通和微软双方也都表示非常看好元宇宙的发展,未来双方将紧密合作,推动整个体系的发展,提供定制化的 AR 芯片,解决 AR 眼镜过重的问题,提供更轻便的 AR 眼镜,使人们更好地感知未来的世界,同时提供配套的开发软件接口,供开发者针对 AR 眼镜提供更好的应用。

2022 年世界人工智能大会期间,节卡机器人重磅发布了以柔性智能机器人链接数字空间和物理世界的节卡元宇宙共融交互系统,打通虚实界限,如图 8.4 所示。"节卡元宇宙共融交互系统"打造身临其境的虚拟与现实互动系统,采用增强现实、人工智能和云计算等技术,利用场景摄像机将现场环境有效地实时传输到元宇宙设备中。用户可以在虚拟的数字空间中看到工作现场的实况,通过 VR 手柄和手势识别的机器人同步作业,远程操控物理世界,为工业、建筑、医疗等领域提供后疫情时代的解决方案,实现数字空间与物理世界的无界连接。

图 8.4　节卡元宇宙共融交互系统

劳动密集型生产企业迫切需要降低劳动力依赖,以应对疫情的影响和智能化转型升级的需要。这套系统可以让合作企业的技术工程师随时随地登录系统,对全球各地的设备进行远程调试,在技术支持上大大降低了成本,避免了疾病交叉感染的危险。同时,允许企业员工异地操控,减少工厂人员密度,从而减少因疫情发生而可能导致的无法预计的停产危险。在高空、隧道、水下等危险且难以到达的区域,使用系统遥控节卡机器人执行任务,在消除人员安全隐患的同时,能够实时捕捉并反馈现场情况,确保高效、准确地开展工作。在高危医疗场景下,有经验的医护人员通过这套系统对病人进行远程护理,不接触治疗,不需要穿层层防护服,既能避免医疗感染,又能显著提高工作舒适度。

2022 年 9 月 21 日,行业知名 AR+AI 一站式解决方案提供商亮亮视界举办首场消费级 AR 眼镜发布会,带来业界首款量产 AR 字幕眼镜,也是全球首款双眼波导无线一体机 AR 眼镜,其重量在 80 g 以下,如图 8.5 所示。该产品具有极佳的高透明度显示效果,兼具快速精准的语音转写能力,时尚轻巧的外观,能够随时随地帮助听障人士、失聪老人以及跨国交流人士扫除交流障碍。

图 8.5　AR 字幕眼镜

工体元宇宙 Gongti Metaverse(简称 GTVerse)以工体区域客流和北京国安观众球迷私域流量为核心锚点,以地理位置服务 LBS 为核心基石,以数实融合体验消费为核心场景。由中赫集团携手入驻工体机构、北京国安合作伙伴等共建运营的新型 B2C 混合现实互联网社交平台,以数字底座、智能中台、全域数据、5G 专网、混合云、多形态智能终端为核心要素。工体元宇宙 GTVerse 是全球首个基于大型体育、文化和商业项目研发、建设、运营的元宇宙项目,自 2021 年 12 月启动以来已经发布白皮书、原型系统、产业生态联盟、北京国安数字人 GLEO 和多项元宇宙联合创新应用成果,并在 9 月举办的 2022 中国服贸会上精彩亮相,受到了新闻媒体、产业合作伙伴和广大消费者的高度重视和欢迎,如图 8.6 所示。

图 8.6　工体元宇宙 GTVerse

工体元宇宙 GTVerse 的基石客群是乐享玩家、品质精英、新锐潮人和国内外游客,可直接触达的核心 KOL 客群包括球迷、音乐迷、电竞迷、潮牌迷、网红、直播主、健身者和国际人士等,并通过 KOL 客群联动年度超过 4 000 万的到访工体区域客流和全国超过 10 亿的移动互联网用户,具有良好的自循环流量和健壮的外溢性生态。

工体元宇宙 GTVerse 建设的智慧化运营平台,将以全域数据驱动全量经营,立体描绘用户画像,打通线上与线下的数据价值,提升传统商业经营水平、构建"实""数"融合的新消费场景。数字空间构建的业务设计理念为零代码开发,通过点击和拖拽等方式就可以生成数字空间、数字资产、数字内容和数字分身,并通过基于地理位置服务 LBS 的元宇宙平台实现互联互通、分享和交易。构建智慧化的体育场馆,实现大物业系统一体化和基础设施一体化,通过数据化的运营管理模式实现绿色低碳、节能减排和降本增效等。

8.1.4　元宇宙特征

目前,元宇宙处于起步阶段,不同的组织对于元宇宙特征的定义各有差别。世界四大会计事务所之一的德勤公司认为元宇宙主要具有五大特征:逼真的沉浸体验、完整的世界结构、巨大的经济价值、新的运行规则、潜在的不确定性。北京大学陈刚教授等对元宇宙进行了梳理和系统界定,总结出了五大特征与属性,包括社会与空间属性、科技赋予的超越延伸、人机与人工智能共创、真实感与现实映射性、交易与流通。

基于目前业内对于元宇宙特征的定义,本书将元宇宙主要特征概括为以下三点。

(1) 平行于现实世界(Parallel to the real world)。元宇宙本质上是对现实世界的映射,元宇宙所对应的虚拟世界中的事物是现实世界中事物的复制品,它们之间存在着一一对应的关系,当现实世界中某一变量发生变化时,相应的副本在其映射的虚拟空间中也会发生相应的变化。例如,在映射工厂的数字孪生系统中,当工厂的环境温度从 20 ℃ 升温至 23 ℃ 时,数字孪生系统构建的虚拟空间中的环境温度也会从 20 ℃ 升温至 23 ℃。

(2)反作用于现实世界(React to the real world)。元宇宙是对现实世界的虚拟化、数字化过程,在某应用场景下,人们利用元宇宙构建的虚拟世界对未来做预测分析,以期望达到规避风险、寻求利润最大化的效果,与此同时,这对现实世界的未来产生了间接的影响。例如,气象部门使用数字孪生技术构建特定区域的虚拟空间,仿真模拟该区域在极端天气状况下的多要素特征变化情况,用来预防气象灾害、辅助制定灾害预防措施。

(3)综合多种技术(Integrate multiple technologies)。元宇宙并非单独的一种技术,它融合了许多先进技术,在众多基础设施、标准及协议的不断融合、进化中逐渐成形。基于网络及运算技术实现虚拟世界和现实世界的高速通信、泛在连接以及共享资源,基于物联网技术实现终端设备与虚拟世界的数据传输,基于人机交互技术(包括 VR、AR、MR、XR 等)为用户提供沉浸式体验,基于人工智能技术提升虚拟世界的智能化水平,基于区块链技术构建虚拟世界的安全可靠的经济体系。

8.1.5　面临的挑战

众所周知,随着 VR/AR、5G、AI 等技术的发展,原本虚拟的元宇宙概念成为现实。目前,元宇宙还处在一个萌芽状态,从萌芽状态到成熟,技术提升一定是必经之路。

第一,通过 AR、VR 等交互技术提升游戏的沉浸感。

第二,通过 5G、云计算技术支持大规模用户同时在线,提升游戏的可进入性。

第三,通过算法、算力提升驱动渲染模式升级,提升游戏的可触达性。目前,3A 游戏受制于传统端游渲染模式的 PCGPU 渲染能力,游戏画面像素精细但离真实效果仍有不小差距。

第四,通过区块链和 AI 技术降低内容创作的门槛,提升游戏的延展性。目前,游戏 UGC 创作领域编程门槛过高,创作的高定制化和易得性不可兼得,同时鲜有游戏具备闭环经济体。

从元宇宙的价值和目前的技术现状来看,去重构现实中社交、消费等多方面的数字化世界,是元宇宙最具现实意义的表现形式,在泛娱乐产业中是下一个发展阶段,特别是游戏有望成为元宇宙概念下最早落地的场景。在消费领域,随着元宇宙的到来,用户的消费体验可能会迎来一波新的交互体验升级浪潮。目前,新氧 app 已经实现了为用户提供 AR 检测脸型的服务,通过手机扫描脸部,计算出适合每个用户的彩妆、发型、保养品,等等。得物 app 的 AR 虚拟试鞋功能可以让用户只需要挑选自己喜欢的款式和颜色并进行 AR 试穿,就能看到鞋子上脚的效果。在 AR、VR、可穿戴设备、触觉传感等技术的推动下,更多浸入式消费或将成为常态。不仅能模拟沉浸式买衣服、买鞋等基本消费活动,AR 房屋装修、远程看房,甚至模拟旅游景点都将成为可能。

目前,元宇宙的发展还可能受到经济和政治的制约,比如伦理与道德、安全和隐私等。元宇宙能否被社会所接受,以及接受之后产生的人机相处、虚拟婚姻家庭、虚假身份和信息、知识产权等问题能否被解决。我们希望未来能开发出限制伦理和道德的数字协议,并作为元宇宙底层技术,来限制元宇宙所产生的伦理和道德问题。在元宇宙中,是继续使用现在世界的法律法规还是依靠群体共识约束在元宇宙中的行为,需要我们在未来结合现实一起探索研究。元宇宙作为新兴数字生态,它的发展势必会涉及安全和隐私这个大问题,比如遭受网络攻击等。而且,元宇宙会将原有的隐私风险放大,与数字足迹相关的新威胁可能会出现,用户可能会遭受更多的隐私泄露风险。我们希望未来各个团队一起努力开发出一套安全的数据交互协议,共同维护用户的隐私和安全。元宇宙的爆火离不开人工智能的发展,不管是现在还是未来,元宇宙肯定会大量利用人工智能技术,比如机器学习、深度学习、强化学习,当然,目前元宇宙的发展在技术上还面临着比较大的挑战,尤其对于元宇宙产品,由于人工智能还存在着比较多的缺陷,所以在设计元宇宙产品的时候,应追求更大的稳定性、可靠性、舒适性等等。

8.1.6　展望

中国政府已经开始关注元宇宙的发展,并出台一系列政策法规鼓励相关行业的发展。2022 年 1 月,上海市经济和信息化委员会代表我国地方政府对元宇宙的发展持积极态度。同年 1 月 24 日,工业和信息化部表示,要培育一批进军元宇宙、区块链、人工智能等新兴领域的创新型中小企业。2022 年 2 月,杭州市第十三次党代会报告说,要像元宇宙这样,抓住产业布局的未来。同年 3 月,北京市通州区也发布了加快发展元宇宙相关产业的通知。2022 年 7 月,上海市发布《上海市培育"元宇宙"新赛道行动方案(2022—2025 年)》,以及上海市人民政府办公厅印发的《上海市数字经济发展"十四五"规划》指出,政府支持龙头企业探索 NFT 交易平台建设。同年 8 月,《北京城市副中心元宇宙创新发展行动计划(2022—2024 年)》发布,首次提出跟踪 NFT、聚焦数字藏品等举措。这些文件和规划的出台,说明我国非常支持元宇宙的发展,并且元宇宙应用已经在中国市场上全面启动,元宇宙的发展正走上快车道。

随着科技的发展,元宇宙从早期的概念不断发展,实现虚拟现实的用武之地,让其发挥价值、吸引投资,同时疫情让 VR、AR 大放异彩。元宇宙的发展方向,还需要我们每一个人不断探索。

上述关于元宇宙与 AI 概念、发展和挑战的介绍,希望可为大家了解和学习元宇宙带来一些启示,让其在社会、管理、法规和法律的基础上良性发展。

元宇宙已经形成了巨大的浪潮,据业界估计,未来 90% 以上的工作、学习、生活等都可以在元宇宙中实现。相信未来在 AI 的推动下,用户可以快速创建超现实对象和内容。让我们共同推动、共同期待吧!

8.1.7　习题

1. 简述元宇宙到底是什么。

2. 简述元宇宙与人工智能技术有什么关系。

3. 回想生活中,你用过的元宇宙相关的产品有什么。

4. 你认为元宇宙的发展除了技术挑战,我们还应该注意哪些问题?

5. 通过上面的学习,现在你认为元宇宙的本质是什么?你认为元宇宙未来的发展趋势如何呢?

8.2　相关技术

8.2.1　元宇宙支撑技术

元宇宙是未来数字世界的一个重要方向,它需要使用多种技术进行构建,包括区块链、物联网、网络运算、交互、人工智能和电子游戏技术。这些技术不仅构成了基础设施层,还在实际应用层上相互融合,共同支撑着元宇宙的发展。

如图 8.7 所示,在基础设施层,硬件基础设施和网络及运算技术是至关重要的。硬件基础设施包括计算机、服务器、存储设备等,而网络及运算技术则包括云计算、大数据等,为元宇宙提供了必要的计算和存储能力。在实际应用层,人工智能技术和区块链技术是元宇宙的核心技术。人工智能技术可以实现自然语言处理、语音识别、图像识别等高级交互,为用户提供更加自然、智能化的体验。而区块链技术可以提供去中心化的可信任计算能力,确保元宇宙中的交易、数据传输等操作的安全性和可靠性。除此之外,物联网技术、交互技术和电子游戏技术也都扮演着重要的角色。物联网技术可以实现设备之间的互联互通,交互技术则可以为用户提供更加直观、丰富的交互方式,而电子游戏技术可以为元宇宙中的用户提供沉浸式的虚拟体验。综上所述,元宇宙的构建需要各种技术的支持和融合,而这些技术也将在不断地演进和发展中,为元宇宙带来更加广阔的应用前景。8.2.1 节简要介绍元宇宙的六大支撑技术,8.2.2 节针对人工智能中的技术进行详细介绍。

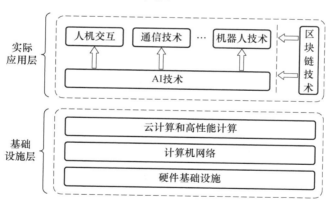

图 8.7　元宇宙技术架构

1. 区块链技术

元宇宙是由人类创造的、能够与现实世界交互的数字生态空间,具备新型的社会体系,因此必须要构建新的经济体系来维持元宇宙的正常运转。区块链技术在元宇宙中扮演着重要角色,因为它为元宇宙中的虚拟经济系统提供了安全可靠的基础设施。在元宇宙中,区块链技术能够赋予虚拟物品稀缺性,使得虚拟物品能够成为一种数字资产,区块链技术能够支撑其进行交易,并便于对其进行管理。同时,区块链技术中的智能合约和去中心化管理等功能,为元宇宙中的经济交易提供了更加安全、可靠的基础设施。

区块链技术对元宇宙系统产生了重大影响,具有不可替代的优势,这些优势可以总结为四个主要因素：数据隐私和安全性、数据互操作性、分布式拓扑和智能合约的使用。区块链技术允许对用户进行身份验证并控制数据访问，提供了使用户成为数据唯一所有者的工具，并且，区块链使用加密和哈希技术来保护储存的数据。区块链技术特点如图8.8所示。连接各种应用程序、算法以及真实世界和虚拟世界模型之间的数据是元宇宙中的一项重要要求，使用区块链可以实现信息完全透明；区块链的一些技术（如区块验证和共识协议）能够提高元宇宙生态系统中的数据完整性。区块链的分布式拓扑使得修改数据变成一个非常复杂的过程，使得元宇宙具有了数据不变性，同时，它使得元宇宙能够从相近距离实体请求共享数据，具有了数据可访问性。基于区块链的去中心化拓扑结构，区块链启用的智能合约功能为创建合约和协议提供了一种先进和自动化的方式，因此，可以公开透明的方式验证交易，而无需第三方。在元宇宙中，该功能提高了决策的效率和速度，对系统的可信度产生重大影响。

　　综上所述，区块链技术在元宇宙中的作用至关重要，它为元宇宙的经济系统提供了稳定、高效的价值传递机制和清结算平台。随着元宇宙的发展，区块链技术的作用和影响力也将持续扩大。

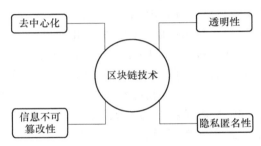

图8.8　区块链技术特点

2. 物联网技术

　　元宇宙和真实物理世界的交互连接，需要众多传感器、智能终端等物联网设备提供数据采集、处理和传输等功能的支持。因此，物联网技术是元宇宙虚实交互和万物互联的技术基础，是虚拟世界和现实世界沟通连接的信息桥梁。目前，用户接入元宇宙虚拟世界也主要依靠物联网终端设备，比如 VR 一体机、智能手机等。计算机硬件和物联网技术的进一步发展，将推动虚拟终端设备的小型化和便携化，使得用户随时随地只要使用相应的智能终端设备就可以接入元宇宙虚拟空间，这打破了时间和地理空间的限制，能够带给用户更好的体验感。

　　如图8.9所示，物联网分为三层架构，感知层、网络层和应用层。感知层主要负责采集物理世界的数据，包括各类传感器、测量仪器、摄像头等，是三层中的最底层。这些设备可以感知、检测和记录物理世界中的各种状态和信息，并将这些数据实时或定期传输到网络层处理。网络层是中间层，主要负责数据的传输和管理，将感知层获得的数据通过各种通信协议传送至应用层，以满足不同的应用需求。应用层是物联网的最上层，负责处理和分析从网络层传送来的数据，并为用户提供各种功能和服务。元宇宙是虚拟世界与现实世界的交集，其基础设施和建设需要物联网的技术支撑。例如，元宇宙中的虚拟物品和场景需要通过物联网的感知层获取数据，从而在虚拟世界中进行实时渲染和交互。在元宇宙中，虚拟现实技术和物联网技术的结合将带来更加丰富和真实的用户体验，例如，通过 VR 头显和手套感应器来实现身临其境的感觉。同时，元宇宙的建设还需要网络层的支持，通过建立更加安全、稳定和高效的通信网络来保证虚拟世界与现实世界的连接，确保元宇宙的信息传输和数据处理的效率及质量。除此之外,物联网的平台层也为元宇宙的建设提供了重要的支持。物联网平台是一个庞大的生态系统,包括设备接入、设备管理、安全管理、消息通信、监控运维以及数据应用等多个方面。这些功能都与元宇宙的建设息息相关,例如,设备接入和管理可以帮助元宇宙中的设备和物品连接到网络层,从而实现数据的采集和传输;安全管理可以保护元宇宙中的信息和数据不被恶意攻击和窃取;消息通信和数据应用可以帮助元宇宙中的用户和应用程序实现信息交流和数据处理等功能。

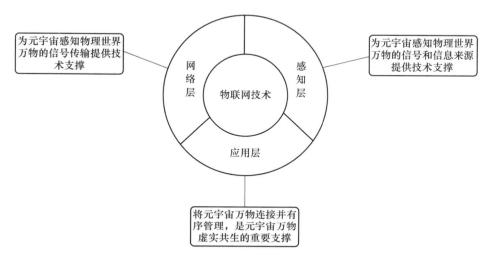

图 8.9　物联网技术

在元宇宙中,物联网技术不仅能够收集和处理物理世界数字化前端数据,还能够渗透和管理虚拟世界,实现虚实共生。只有实现真正的万物互联,元宇宙才能真正实现虚实共生的愿景,让元宇宙中的居民足不出户也能够对物理世界产生影响。

3. 网络及运算技术

在元宇宙概念的应用场景下,访问系统数据库、和现实世界的终端设备进行实时数据传输、用户在虚拟空间中进行实时交互等相关常规操作,都需要低延迟、大带宽的高质量网络和高性能的计算平台的支撑。网络及运算技术可进一步细分为 5G/6G、云计算、边缘计算,如图 8.10 所示。

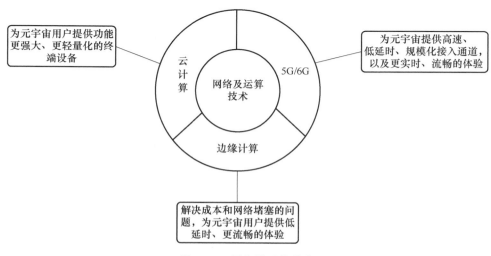

图 8.10　网络及运算技术

网络和通信是元宇宙不可或缺的基础设施。在元宇宙时代，人们需要通过网络和通信实现远程数据处理、数据库储存与访问、不同用户间的数据交互等功能，因此网络必须具有低延迟、超高速和高可靠的特点。5G 作为新一代信息化基础设施，其上网速率高达 1 Gbit/s，时延低至 1 ms，连接能力可达到 100 万连接每平方千米。而元宇宙需要大量带宽来实现实时传输高分辨率的内容，5G 完全可以满足其性能指标，同时为元宇宙的落地应用提供重要的网络基础。目前正在开发的第六代移动通信技术（6G），有望比 5G 提高 100 倍的传输能力，并能将网络延迟降低到微秒级。未来，6G 网络将融合地面无线与卫星通信，构建空天一体连接，能够适应和创造更多通信场景。6G 通信技术的突破不仅在于增加网络容量和提高传输速率，还在于提升设备之间的交互性能，实现真正意义上的"万物互联"。未来，随着 6G 技术的逐步成熟与商业化应用，元宇宙世界与物理世界的交互延迟将大大降低，用户在元宇宙世界的感知体验也将大大改善。

在虚拟世界和现实世界的交互、用户之间的交互以及元宇宙应用的运行过程中都会产生难以估计的海量数据，这都需要云计算的支持。云计算对于元宇宙应用的支撑作用主要体现在数据处理和数据存储两个方面。在执行计算繁重的任务时，由于终端设备的算力有限，元宇宙应用还需要借助云计算平台的强大算力，实现大数据的高效处理。同时，由于终端设备的存储容量有限，海量的数据需要云计算平台来实现分布式存储。

在某些情况下，边缘终端设备在将本地计算任务提交到云计算服务器时，往往需要占用大量网络带宽，而当终端设备和云服务器距离较远时，网络延迟会大大增加，这无疑会影响用户的体验感。边缘计算在最接近终端用户和设备的地方计算、存储和传输数据，可以大大减小用户体验的时延。

4. 交互技术

交互技术是实现元宇宙沉浸感、交互性体验的核心技术。交互技术被称为元宇宙技术的关键入口，为元宇宙的真正落地提供了重要硬件载体，是解决人机之间信息传播的最后一厘米的技术，直接影响着元宇宙用户的沉浸感体验。如图 8.11 所示，元宇宙使用的交互技术可分为三种类型：沉浸式 XR 技术、全息通信技术、感官互联技术。

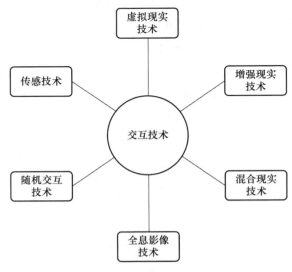

图 8.11　交互技术

扩展虚拟现实(XR)是一个概括性术语,可分为虚拟现实(VR)、增强现实(AR)、混合现实(MR)。XR 技术利用计算机及网络技术生成画面、声音、触感等信息,使得用户能够体验模拟的或强化的视觉、听觉、触觉等感知,从而感受完全沉浸的情境,让用户可以忽略技术而直接沉浸于身临其境般的内容体验中。扩展虚拟现实技术主要通过多种视觉交互技术的集成与融合,生成一个虚实兼具的可视化环境,为体验者提供沉浸式的体验与感受。其中,虚拟现实中的环境建模、触觉反馈、立体交互等技术,分别支撑用户在与虚拟世界交互过程中不同感知部分的形成,最终再通过系统集成构建完整的虚拟现实模型,使用户通过设备获得与真实世界中一样的感受。

全息显示技术主要基于光的干涉与衍射现象,通过记录物体表面散射的光信号,使得物体能够以三维图像的方式呈现出来。全息通信则指通过全息显示技术,采集距离较远的人或物体的光波信号,通过网络传送至终端设备进行激光投影,以全息图的方式投射出真实还原、实时动态的三维影像,实现一种基于立体视觉环境的新型通信方式。全息通信的实现同样需要多种技术的集成,其关键技术包括全息显示技术、高带宽频谱技术、全息编码技术及网络技术等,其中,全息显示技术已经普遍应用于虚拟现实与增强现实等领域。全息通信技术在未来元宇宙构建过程中处于关键地位,整个元宇宙的虚拟环境均从全息构建、全息模拟、虚实融合出发,全息技术结合互联网技术、云技术、XR 技术等新型科技,将为元宇宙构建与真实世界相连通的虚拟世界提供技术支撑,并通过终端显示设备呈现给用户。

感官互联技术通过人工智能、扩展现实和自动化等技术使得不同终端之间传递的数据承载更多感官信号,比如嗅觉、味觉与触觉等,使处于虚拟世界中的用户获得多维感知,从而获得更加真实自然、联系紧密的沉浸体验。

5. 人工智能技术

人工智能技术是算法模型、硬件算力、大数据训练共同构造的,以与人类智能相似的方式进行反应的智能机器,是元宇宙中生产力与自主运行最重要的技术支撑,它将是未来承载元宇宙运行的底座。8.2.2 节将对人工智能技术进行介绍。

6. 电子游戏技术

元宇宙游戏与现实世界高度同步,使用 VR、AR、XR 等技术,能够构建与现实世界相似的世界,也能够自主设计具有自己特色的虚拟世界。这些技术和密切联系的关系使得游戏中的人物、地点和物品看起来更加真实,也让玩家可以更加自由地探索和互动,创造出独特的虚拟体验。

8.2.2　人工智能技术

在构建元宇宙的过程中,AI 技术扮演着至关重要的角色,它不仅推动了人机交互、通信、机器人等关键技术的发展,还可以在元宇宙中直接进行内容创作,是构建元宇宙的关键技术之一。元宇宙技术是多个技术的组合,并且这些技术之间不断发展、演变和交叉应用。目前,如图 8.12 所示,基于深度学习的人工智能技术可分为:计算机视觉、自然语言处理、生成模型、强化学习和其他。

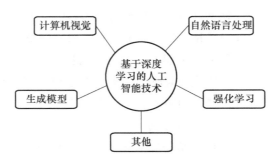

图 8.12　人工智能技术

1. 计算机视觉

计算机视觉是一种通过计算机和算法实现对图像和视频内容的自动解释、分析和理解的技术。利用计算机视觉技术可以识别图像中的物体、人脸、文字等信息,并能够分析和提取出它们的特征、属性和含义。这项技术常常与机器学习、深度学习和人工智能等领域相结合,以实现更准确和高效的图像处理、分析和识别。在计算机视觉中,主流架构为 CNN 和 Transformer 两种。CNN 是一种前馈神经网络,由大量的人工神经元组成,按不同的连接方式构建不同的网络,在图像分类、目标检测、图像分割等任务中取得了很好的表现,极大地推动了计算机视觉的发展。Transformer 架构出现在 CNN 之后,是受到自然语言处理领域的启发而提出的,其独特的自注意力机制能够捕获全局信息,因此在许多视觉任务的表现中超越了 CNN。通过计算机视觉技术,元宇宙中的人物、环境和物体等能够被准确地还原和表现。总之,计算机视觉技术为元宇宙的发展和应用提供了重要支持和保障。

2. 自然语言处理

自然语言处理是人工智能领域中的一个重要分支,旨在研究和开发计算机处理自然语言的方法。NLP 可以帮助计算机理解和生成自然语言,这对于很多实际应用场景来说都是非常有价值的。自然语言处理的建模范式包括词嵌入、句子嵌入和 Seq2Seq 等。其中,词嵌入和句子嵌入可以将单词和句子从离散空间映射到语义空间,这样语义相似的单词或句子将会具有相似的嵌入向量。Seq2Seq 模型则可以将一个序列作为输入,尝试生成另一个序列,如机器翻译、自动摘要和对话系统等。自然语言处理广泛使用多种基于深度学习的方法,包括有监督学习、半监督学习和无监督学习等。此外,多任务学习、迁移学习和主动学习等方法也被广泛应用于自然语言处理领域。在最新的前沿自然语言处理技术中,基于迁移学习的大模型已经成为主流。这种方法先在大规模语料库上进行训练,然后将学习到的知识迁移到各种自然语言处理任务中,如机器翻译、情感分析、问答系统等。其中,BERT、GPT 等预训练模型在自然语言处理领域取得了巨大的成功。自然语言处理技术在元宇宙中具有重要作用,可以实现不同语言参与者之间的无障碍交流,从而打破语言壁垒,促进元宇宙参与者之间的交流和协作。利用自然语言处理技术,可以实现元宇宙中的多语言文本翻译、语音识别、语音合成、问答系统等应用,使得元宇宙内的信息得以更好地传递和利用。此外,自然语言处理技术还可以为元宇宙参与者提供更加智能化的交互方式,如基于自然语言的人机对话系统和自然语言理解的智能助手等。随着自然语言处理技术的不断发展和应用,相信在未来的元宇宙中,自然语言处理技术将扮演越来越重要的角色,为元宇宙参与者创造更加智能化、便捷化、多元化的交互环境。

3. 生成模型

生成模型的作用是根据输入数据的性质,输出相应的数据。因此,生成模型可以帮助人们自动生成数据、补全信息等。在训练过程中,生成模型已知观察变量 X 和隐变量 z,对概率密度函数进行建模。这意味着,在输入观察变量后,生成模型能够推测隐变量可能出现的概率。生成模型还对其进行建模,输入隐变量 z,输出观察变量 X,从而实现数据的生成。生成式对抗网络是一种典型的生成模型,它包括生成网络和判别网络。这两个网络相互对抗、共同演进,提高各自的生成和判别能力。最终,生成网络生成的内容(图片或文字)达到了以假乱真的水平,判别网络无法分辨真假。扩散模型是另一种生成模型,出现在 GAN 之后,扩散模型通过连续添加高斯噪声破坏训练数据,然后通过消除噪声,学习如何重建数据。训练之后,只需要为其输入简单的随机采样的噪声,通过扩散模型学习到的去噪过程,就可以生成数据,它比 GAN 更容易训练,且具有可伸缩性和并行性的额外好处。元宇宙世界需要孪生大量现实世界的物体或是对现实世界的人物进行重建,这些海量的重建只依赖 CG 工程师手动制作是不可行的,而面向内容的生成模型能够自动生成,满足了元宇宙的要求。

4. 强化学习

强化学习是一种学习框架,它通过与智能体与环境进行交互并感知其状态,从而改进策略以达到预期目标。这种方法强调如何在特定环境下采取行动以获得最大化的利益。深度强化学习是一种使用神经网络构建强化学习智能体的方法。在现实问题中,环境、行为和回报都是多样的,很难穷尽所有情况。但是,即使在面对未知情况时,使用神经网络的强化学习算法也可以做出正确的决策。AlphaGo 打败围棋世界冠军就是深度强化学习的一个成功案例。在元宇宙中,强化学习可以用于资源决策、环境优化等方面的工作。

5. 其他

除了以上四个领域,还有很多其他人工智能技术被用于元宇宙,如联邦学习和智能语音。联邦学习是一种机器学习模式,它在保护用户隐私、保证数据安全和遵守政府法规的同时,能够使多个机构联合使用数据并进行机器学习建模。这种模式可以有效地解决数据孤岛问题,让参与方在不共享数据的情况下合作建模,从而实现协同工作的目的。通过联邦学习,不同机构的数据可以保持在本地,只有模型参数才被共享,从而确保数据隐私和安全。同时,联邦学习还可以减少数据传输和存储的需求,提高模型的训练效率和性能,具有广泛的应用前景。在元宇宙中,考虑到保护用户隐私和扩展计算资源,联邦学习技术大有用处。智能语音是实现人机语言通信的技术,使得设备可以用听觉感知周围的世界,用声音和人做最自然的交互。智能语音的实现方式是通过深度学习,提升语音识别的准确率,同时用语义理解分析出人的意图,进行相应的操控,反馈时可以通过播放预设的声音或通过语音合成来合成声音播放,输出结果。

8.2.3　习题

1. 人工智能技术是如何在元宇宙中起到支撑作用的?
2. 元宇宙的"去中心化"与哪些技术有关?是如何实现的?
3. 论述元宇宙的各个步骤用到了哪些技术?

4. 搜集相关资料,论述目前构建元宇宙的技术难点是什么?

5. 元宇宙成熟后可能会遇到哪些挑战?

8.3　行　业　应　用

元宇宙是高度沉浸且持续发展的三维时空互联网,是人机融合三元化的多感官通感的体验互联网,是能够实现经济增值的三权化的价值互联网。同时,元宇宙是整合多种新技术产生的下一代互联网应用和社会形态,它基于扩展现实技术和数字孪生实现时空拓展,基于 AI 和物联网实现数字人、自然人和机器人的人机共生,基于区块链、Web3.0、数字藏品/NFT 等实现经济增值。在社交系统、生产系统、经济系统上虚实共生,每个用户可进行世界编辑、内容生产和数字资产自我所有。图 8.13 总结了元宇宙的应用领域及实例。下面就这些应用领域做简要介绍。

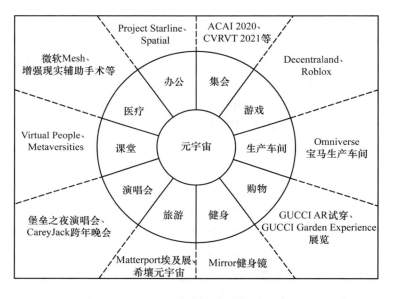

图 8.13　元宇宙的应用领域及实例

8.3.1　办公

在提到元宇宙时,Meta(前 Facebook)公司的 CEO 马克·扎克伯格认为,元宇宙可以让我们更自然地进行互动,从而获得一种存在感。目前,我们在开会时都会面对电脑屏幕上的面孔网格,并没有真正的空间感。但是,与他人共同存在于同一空间并分享同样的位置体验对我们来说是一种习惯。比如,如果你坐在我的右侧,那么我就坐在你的左侧。未来,你可以像坐在我的沙发上一样,出现在一个全息图上,而不是只能通过电话或视频通话沟通。新冠疫情时期,远程办公已变得常见,但传统的远程办公仍然面临许多问题,比如缺乏实时互动、沟通方式低效。而元宇宙可以使得虚拟办公像面对面互动一样自然。

**1.	"Project Starline"计划**

Google 公司推出的全息视频聊天技术（Project Starline）本质上是一个 3D 视频聊天室，旨在取代一对一的 2D 视频电话会议，让用户感觉就像坐在真人面前一样。如图 8.14 所示，通过 Starline，参与视频聊天的人，不需要佩戴任何眼镜或者头盔，真实地就像面对面聊天一样，人物细节饱满。

图 8.14　Starline 效果

Starline 展示了一种实时的双向交流系统，即使两个人在远距离交互，也能体验到面对面的对话体验。通过参与者打分（如呈现、注意力、交互、参与感等方面）、会议参与感和观察到的非语言行为表达（如点头、眉毛运动）各方面进行测量，这是第一个明显优于 2D 视频会议的远程呈现系统。Starline 是一个里程碑式的远程呈现系统，该系统的所有设计元素都是为了最大化实现音视频的保真度和真实感观体验来实现的，包括物理布局、照明、人脸跟踪、多摄像头采集、麦克风阵列、多媒体流压缩编码、扬声器输出和透镜显示。Starline 系统可以实现关键的 3D 视听维度（立体视觉、运动视差和空间化音频），并能实现全方位的交流体验（眼神接触、手势和肢体语言），但使用者不需要佩戴特殊的眼镜或麦克风/耳机。Starline 系统由头部跟踪自动立体显示、高分辨率三维采集和播放、深度视频压缩编解码器及传输网络组成。此外，还包括一个新的基于图像的几何融合算法、自由空间去混响和发言者定位技术。

**2.	Spatial**

Spatial 是由来自纽约和旧金山的 3D 设计和增强现实/VR 专家组成的空间团队，经过两年的研究，他们利用尖端的增强现实技术，通过逼真的全息传送提供了独一无二的远程工作空间体验，如图 8.15 所示。

公司希望最终能通过提供一种实时合作的体验将传统的视频会议淘汰，这种体验将在另一层面上成为现实，与现实生活一样。会议中的每一个虚拟人都是使用从电脑网络摄像头拍摄的 2D 图像生成的只有上半身的虚拟 3D 形象。戴上增强现实头盔（如微软公司的 Hololens 或 Magic Leap）后，用户可以随时随地进入由数字设备内容组成的无限工作空间，通过一个语音驱动的 3D 网络浏览器，就可以轻松地向团队成员展示你的想法和灵感。而那些缺乏必要的沉浸式体验硬件的人可以通过标准桌面或移动设备进行实时会话，以获得传统的会议体验。

图 8.15　Spatial 会议场景

8.3.2　集会

新冠疫情给集会带来了很多影响,使许多集会被取消,且参会者需要戴口罩、保持距离,这大大降低了参会体验。但是,通过虚拟现实和增强现实技术,元宇宙中的集会成了一个 3D 沉浸式的体验。参与者以虚拟形象的方式出现,共同聚集在虚拟空间中,能够互相交流,提升疫情下集会的参与感。目前,越来越多的集会,如学术讲座、毕业典礼等都采用了元宇宙的形式举行。

2020 年 7 月 24 日,首届"AI 顶会"ACAI 2020 在动物森友会中隆重开幕。该会议采用YouTube 平台直播。在研讨会开始之前,所有参会者飞到主持人所在的小岛,进入主持人的房间做演讲准备。每个研讨会都由四到五个演讲者组成,轮流上台演讲。场地位于主持人房间的地下室,已经布置好了黄金椅子、讲台和笔记本电脑,还有一台意式咖啡机。整个研讨会分为四个主题,即人工智能与人类、自然语言处理、计算机视觉和游戏 AI,共有 17 场演讲,如图 8.16 所示。

图 8.16　ACAI 2020 会议场景

如图 8.17 所示,以元宇宙会展形式召开的第七届中国虚拟现实产学研大会(CVRVT 2021)于 2021 年 12 月 5 日举行。观众可以通过绿幕抠像、三维场景合成、虚拟大屏、AR 前景植入、图文包装、动态运镜等技术手段打开大会直播间,欣赏科技感十足的虚拟舞台、神奇的嘉宾传送门、动态环绕的虚拟大屏边框和适时出现的 AR 虚拟前景。

图 8.17　第七届中国虚拟现实产学研大会

中国传媒大学联合《我的世界》(Minecraft)于 2020 年 6 月举办了一场特别的毕业展。这场展采用了创新的"漫游云端校园＋全网直播"的方式,在虚拟校园中进行展览。毕业生们可以在虚拟校园中漫步,打卡留念,还能够发现许多神秘彩蛋,享受到《我的世界》游戏的乐趣。他们可以使用游戏道具鞘翅和烟火快速飞起,从空中俯瞰整个校园。如图 8.18 所示,毕业典礼上,学生们和老师都化身为方块人,而老师们还会"蹦一蹦",在红毯上"飞来飞去",十分有趣。这场特别的毕业展以别致的方式纪念了学生们的大学时光。

图 8.18　2020 年中国传媒大学毕业典礼

8.3.3　游戏

游戏作为虚拟电子形式存在,与元宇宙这一概念天然具有非常强的相互吸引力。元宇宙将现实生活的真实感带入游戏,虚拟游戏中的装备和游戏币都是"真金白银"的,玩家能够在游戏当中随意构建自己的地盘,甚至能够通过持有游戏代币改变游戏的模式和未来的走向。

如图 8.19 所示，Decentraland 是一个 3D 虚拟现实平台，平台内的土地作为虚拟资产支持拥有者任意打造。Decentraland 提供的玩法主要有创建 3D 场景、设计并出售 NFT 以及交易 NFT。Decentraland 允许用户在平台内创建场景以及体验活动，可玩性更强。Decentraland 还允许用户在场景中嵌入自己设计的 NFT，利用场景的可玩性，吸引其他玩家参与，从而提高 NFT 的交易概率。

图 8.19　Decentraland 游戏场景

如图 8.20 所示，Roblox 是一个结合游戏和社交媒体的平台。有数百万种游戏可供玩家（主要是年轻人）与朋友一起探索、聊天和互动。Roblox 的独特之处在于，这家游戏公司不从事制作游戏的业务——它只是为孩子们提供工具和平台来制作他们自己独特的作品。最令人印象深刻的是，Roblox 已将其青少年玩家变成了一群新面孔的企业家。开发者为各种物品和游戏体验收取虚拟货币 Robux 的费用，并可以将赚取的 Robux 兑换成真钱：100 个 Robux 可以兑现 35 美分。（玩家可以花 1 美元购买 100 个 Robux。）

Roblox 可以看作元宇宙的初始形态，因为其包含元宇宙中的众多概念。

（1）身份：所有用户都有自己的独特身份，可使用化身表达自己想要成为的人或物。这些化身可以在不同的体验中使用。

（2）社交：用户可以与现实生活中认识的朋友和在 Roblox 上认识的朋友进行互动。

（3）沉浸式体验：Roblox 提供 3D 和沉浸式的体验，不断改进以使其越来越逼真，与现实世界难以区分。

（4）多元化人群：Roblox 用户、开发人员和创作者来自全球不同地区；Roblox 客户端可在多种平台上运行，并支持 PC 上的 VR 体验。

（5）低门槛：创建 Roblox 账户简单易行，用户可以免费在平台上享受体验，轻松地浏览和切换不同的体验。

（6）多样化内容：Roblox 平台是由开发人员和创作者创造和扩展的一个庞大的虚拟空间。截至 2020 年 9 月 30 日，Roblox 上有超过 1 800 万个体验，其中 1 200 万个体验是在过去 12 个月内创建的。用户可以在其中找到适合自己的内容。

（7）经济系统：Roblox 平台的经济体系建立在一种名为 Robux 的虚拟货币上，用户可以购买 Robux 从而用于购买体验项目和化身。开发人员和创作者可以通过创建引人入胜的体验来赚取 Robux。

（8）安全：Roblox 平台集成了多个系统，以确保用户的安全和促进文明互动。这些系统不仅能执行现实世界中的法律，还能尽可能地扩展监管要求。

图 8.20　Roblox 游戏画面

8.3.4　生产车间

黄仁勋是英伟达公司的首席执行官，他在接受《疯狂的金钱》(Mad Money)节目采访时表示，元宇宙可以帮助企业降低成本浪费并提高运营效率。他指出："我们在补偿那些我们没有模拟的东西上浪费了很多资源。通过在元宇宙中模拟工厂、植物、电网等现实世界的事物，我们可以减少浪费。这就是企业因元宇宙而获得经济收益的原因，因此他们愿意购买这种人工智能能力以省下数十亿美元。"

NVIDIA Omniverse 是一款易于扩展的开放式平台，它是专为虚拟协作和物理级准确的实时模拟而打造的。该平台由 NVIDIA RTX 提供技术支持，可以实现实时协作。创作者、设计师、研究人员和工程师可以使用 Omniverse 连接主要设计工具、资产和项目，以在共享的虚拟空间中协作和迭代。此外，开发者和软件提供商还可以在 Omniverse 的模块化平台上轻松构建和销售扩展程序、应用、连接器和微服务，以扩展其功能。

Omniverse 平台拥有以下三个主要的应用效果。

（1）Omniverse 平台可实现用户和应用程序的实时协作，整合主流行业 3D 设计工具，简化工作流程。开发者可在单个交互式平台上即时更新、迭代和更改数据，无需再进行额外的准备操作。

（2）Omniverse 平台提供实时光线追踪和路径追踪的可扩展、真实效果，创造出精美、物理属性准确且逼真的视觉效果。

（3）Omniverse 平台实现模型的可扩展性，开发者只需构建模型一次，即可在不同设备上进行渲染。

目前，宝马集团在 Omniverse 平台上整合规划数据和应用，实现了实时协作和兼容性。利用 Omniverse 提供的虚拟工厂，宝马股份公司管理董事会董事 Milan Nedeljković表示，由于在完美的模拟环境中进行操作，宝马的规划流程将被彻底改变。他认为使用 Omniverse 有望将宝马的生产规划效率提高 30%。如图 8.21 所示，元宇宙生产车间也提高了工厂设计和生产的精度、速度，同时还能够实现成本节约和效率提升。因此，黄仁勋认为，在物理世界中建造任何东西之前，虚拟地进行设计、规划和运营未来的工厂，将是制造业的未来。

图 8.21　工厂级别的业务流仿真及可视化

8.3.5　购物

虚拟现实、增强现实和数字模拟等技术正在重塑线上电商场景。未来,元宇宙将在零售领域中发挥重要作用。在元宇宙中,消费者可以在虚拟购物中心进行一键下单,实现类似于游戏的购物体验。此外,元宇宙将打破实体店的局限,提供更加具有想象力的数字购物体验。

1. GUCCI

2019 年,GUCCI 就已经在其官方应用程序(GUCCI app)中推出了一项使用增强现实技术虚拟试穿 Ace 系列经典运动鞋的功能。该功能除了可以试穿和购买,还可以让顾客拍摄自己"穿着"Ace 系列运动鞋的照片,并在社交媒体平台上分享。此外,GUCCI app 提供了专属表情包和壁纸供用户自由选择和装饰。品牌于 2020 年 6 月 29 日创新性地采用了"品牌＋社交平台"的合作模式。与图片视频社交应用 Snapchat 合作发布了两款新滤镜,使平台用户可以通过滤镜的增强现实技术虚拟试穿 GUCCI 运动鞋,并能在应用程序上直接购买。整个试穿和购买过程方便快捷,用户只需在 Snapchat 上挑选鞋子,然后将手机摄像头对准脚部即可看到试穿效果,如图 8.22 所示。

图 8.22　GUCCI 与 Snapchat 合作推出的鞋类 AR 试穿

GUCCI 在官方 app 中推出了一个数字球鞋内容版块,名为 GUCCI Sneaker Garage(球鞋车库)。该版块汇集了产品故事、互动游戏、艺术创意以及虚拟试鞋等多个内容。在这一版块中,GUCCI 发布了品牌首款数字虚拟运动鞋 GUCCI Virtual 25,如图 8.23 所示。用户可以在线以 AR 形式试穿、拍照或录制小视频,然后分享给好友。与其他时尚品牌的 AR/VR 试穿功能不同的是,这是首款需要付费才能"试穿"的虚拟运动鞋,售价为 11.99 美元,约合 80 元人民币。在 Sneaker Generator 功能中,用户可以挑选自己喜欢的 GUCCI 元素(鞋面、鞋底和 logo)进行 DIY,制作一双独特的运动鞋。完成后,用户可以将其分享给好友,并在 app 的社群里参与最喜欢的 DIY 设计方案的评选。

图 8.23　GUCCI Sneaker Garage 首款数字运动鞋

2. GUCCI 与 Roblox 合作

数字世界中游戏平台的流量优势似乎正逐渐影响到实体世界中文化品牌的推广和塑造。如图 8.24 所示,GUCCI 品牌于 2021 年 5 月 17 日在 Roblox 平台上推出了 GUCCI Garden 空间,并开启了名为"The Gucci Garden Experience"艺术花园的虚拟活动,为期两周。在该平台上,用户可以以 1.2 美元至 9 美元的价格购买、收藏限量版 GUCCI 配饰,然后将其应用于他们在平台上的虚拟形象上。这一行动被认为是时尚界对"元宇宙"更进一步的布局。GUCCI 的新体验团队为 Roblox 的用户提供了一个虚拟空间和一套数字道具,让用户沉浸在一个独特的世界中。这个全新的数字空间环境利用了 Roblox 游戏引擎的最新成果,为 Roblox 用户提供了一套高度动态的环境。在这个环境中,用户可以像透明的人体模型一样穿越不同的空间,随着用户的移动,周围环境在视觉上也会发生变化。

图 8.24　The GUCCI Garden Experience 展览场景

这次展览的灵感源自意大利佛罗伦萨的一座花园。在这个基础上,GUCCI 为每个主题房间设计了不同的活动。玩家进入展览空间后,可以体验到不同的虚拟场景,而他们的化身也会因为所在场景的不同而发生变化。在花园体验期间,GUCCI 推出了几款限时购买的单品,价格为 475 Robux。这些单品很快就被抢购一空,转售价格也一路上涨,甚至出现了转售价格超过原价的情况。其中,Dionysus 手袋成功以 4 321 欧元的价格出售,超出原价 2 000 欧元。

8.3.6　课堂

谈到元宇宙的应用,经济学家朱嘉明教授指出,教育是最大的潜在领域。英文单词"university"中的"universe"意为"宇宙",因此元宇宙和教育之间具有天然的平行性和覆盖率。现在,人们的生活中已经融入了学习,而元宇宙为学习提供了最大的空间和最好的技术基础。在元宇宙中,开放大学将变得更加适合,使得所有人都不再被局限于校园内。元宇宙的课堂非常有创意,老师不再受教室和现有教具的限制。在教学课堂中,图形和公式可以在几何空间中不断变化和组合,学生可以目睹宇宙的诞生和发展,一起了解历史人物,看朝代的兴衰。元宇宙让学习更简单、更有趣。通过进入元宇宙,教学将不再受制于时空和现实设备,教育资源短缺和不均衡的问题也将得到解决。此外,各种创意的课堂也将被激发出来,教学效果将会得到质和量上的提升。

1. 斯坦福大学"元宇宙第一课 Virtual People":在元宇宙中进行深入的远程教学互动

2021 年,美国斯坦福大学推出了第一门元宇宙课程"Virtual People"。如图 8.25 所示,该课程完全使用 VR 授课,学生们使用学校发放的 VR 头盔和手柄控制器远程参与课程活动。在课程中,学生们首先需要创造自己的虚拟角色(也被称为 avatars,虚拟化身),然后在课堂上"见面",师生佩戴 VR 头盔通过一系列的教学活动学习相关知识和技能。如图 8.26 所示,学生们将进行沉浸式的"实地考察":在博物馆中近距离地观察恐龙化石和骨架,为一场足球比赛尽情奔跑在绿茵场上,遨游于辽阔的太空中俯视蓝色地球,也可以依着珊瑚礁潜泳,分析气候变化对海洋产生的影响。这些虚拟场景给学生们带来了不一样的体验。

图 8.25　Virtual People 课程师生佩戴 VR 设配

与此同时,课程助教还会组织学生开展小组讨论。与一般的视频会议不同的是,在 Virtual People 课堂中,学生们的虚拟化身将围成一圈,"面对面"地进行学习讨论。这种虚拟空间维度的引入可增强学习体验、更好地开展观点分享与碰撞,得到了学生们的肯定和赞赏。除此之外,学生们也被教师鼓励尽可能地发挥想象力和创造力,自行构建场景,创建自己的虚拟学习世界。元宇宙在教育中的应用使远程教学呈现出更多的可能性,并且在丰富多样的学习场景中进行交互与学习。Virtual People 课程打破了远程学习者难以有效互动的壁垒。虚拟化身有助于提高学习者之间的有效交流,虚拟环境的沉浸式体验也可以帮助学习者对学习内容掌握得更深入、体验度更高,而这些都离不开虚拟课程中教师和助教的精心指导和陪伴。

图 8.26　学生在 Virtual People 课程中探索虚拟世界

2. "Metaversities"元宇宙大学计划：学习空间在数字孪生校园得到充分延伸

远程学习的交互需求始终是教育者和学习者关心的重点之一。在以往的经验中，人们只是单纯地盯着一块屏幕，学习空间充满着局限性。而在教育元宇宙里，学习空间虚实融合的沉浸性将得到最大程度的畅想。元宇宙大学（Metaversities）是利用虚拟现实创建的高等教育数字孪生校园（Metacampus）。在元宇宙校园里，学生和老师可以像在现实生活中一样上课或参与实地考察，并在一个环境中同时进行讨论与协作等交互，如图 8.27 所示。此外，元校园还支持同步和异步，教师们可以将线下课程的教学过程录制并保存在内容库中，供学生自由选择并进行沉浸式的学习体验。

图 8.27　数字孪生校园中的虚拟化身

美国计划于 2022 年秋季推出 10 所元宇宙大学，每所学校都将配套一个数字孪生校园，无论学生是在实体校园内还是进行远程学习，他们都可以充分体验极具真实感的元校园并参与到虚拟课程中：美国佐治亚州亚特兰大的莫尔豪斯学院是第一个充分利用元宇宙校园的大学，并在 2021 年 2 月开设了世界历史、生物学和无机化学三门课程。在基于元宇宙校园的授课过程中，Muhsinah Morris 教授鼓励学生们在太空中建造如真人大小的分子结构，Ethell Vereen 教授要求学生开一家虚拟理发店来帮助生物课上的学生们自由地讨论敏感的健康问题，学生们不仅可以与 Tanya Clark 博士在霍格沃茨风格的虚拟学校里探讨奇幻文学，还可以在 Ovell Hamilton 教授的世界历史课上环游世界，并对这种元宇宙中的虚拟教学有着较大的参与度和满意度。

学习的发生离不开学习者这一主体，也离不开学习空间的支持。在元宇宙大学里，数字孪生校园不仅将学生的虚拟身份和真实身份融合在一起,还把实体校园物理环境和虚拟空间数字场景结合起来。在学习身份、学习时间与学习空间的融合过程中,教育元宇宙给予了学习更多可能性。而随着技术应用与教育实践的不断成熟,学习空间也将更趋向于多样化和动态化。

8.3.7　旅游

旅游是元宇宙的一项重要应用,而传统旅游总是人满为患,时空阻碍了人们去探索全球各地著名景点和古迹。然而,将空间进行 3D 图像数字化,并将其存储到云端以供展示,游客只需带上 VR 眼镜就可以享受“说走就走”的旅行。讲解和仿真式的互动能帮助游客获得超越现实旅游的沉浸式体验。一家专注于 3D 取景的公司 Matterport 已经通过 VR 技术推出了埃及的五大古迹,如图 8.28 所示。该应用一推出便深受游客的喜爱,无需跨越国境,游客便可沉浸式地游览埃及的风貌和古迹,了解其中的历史典故。

图 8.28　Matterport 推出的埃及遗址

百度发布的元宇宙产品希壤,用桂林旅游资源和百度希壤元宇宙技术基础,利用虚拟现实技术、人工智能技术、语音技术等先进的技术手段,依托于生态环境监测平台的信息数据,构建桂林象鼻山元宇宙平台。如图 8.29 所示。用户不仅可以沉浸式地感受山清水秀的象鼻山、绿瓦红梁的南方古刹,还可以随时随地与身边的小伙伴分享交流自己的所思所想。在有趣且富有未来科技感的多元互动中,用户近距离畅游观赏桂林美景,沉浸式领略祖国的大好河山。

图 8.29　桂林象鼻山元宇宙景区

希壤元宇宙中的旅游资源丰富多彩,包括许多国内著名景区,如象鼻山、少林寺、三星堆博物馆等。此外,还能够畅游国外景点,如由韩国旅游发展局与百度希壤合作打造的虚拟探索空间——韩国旅游发展局体验馆。该项目于 2022 年 12 月 28 日在百度希壤元宇宙世界 Creator City 向公众开放,用户只需登录即可享受穿越元宇宙畅游韩国的奇妙体验。这里不仅实景还原了韩国国家级中心广场——光化门广场,还有超现实主义风格的韩国旅游发展局总部大楼 HiKR,用户可以乘坐地铁穿越汉江,欣赏落日余晖,感受传统与现代的相互交织,如图 8.30 所示。

图 8.30　在希壤元宇宙中畅游韩国

8.3.8　演唱会

粉丝们在元宇宙中的虚拟演唱会中,体验到了一种全新的追星方式。相比传统演唱会,虚拟演唱会没有物理限制,歌手的服装、道具、舞台效果变幻莫测,为观众带来了更加丰富的视觉体验。此外,粉丝们可以通过设置虚拟分身的方式参与演出,并与偶像亲密互动。演出门票、虚拟道具、数字周边等的 NFT 化也让粉丝们的想象得到了满足。

Epic Games 是一家美国电子游戏开发公司,他们曾和国际知名音乐人 Marshmello 在其在线射击游戏《Fortnite》(堡垒之夜)中联合举办过电音演唱会。如图 8.31 所示,在这场演唱会中,有超过 1 070 万的玩家加入,创下了该游戏历史上最大的活动。演出的舞台被设计得非常精美,玩家们为自己的虚拟角色穿上了最亮眼的皮肤,聚集在地图中搭建的演唱会舞台旁观看表演。Marshmello 则通过动作捕捉技术在虚拟形象中实时进行直播,粉丝们甚至可以到他身边和他互动。演唱会只有 10 分钟,但 Marshmello 多次将现场氛围推向高潮,无数玩家从地上腾空飞起,在霓虹灯的穿射中翩翩起舞,巨型的全息人物投影和绚烂的声光效果让现场异常火热。演出结束后,很多玩家表示体验到了极强的沉浸感。

2022 年 12 月 19 日,UP 主 CareyJack 在《光·遇》游戏中创意复刻了 2008 年北京奥运会的倒计时,吸引了众多粉丝的关注和参与。在跨年前,玩家们像参加线下晚会一样,积极参与彩排,全程跟随 CareyJack 的直播指挥。在倒计时的最后十分钟,数百名玩家身着相同的服装,一起在游戏中组成了一个 20 m×10 m 的"屏幕",并按照 CareyJack 的指挥切换颜色,组成

图 8.31　《堡垒之夜》音乐会

了"2023"这个数字,用自己的身体完成了跨年倒计时,如图 8.32 所示。2023 年 1 月 1 日 0 点整,玩家们自发组织了元宇宙欧若拉演唱会,观众和参与者共数千人。这次跨年行为艺术让开发者陈星汉被深深打动,对元宇宙的未来充满了想象和憧憬。他在微博上点赞,感谢玩家们带来的感动和启发。

图 8.32　在《光·遇》中的跨年晚会

8.3.9　健身

在元宇宙中,无线通信技术、人工智能和芯片等技术被引入健身领域,从而打造出一个家庭健身房的入口。这种健身房提供了随时随地的健身服务,让用户可以利用碎片化的时间进行健身,同时也可以通过体感设备和检测指标与教练进行在线互动。虚拟身份支持用户加入虚拟社群,与其他健身爱好者进行 PK 和交流。这种科技感十足的健身场景已经成为现实。

Mirror 公司被誉为全球首家提供"隐形式"家庭健身解决方案的公司。他们推出了一种配备嵌入式摄像头和扬声器的健身镜,当开启这个镜子时,它就会变成一台交互式的镜面显示器。如图 8.33 所示,这个健身镜可以支持教练"面对面"地指导体式,并随时反馈用户的运动状态,如查看消耗的卡路里等相关数据。当用户打开 Mirror 时,他们可以在界面内选择教练和喜欢的健身课程,同时镜面内部会实时显示用户的心率和健身动作。此外,用户在训练过程中,Mirror 系统还可以通过检测用户佩戴的可穿戴设备,如 Apple Watch 等,来给予相应的锻炼建议。

图 8.33　使用 Mirror 健身镜健身

8.3.10　医疗

医疗行业正广泛采用虚拟现实、增强现实、混合现实和人工智能等元宇宙构成部件,结合软件和硬件技术支持应用程序。例如,医疗器械公司正在利用混合现实技术设计手术工具,世界卫生组织(WHO)则利用增强现实技术和智能手机追踪新冠疫情感染者的活动轨迹。精神病学家正在利用 VR 治疗创伤后应激(PTS),医学院也使用 VR 技术进行学生的手术技能培训。

微软于 2021 年 3 月展示了一个名为 Mesh 的混合体验平台,由其 Azure 云服务支持。这个平台让来自不同地点的人们,使用各种设备(包括 HoloLens2、一系列 VR 头盔、智能手机、平板电脑和个人电脑)共同参与 3D 全息体验。微软在其博客文章中还展示了一组医学生的"数字化身"聚集在一个全息模型周围,通过剥离肌肉层,探寻身体内部肌肉组织情况,学习人体解剖学。

约翰霍普金斯大学的外科医生最近使用增强现实技术进行了手术。在该手术中,医生在患者的脊柱中放置了 6 颗螺钉以执行脊柱融合术。随后,另一组外科医生使用同样的技术切除了患者脊柱上的一个肿瘤。这些医生佩戴了一款头戴式设备,该设备由以色列 Augmedics公司制造,其透明显示器能够显示 CT 扫描图像,将病人的内部解剖结构(如骨骼和其他组织)呈现在医生眼前,就像使用 GPS 导航仪一样。

迈阿密大学米勒医学院戈登医学教育模拟与创新中心利用增强现实、虚拟现实和混合现实技术来为急救人员提供创伤患者救治的培训。他们可以在一个逼真的人体模型上练习挽救心脏手术,这个人体模型被称为"哈维",可以模拟所有心脏病类型。医学生戴上虚拟现实头盔后,可以看到底层的解剖结构,提高了培训效果。

巴里·艾森伯表示,在数字环境中,学生们不受物理对象的限制,无需到现场在真实的创伤患者身上进行实际操作培训与演练,就可以获得相同的虚拟体验。南加州大学创意技术研究所自 1999 年成立以来,一直致力于开发 VR、AI 等技术,用于解决各种医疗和心理健康问题。

心理学家、ICT 医疗虚拟现实主任阿尔伯特·里佐创建了一种名为 Bravemind 的虚拟现实暴露疗法,旨在缓解 PTSD(创伤后应激障碍)的困扰。该疗法让患者在训练有素的治疗师的指导下,通过模拟自身的经历来面对创伤记忆。患者戴上耳机可以沉浸在几种不同的虚拟场景中,通过键盘来模拟人(如叛乱分子)、爆炸等场景,还有气味和震动等,从而让患者可以在一个安全的虚拟世界中体验创伤事件,作为传统谈话治疗的替代方案。经过多家医院的采用,Bravemind 疗法被证明可以显著减少患者的 PTSD 症状。

8.3.11 习题

1. 为什么 Roblox 可以看作元宇宙的初始形态?

2. 列举十个元宇宙的应用领域。

3. 请查阅相关资料,调查元宇宙除上述领域之外在其他领域的应用,并在每个领域列举一到两个实例。

4. 简要介绍 Nvidia Omniverse 平台的三个主要应用效果。

5. 介绍一个元宇宙在医疗领域的实例。

部分习题参考答案

2.2 节习题答案

1. $E(x;\mu,\sigma^2)=\dfrac{1}{2\sigma^2}(x-\mu)^2$

$$p(x)=\frac{\mathrm{e}^{-E(x)}}{\int \mathrm{e}^{-E(x)}\,\mathrm{d}x}=\frac{\dfrac{1}{2\sigma^2}(x-\mu)^2}{\sqrt{2\pi\sigma^2}}$$

2. 步骤如下。

（1）定义输入和隐层的节点数。

（2）初始化权重矩阵和偏置向量。

（3）训练模型：使用训练数据对权重矩阵和偏置向量进行优化，使用梯度下降或其他优化算法。

（4）使用生成方法生成新图像：可以在隐层上采样随机数，并将隐层的值通过训练好的权重矩阵进行反向推导，得到输出层的值，即生成的图像。

请注意：RBM 只能生成类似于训练数据的图像，并不能生成任意图像。您需要选择足够多的训练数据，以便模型能够学习关于图像生成的规则。

3. 步骤如下。

（1）准备训练数据：首先需要准备一份文本数据，用于训练玻尔兹曼机。

（2）预处理训练数据：将文本数据转化为可供玻尔兹曼机训练的数据格式，如将文本数据转化为 one-hot 向量。

（3）定义玻尔兹曼机模型：根据预处理后的数据格式定义玻尔兹曼机模型。

（4）训练玻尔兹曼机：使用预处理后的训练数据训练玻尔兹曼机。

（5）使用生成模型生成文本数据：给定一个初始输入，使用训练好的玻尔兹曼机生成文本数据。

注意：以上步骤仅是大致的流程，实际上实现一个基于玻尔兹曼机的生成模型可能还需要其他操作，如调整模型超参数、优化损失函数等。

4. 步骤如下。

（1）准备训练数据：首先需要准备一份图像数据，作为生成器的训练数据。

（2）预处理训练数据：将图像数据转化为可供训练的数据格式，如将图像数据转化为张量。

（3）定义生成器：根据预处理后的数据格式定义生成器模型。

（4）定义判别器：根据预处理后的数据格式定义判别器模型。

（5）定义损失函数：根据生成对抗网络的任务定义损失函数。

（6）训练生成对抗网络：使用预处理后的训练数据训练生成对抗网络。

（7）测试生成对抗网络：使用生成对抗网络生成图像，并评估生成图像的质量。

注意：以上步骤仅是大致的流程，实际上实现一个生成对抗网络可能还需要其他操作，如调整模型超参数、优化损失函数等。

4.2 节习题答案

1. $16\,000 \times 0.02 = 320$（个）

2. $10 \sim 30$ ms

3. 音长、音强、音高和音质

4. 振幅

5. 文本规范化、形态分析、句法分析、音素化、韵律生成等 5 个步骤。

（1）文本规范化：对文本进行标准化，包括大小写转换、单复数形式转换等。

（2）形态分析：对文本进行词法分析，将文本分解为单词或词组。

（3）句法分析：对文本进行语法分析，将文本分解为句子，并识别句子中词语的语法关系。

（4）音素化：对文本进行语音分析，识别每个单词的音素（音节）。

（5）韵律生成：根据句子的语音和语法特征生成句子的韵律。

6. 对文本进行自然语言处理之后，需进一步进行数字信息处理。现代工业级神经网络语音合成系统主要包括三个部分：文本前端、声学模型和声码器。文本输入文本前端，将文本转换为音素、韵律边界等文本特征。文本特征输入声学模型，转换为对应的声学特征。声学特征输入声码器，重建为原始波形。

6.2 节习题答案

1. 医疗、动画、电影、机器人、地图建模。

2. （1）真实性：尽管现有的 AI 三维建模技术已经很接近真实的模拟，但仍有进一步提高真实性的空间。

（2）自动生成：现有的 AI 三维建模技术通常需要手动设置，因此还有提高自动生成的能力的空间。

（3）多种材料：现有的 AI 三维建模技术通常只能处理单一材料，因此还需要具备对多种材料的处理能力。

（4）高效性：现有的 AI 三维建模技术可能需要大量的计算资源，因此需要提高技术的效率。

（5）人机交互：现有的 AI 三维建模技术通常不具有很好的人机交互能力，因此需要进一步提高。

3. （1）距离损失函数。（2）对抗损失函数，主要包括生成损失和判别损失两个部分。（3）其他损失函数，如可微分的视觉相似度量损失函数（DR-KFS），从各个视角保证生成物体与真实物体的一致性。

4. （1）训练和渲染都很慢。（2）只能表示静态场景。（3）经过训练的 NeRF 表示不会泛化到其他场景。

5.（1）非刚性物体的重建。（2）真实感物体的重建。（3）基于无监督学习的重建。（无固定答案）

6.3 节习题答案

1. 一般的训练语音唤醒模型大概需要 4 个步骤，其中包括：定义唤醒词、收集发音数据、训练唤醒模型、测试迭代。

（1）定义唤醒词：一般会定义 3~4 个音节的词语作为唤醒词，像常见的"天猫精灵""小爱同学"等，唤醒词字数越少，越容易误触发；字数越多，越不容易记忆。

（2）收集发音数据：理论上来说发音人越多、发音场景越丰富，训练的唤醒效果越好。一般按照发音人数和声音时长进行统计，不同的算法模型对于时长的依赖不一样，基于端到端神经网络的模型，一个体验良好的唤醒词可能需要千人千时，就是一千个人的一千个小时。

（3）训练唤醒模型：常见的算法有基于模板匹配的 KWS、基于马尔可夫模型的 KWS、基于神经网络的方案等。

（4）测试并上线：一般分为性能测试和效果测试，性能测试主要包括响应时间、功耗、并发等，这个一般交给工程师来解决。产品会更关注效果测试，具体的效果测试会考虑唤醒率、误唤醒率这两个指标。

2. 对于对话机器人而言，常见的对话形式有三种：问答（QA）型、任务（Task）型和闲聊（Chat）型。

（1）问答型对话：主要为一问一答的形式，机器人对用户提出的问题进行解析，在知识库已有的内容中查找并返回正确答案。对于机器人而言，每次问答均是独立的，与上下文信息无关。

（2）任务型对话：主要指机器人为满足用户某一需求而产生的多轮对话，机器人通过理解、澄清等方式确定用户意图，继而通过答复、调用 API 等方式完成该任务。在该任务内，机器人需要理解上下文信息并作出下一步的动作。

（3）闲聊型对话：闲聊型对话大多为开放域的对话，主要以满足用户的情感需求为主，通过产生有趣、富有个性化的答复内容，与用户进行互动。

3.（1）识别精度方面：提高识别精度。

（2）语言障碍方面：尽管智能体在普通话交互方面已经取得非常大的进步，但是面对方言时仍会遇到较大挑战。未来通过收集大量方言语料，训练优化语音模型，可以用多种方言与人类对话，使习惯说方言的群体也可以享受 AI 语音交互。

（3）隐私安全方面：语音交互系统需要存储用户语音数据，这对隐私安全提出了新的挑战。

（4）差异化设计方面：针对特定群体进行差异化设计，根据特定群体的语音特点及语言模式，设计个性化的语音交互模型，如针对儿童群体提高发音、措辞、语序的容错率等。

4. 以手势识别技术为例，面临的挑战性问题有以下几种。

（1）手势分割问题：手势的检测很容易受到颜色、光照、亮度等环境噪声的影响，从而影响到手势的准确分割；此外，人手的自由度很高，手的弯曲程度、手和其他身体部位的遮挡问题等都会影响到手势的准确分割。

（2）动态手势的追踪与匹配的问题：在动态手势追踪中，复杂的背景变化和对实时速度的要求使得视觉跟踪一直是一个具有挑战性的问题。在手势跟踪的过程中，跟踪窗口大小、手势的运动轨迹、手势的姿态等都可能会发生变化,导致跟踪精度降低。

（3）实际应用问题:目前大多数的手势识别都停留在小型的简单数据库层面,不具有泛化性,不易推广和使用。

5.（1）基于点云的三维手势重建:基于点云的三维目标重建可以生成一个精确的空间支持,也可以从手势的二维投影中学习受限的特征表示,从而稳定地定位在视野外或自遮挡问题严重的手势。

（2）基于多区域检测的手势追踪:多区域监测可以在并行计算的基础上对多个区域进行同时检测,等效地扩大搜索区域,能够有效地考虑不同布局和区域变化的视觉感知,提高目标手势区域的显著性。

（3）基于多粒度稀疏表示的手势追踪:通常手势区域在手势图像中所占比例较小,在分析手势图像时,基于多粒度稀疏表示的手势追踪方法充分考虑到手势的整体特征和局部特征,提高手势特征的表达能力。

8.3 节习题答案

1. Roblox 可以看作元宇宙的初始形态,因为其具有元宇宙概念中的众多概念。

（1）身份:所有用户都具有化身形式的独特身份,可让他们将自己表达为想要成为的人或对象。这些化身可跨经验移植。

（2）朋友:用户与朋友互动,其中一些是他们在现实世界中认识的,而另一些是在 Roblox 上认识的。

（3）身临其境:Roblox 上的体验是 3D 和沉浸式的。随着 Roblox 平台的不断改进,这些体验将变得越来越引人入胜,并且与现实世界难以区分。

（4）人员广泛:Roblox 上的用户,开发人员和创作者来自世界各地。此外,Roblox 客户端可在 iOS、Android、PC、Mac 和 Xbox 上运行,并使用 Oculus Rift、HTC Vive 和 Valve Index 耳机在 PC 上支持 VR 体验。

（5）低门槛:在 Roblox 上设置帐户很简单,用户可以免费在平台上享受体验。用户可以自己或与朋友快速地在体验之间或之内遍历。开发人员可以轻松构建经验,然后将其发布到 Roblox 云,以便随后所有平台的 Roblox 客户端上的用户访问它们。

（6）内容多样:Roblox 是开发人员和创建者创建内容的一个庞大且不断扩展的领域。截至 2020 年 9 月 30 日,Roblox 上有超过 1 800 万的体验人次,而在此前的 12 个月中,社区中有超过 1 200 万的体验人次;还有数百万个创建者创建的虚拟项目,用户可以使用它们来个性化其化身。

（7）经济:Roblox 的经济体系建立在一种名为 Robux 的货币上。选择购买 Robux 的用户可以将货币用于体验和化身项目。开发人员和创作者通过构建引人入胜的体验和商品吸引用户兑换 Robux。Roblox 允许开发人员和创作者将 Robux 转换回现实世界的货币。

（8）安全:Roblox 平台中集成了多个系统,以促进文明并确保用户的安全。这些系统旨在执行现实世界中的法律,并旨在扩展到最低监管要求之外。

2. 办公,集会,游戏,生产车间,购物,健身,旅游,演唱会,课堂,医疗。

3. 如房地产,在元宇宙中能够提前感受房型及装修风格。

4. Omniverse 平台拥有如下 3 个主要的应用效果。

（1）Omniverse 平台可以实现用户和应用程序间的实时协作。Omniverse 平台可以实现

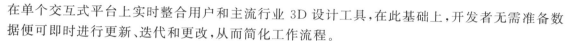

在单个交互式平台上实时整合用户和主流行业 3D 设计工具,在此基础上,开发者无需准备数据便可即时进行更新、迭代和更改,从而简化工作流程。

(2) Omniverse 可提供实时性的光线追踪效果。Omniverse 平台提供可扩展的、真实的实时光线追踪和路径追踪,可以基于作品实时实现精美、物理属性准确且逼真的视觉效果。

(3) Omniverse 平台实现模型可扩展性。在 Omniverse 平台上,开发者只需构建模型一次,即可在不同设备上渲染。

5. 里佐创建了一种名为 Bravemind 的虚拟现实暴露疗法,旨在缓解 PTSD 带来的困扰。在暴露疗法中,患者在训练有素的治疗师的指导下,通过模拟自身的经历来面对创伤记忆。戴上耳机,患者可以沉浸在几种不同的虚拟场景中。患者用键盘模拟人(如叛乱分子)、爆炸,甚至气味和震动等,而不是仅仅依赖于想象重现一个特定的场景。在虚拟现实暴露疗法中,患者可以在一个安全的虚拟世界中体验创伤记忆。该方案可作为传统谈话治疗的替代方案。

参 考 文 献

[1] Cao Y，Li S，Liu Y，et al. A comprehensive survey of ai-generated content（aigc）：A history of generative ai from gan to chatgpt［J］. arXiv preprint arXiv：2303. 04226，2023.

[2] 人工智能生成内容（AIGC）白皮书［R］.北京：中国信息通信研究院和京东研究院.

[3] 王桢文. 基于概率生成模型的社区发现和网络数据分类方法研究［D］.长沙：国防科学技术大学，2013.

[4] 王立军. 一种新的层次化概率生成模型及场景分析方法［D］.长沙：中南大学，2014.

[5] 周志华. 机器学习［M］.北京：清华大学出版社，2016.

[6] 李航. 统计学习方法［M］.2 版.北京：清华大学出版社，2019.

[7] Blei D M，Ng A Y，Jordan M I. Latent dirichlet allocation［J］. Journal of machine Learning research，2003，3（Jan）：993-1022.

[8] Smolensky P. Information processing in dynamical systems：Foundations of harmony theory［J］. MIT Press，1986.

[9] Hinton G E，Salakhutdinov R R. Reducing the dimensionality of data with neural networks［J］. science，2006，313（5786）：504-507.

[10] Larochelle H，Bengio Y. Classification using discriminative restricted Boltzmann machines［C］//Proceedings of the 25th international conference on Machine learning. 2008：536-543.

[11] Salakhutdinov R，Mnih A，Hinton G. Restricted Boltzmann machines for collaborative filtering［C］// Machine Learning，Proceedings of the Twenty-Fourth International Conference. DBLP，2007：791-798.

[12] Coates A，Ng A，Lee H. An analysis of single-layer networks in unsupervised feature learning［C］//Proceedings of the fourteenth international conference on artificial intelligence and statistics. JMLR Workshop and Conference Proceedings，2011：215-223.

[13] Hinton G E，Salakhutdinov R R. Replicated softmax：an undirected topic model［J］. Advances in neural information processing systems，2009，22.

[14] Carreira-Perpinan M A，Hinton G E. On contrastive divergence learning［J］. proceedings of artificial intelligence & statistics，2005.

［15］ Hinton G. Training products of experts by minimizing contrastive divergence［J］. Neural Computation，2000，14(8):1711-1800.

［16］ Salakhutdinov R，Hinton G E. Deep Boltzmann machines ［C］//International Conference on Artificial Intelligence and Statistics. PMLR，2009.

［17］ Salakhutdinov R. Learning Deep Boltzmann Machines using Adaptive MCMC［C］// International Conference on Machine Learning. DBLP，2010.

［18］ Salakhutdinov R. An Efficient Learning Procedure for Deep Boltzmann Machines［J］. Neural Computation，2012.

［19］ Kingma D P，Welling M. Auto-Encoding Variational Bayes［J］. 2014. DOI:10.48550/ arXiv.1312.6114.

［20］ Doersch C. Tutorial on Variational Autoencoders［J］. 2016. DOI:10.48550/arXiv. 1606.05908.

［21］ 邱锡鹏. 神经网络与深度学习［J］.中文信息学报，2020(7):1.

［22］ Zhu Q，Su J，Bi W，et al. A batch normalized inference network keeps the KL vanishing away［J］. arXiv preprint arXiv:2004.12585，2020.

［23］ Alemi A A，Fischer I，Dillon J V，et al. Deep variational information bottleneck［J］. arXiv preprint arXiv:1612.00410，2016.

［24］ Jang E，Gu S，Poole B. Categorical Reparameterization with Gumbel-Softmax［J］. 2016. DOI:10.48550/arXiv.1611.01144.

［25］ Goodfellow I J，Pouget-Abadie J，Mirza M，et al. Generative Adversarial Nets ［C］// Proceedings of the 27th International Conference on Neural Information Processing Systems-Volume2. 2014:2672-2680.

［26］ Radford A，Metz L，Chintala S. Unsupervised Representation Learning with Deep Convolutional Generative Adversarial Networks［J］. 2015. DOI:10.48550/arXiv. 1511.06434.

［27］ Arjovsky M，Chintala S,Bottou，Léon. Wasserstein GAN［J］. 2017. DOI:10.48550/ arXiv.1701.07875.

［28］ Yu L，Zhang W，Wang J,et al. SeqGAN:Sequence Generative Adversarial Nets with Policy Gradient［J］. 2016. DOI:10.48550/arXiv.1609.05473.

［29］ Rezende D J，Mohamed S. Variational Inference with Normalizing Flows ［C］// International Conference on Machine Learning. PMLR，2015:1530-1538.

［30］ Eric J. Normalizing Flows Tutorial，Part 1:Distributions and Determinants［EB/ OL］.（2018-01-17）［2023-03-20］. https://blog.evjang.com/2018/01/nf1.html.

［31］ Eric J. Normalizing Flows Tutorial，Part 2:Modern Normalizing Flows［EB/OL］.（2018-01-17）［2023-03-20］. https://blog.evjang.com/2018/01/nf1.html.

［32］ Dinh L，Sohl-Dickstein J，Bengio S. Density estimation using Real NVP［J］. 2016. DOI:10.48550/arXiv.1605.08803.

［33］ Dinh L，Krueger D，Bengio Y. NICE:Non-linear Independent Components

Estimation[J]. 2014. DOI:10.48550/arXiv.1410.8516.

[34] Kingma D P, Dhariwal P. Glow: Generative Flow with Invertible 1x1 Convolutions[J]. arXiv e-prints, 2018.

[35] Germain M, Gregor K, Murray I,et al. MADE: Masked Autoencoder for Distribution Estimation[J]. 2015. DOI:10.48550/arXiv.1502.03509.

[36] Kalchbrenner N, Oord A V D, Simonyan K,et al. Video Pixel Networks[J]. 2016. DOI:10.48550/arXiv.1610.00527.

[37] Kingma D P, Salimans T, Jozefowicz R,et al. Improving Variational Inference with Inverse Autoregressive Flow[J]. 2016. DOI:10.48550/arXiv.1606.04934.

[38] Papamakarios G, Pavlakou T, Murray I. Masked Autoregressive Flow for Density Estimation[J]. 2017. DOI:10.48550/arXiv.1705.07057.

[39] Su J, Wu G. f-VAEs: Improve VAEs with Conditional Flows[J]. 2018. DOI:10.48550/arXiv.1809.05861.

[40] Oord A, Dieleman S, Zen H, et al. Wavenet: A generative model for raw audio[J]. arXiv preprint arXiv:1609.03499, 2016.

[41] Ho J, Chen X, Srinivas A,et al. Flow++: Improving Flow-Based Generative Models with Variational Dequantization and Architecture Design[J]. 2019.

[42] Weng, L. What are Diffusion Models? [EB/OL]. (2021-07-11)[2023-02-22]. https://lilianweng.github.io/posts/2021-07-11-diffusion-models/#forward-diffusion-process.

[43] Ho J, Jain A, Abbeel P. Denoising diffusion probabilistic models[J]. Advances in neural information processing systems, 2020, 33: 6840-6851.

[44] Feller W. RETRACTED CHAPTER: On the Theory of Stochastic Processes, with Particular Reference to Applications[M]//Selected Papers I. Springer, Cham, 2015: 769-798.

[45] Sohl-Dickstein J, Weiss E, Maheswaranathan N, et al. Deep unsupervised learning using nonequilibrium thermodynamics [C]//International conference on machine learning. PMLR, 2015: 2256-2265.

[46] Yang L, Zhang Z, Song Y, et al. Diffusion models: A comprehensive survey of methods and applications[J]. ACM Computing Surveys, 2022.

[47] Song J, Meng C, Ermon S. Denoising diffusion implicit models[J]. arXiv preprint arXiv:2010.02502, 2020.

[48] Song Y, Sohl-Dickstein J, Kingma D P, et al. Score-based generative modeling through stochastic differential equations[J]. arXiv preprint arXiv:2011.13456, 2020.

[49] Watson D, Ho J, Norouzi M, et al. Learning to efficiently sample from diffusion probabilistic models[J]. arXiv preprint arXiv:2106.03802, 2021.

[50] Salimans T, Ho J. Progressive distillation for fast sampling of diffusion models[J]. arXiv preprint arXiv:2202.00512, 2022.

[51] Lyu Z, Xu X, Yang C, et al. Accelerating diffusion models via early stop of the

diffusion process[J]. arXiv preprint arXiv:2205.12524，2022.

[52] Nichol A Q，Dhariwal P. Improved denoising diffusion probabilistic models[C]// International Conference on Machine Learning. PMLR，2021：8162-8171.

[53] Bao F，Li C，Zhu J，et al. Analytic-dpm：an analytic estimate of the optimal reverse variance in diffusion probabilistic models [J]. arXiv preprint arXiv：2201. 06503，2022.

[54] Song Y，Durkan C，Murray I，et al. Maximum likelihood training of score-based diffusion models[J]. Advances in Neural Information Processing Systems，2021，34：1415-1428.

[55] Vahdat A，Kreis K，Kautz J. Score-based generative modeling in latent space[J]. Advances in Neural Information Processing Systems，2021，34：11287-11302.

[56] Niu C，Song Y，Song J，et al. Permutation invariant graph generation via score-based generative modeling [C]//International Conference on Artificial Intelligence and Statistics. PMLR，2020：4474-4484.

[57] Austin J，Johnson D D，Ho J，et al. Structured denoising diffusion models in discrete state-spaces[J]. Advances in Neural Information Processing Systems，2021，34：17981-17993.

[58] Saharia C，Ho J，Chan W，et al. Image super-resolution via iterative refinement[J]. IEEE Transactions on Pattern Analysis and Machine Intelligence，2022，45(4)：4713-4726.

[59] Ho J，Saharia C，Chan W，et al. Cascaded diffusion models for high fidelity image generation[J]. The Journal of Machine Learning Research，2022，23(1)：2249-2281.

[60] Rombach R，Blattmann A，Lorenz D，et al. High-resolution image synthesis with latent diffusion models[C]//Proceedings of the IEEE/CVF conference on computer vision and pattern recognition. 2022：10684-10695.

[61] Lugmayr A，Danelljan M，Romero A，et al. Repaint：Inpainting using denoising diffusion probabilistic models [C]//Proceedings of the IEEE/CVF Conference on Computer Vision and Pattern Recognition. 2022：11461-11471.

[62] Saharia C，Chan W，Chang H，et al. Palette：Image-to-image diffusion models[C]// ACM SIGGRAPH 2022 Conference Proceedings. 2022：1-10.

[63] Li X，Thickstun J，Gulrajani I，et al. Diffusion-lm improves controllable text generation[J]. Advances in Neural Information Processing Systems，2022，35：4328-4343.

[64] Li X，Thickstun J，Gulrajani I，et al. Diffusion-lm improves controllable text generation[J]. Advances in Neural Information Processing Systems，2022，35：4328-4343.

[65] Ramesh A，Dhariwal P，Nichol A，et al. Hierarchical text-conditional image generation with clip latents[J]. arXiv preprint arXiv:2204.06125，2022，1(2)：3.

[66] Radford A, Kim J W, Hallacy C, et al. Learning transferable visual models from natural language supervision [C]//International conference on machine learning. PMLR, 2021: 8748-8763.

[67] Dhariwal P, Nichol A. Diffusion models beat gans on image synthesis[J]. Advances in neural information processing systems, 2021, 34: 8780-8794.

[68] Nichol A, Dhariwal P, Ramesh A, et al. Glide: Towards photorealistic image generation and editing with text-guided diffusion models[J]. arXiv preprint arXiv: 2112.10741, 2021.

[69] Xu M, Yu L, Song Y, et al. Geodiff: A geometric diffusion model for molecular conformation generation[J]. arXiv preprint arXiv:2203.02923, 2022.

[70] Karras T, Laine S, Aittala M, et al. Analyzing and improving the image quality of stylegan [C]//Proceedings of the IEEE/CVF conference on computer vision and pattern recognition. 2020: 8110-8119.

[71] Park T, Liu M Y, Wang T C, et al. Semantic Image Synthesis with Spatially-Adaptive Normalization[C]//Proceedings of the IEEE/CVF Conference on Computer Vision and Pattern Recognition. 2019:2337-2346.

[72] Zhang H, Koh J Y, Baldridge J,et al. Cross-modal contrastive learning for text-to-image generation[C]//Proceedings of the IEEE/CVF conference on computer vision and pattern recognition. 2021: 833-842.

[73] Zhu J Y, Park T, Isola P, et al. Unpaired Image-to-Image Translation using Cycle-Consistent Adversarial Networks[J]. IEEE, 2017.

[74] Wang X, Xie L, Dong C,et al. Real-ESRGAN: Training Real-World Blind Super-Resolution with Pure Synthetic Data[C]//Proceedings of the IEEE/CVF Conference on Computer Vision and Pattern Recognition. 2021:1905-1914.

[75] Goodfellow I, Pouget-Abadie J, Mirza M, et al. Generative adversarial nets[J]. Advances in neural information processing systems, 2014, 27.

[76] Li Y, Gan Z, Shen Y, et al. Storygan: A sequential conditional gan for story visualization[C]//Proceedings of the IEEE/CVF Conference on Computer Vision and Pattern Recognition. 2019: 6329-6338.

[77] Tulyakov S, Liu M Y, Yang X, et al. Mocogan: Decomposing motion and content for video generation[C]//Proceedings of the IEEE conference on computer vision and pattern recognition. 2018: 1526-1535.

[78] Vondrick C, Pirsiavash H, Torralba A. Generating videos with scene dynamics[J]. Advances in neural information processing systems, 2016, 29.

[79] Karras T, Aila T, Laine S, et al. Progressive growing of gans for improved quality, stability, and variation[J]. arXiv preprint arXiv:1710.10196, 2017.

[80] Duan B, Wang W, Tang H, et al. Cascade attention guided residue learning gan for cross-modal translation [C]//2020 25th International Conference on Pattern

Recognition (ICPR). IEEE，2021：1336-1343.

[81] Li Y，Min M，Shen D，et al. Video generation from text[C]//Proceedings of the AAAI conference on artificial intelligence. 2018，32(1).

[82] Chang Y L，Liu Z Y，Lee K Y，et al. Learnable gated temporal shift module for deep video inpainting[J]. arXiv preprint arXiv：1907. 01131，2019.

[83] Kim D，Woo S，Lee J Y，et al. Deep video inpainting[C]//Proceedings of the IEEE/CVF Conference on Computer Vision and Pattern Recognition. 2019：5792-5801.

[84] Wang T C，Liu M Y，Zhu J Y，et al. Video-to-video synthesis[J]. arXiv preprint arXiv：1808. 06601，2018.

[85] Kumar M，Babaeizadeh M，Erhan D，et al. Videoflow：A conditional flow-based model for stochastic video generation[J]. arXiv preprint arXiv：1903. 01434，2019.

[86] Jin X，Wu L，Chen J，et al. A Unified Pyramid Recurrent Network for Video Frame Interpolation[J]. arXiv preprint arXiv：2211. 03456，2022.

[87] Wang T C，Liu M Y，Tao A，et al. Few-shot video-to-video synthesis[J]. arXiv preprint arXiv：1910. 12713，2019.

[88] Yao Y，Luo Z，Li S，et al. Mvsnet：Depth inference for unstructured multi-view stereo[C]//Proceedings of the European conference on computer vision （ECCV）. 2018：767-783.

[89] Mildenhall B，Srinivasan P P，Tancik M，et al. Nerf：Representing scenes as neural radiance fields for view synthesis[J]. Communications of the ACM，2021，65(1)：99-106.

[90] Yang G，Huang X，Hao Z，et al. Pointflow：3d point cloud generation with continuous normalizing flows [C]//Proceedings of the IEEE/CVF international conference on computer vision. 2019：4541-4550.

[91] Schonberger J L，Frahm J M. Structure-from-motion revisited[C]//Proceedings of the IEEE conference on computer vision and pattern recognition. 2016：4104-4113.

[92] Yao Y，Luo Z，Li S，et al. Mvsnet：Depth inference for unstructured multi-view stereo[C]//Proceedings of the European conference on computer vision （ECCV）. 2018：767-783.

[93] Nash C，Ganin Y，Eslami S M A，et al. Polygen：An autoregressive generative modelof 3d meshes[C]//International conference on machine learning. PMLR，2020：7220-7229.

[94] Mildenhall B，Srinivasan P P，Tancik M，et al. Nerf：Representing scenes as neural radiance fields for view synthesis[J]. Communications of the ACM，2021，65(1)：99-106.

[95] Yang G，Huang X，Hao Z，et al. Pointflow：3d point cloud generation with continuous normalizing flows [C]//Proceedings of the IEEE/CVF international conference on computer vision. 2019：4541-4550.

[96]　Saharia C，Chan W，Saxena S，et al. Photorealistic text-to-image diffusion models with deep language understanding[J]. arXiv preprint arXiv:2205. 11487，2022.

[97]　Poole B，Jain A，Barron J T，et al. Dreamfusion：Text-to-3d using 2d diffusion[J]. arXiv preprint arXiv:2209. 14988，2022.

[98]　Lin C H，Gao J，Tang L，et al. Magic3D：High-Resolution Text-to-3D Content Creation[J]. arXiv preprint arXiv:2211. 10440，2022.

[99]　Manning C，Socher R，Fang G G，et al. CS224n：natural language processing with deep learning[J]. Lecture note，2017.

[100]　Christopher O. Understanding LSTM Networks—colah's blog[EB/OL]. [2023-1-16]. https://colah. github. io/posts/2015-08-Understanding-LSTMs.

[101]　Hochreiter S，Schmidhuber J. Long Short-term Memory[J]. 1997. DOI:10. 1162/neco. 1997. 9. 8. 1735.

[102]　Vaswani A，Shazeer N，Parmar N，et al. Attention Is All You Need[J]. 2017. DOI:10. 48550/arXiv. 1706. 03762.

[103]　GitHub Copilot. Your AI pair programmer[EB/OL]. [2023-3-20]. https://github. com/features/copilot.

[104]　E. Kalliamvakou. Research：quantifying GitHub Copilot's impact on developer productivity and happiness[EB/OL]. (2022-9-07)[2023-3-20]. https://github. blog/2022-09-07-research-quantifying-github-copilots-impact-on-developer-productivity-and-happiness.

[105]　Tsimpoukelli M，Menick J，Cabi S，et al. Multimodal Few-Shot Learning with Frozen Language Models[J]. 2021. DOI:10. 48550/arXiv. 2106. 13884.

[106]　Li J，Li D，Xiong C，et al. BLIP：Bootstrapping Language-Image Pre-training for Unified Vision-Language Understanding and Generation[J]. 2022. DOI:10. 48550/arXiv. 2201. 12086.

[107]　Yang S，Wu X，Ge S，et al. Knowledge Matters：Radiology Report Generation with General and Specific Knowledge[J]. 2021. DOI:10. 48550/arXiv. 2112. 15009.

[108]　Li X，Thickstun J，Gulrajani I，et al. Diffusion-lm improves controllable text generation[J]. Advances in Neural Information Processing Systems，2022，35：4328-4343.

[109]　冬色. 语音合成：从入门到放弃[EB/OL]. (2022-04-19)[2023-12-03]. https://github. com/cnlinxi/book-text-to-speech.

[110]　姬艳. 发音器官在生理识别中的贡献率及相互补偿的研究[D]. 天津：天津大学,2017.

[111]　杨帅,乔凯,陈健,等.语音合成及伪造、鉴伪技术综述[J].计算机系统应用,2022,31(07):12-22.

[112]　Yin Z. A Simplified Overview of TTS Techniques[C]//Proceedings of the 2nd International Conference on Artifical Intelligence and Engineering Applications (AIEA 2020). 2022，7.

[113]　Ren Y，Hu C，Tan X，et al. FastSpeech 2：Fast and High-Quality End-to-End Text to Speech[C]//International Conference on Learning Representations. 2021.

[114]　BarbaraChow. PPG & Phoneme Embedding & word Embedding 总结[EB/OL]. （2022-11-06）［2023-3-10］. https：//blog. csdn. net/qq_36002089/article/details/127721168.

[115]　吴进. 语音信号处理实用教程[M]. 北京：人民邮电出版社，2015.

[116]　不卷 CV 了. Tacotron 以及 Tacotron2 详解[EB/OL]. （2021-06-30）［2023-3-15］. https：//blog. csdn. net/junbaba_/article/details/118357486.

[117]　Wang Y，Skerry-Ryan R J，Stanton D，et al. Tacotron：Towards end-to-end speech synthesis[J]. arXiv preprint arXiv：1703. 10135，2017.

[118]　Sutskever I，Vinyals O，Le Q V. Sequence to Sequence Learning with Neural Networks[J]. Advances in neural information processing systems，2014.

[119]　Bahdanau D，Cho K，Bengio Y. Neural Machine Translation by Jointly Learning to Align and Translate[J]. Computer Science，2014.

[120]　Gehring J，Auli M，Grangier D，et al. Convolutional Sequence to Sequence Learning[J]. 2017. DOI：10. 48550/arXiv. 1705. 03122.

[121]　Kingma D P，Welling M. Auto-encoding variational bayes[J]. arXiv preprint arXiv：1312. 6114，2013.

[122]　Serban I，Sordoni A，Lowe R，et al. A hierarchical latent variable encoder-decoder model for generating dialogues[C]//Proceedings of the AAAI conference on artificial intelligence. 2017，31(1).

[123]　Serban I，Sordoni A，Bengio Y，et al. Building end-to-end dialogue systems using generative hierarchical neural network models［C］//Proceedings of the AAAI conference on artificial intelligence. 2016，30(1).

[124]　Shen X，Su H，Niu S，et al. Improving Variational Encoder-Decoders in Dialogue Generation[J]. 2018. DOI：10. 48550/arXiv. 1802. 02032.

[125]　Chen W，Gong Y，Wang S，et al. DialogVED：A Pre-trained Latent Variable Encoder-Decoder Model for Dialog Response Generation[J]. 2022. DOI：10. 48550/arXiv. 2204. 13031.

[126]　Zhu Q，Cui L，Zhang W N，et al. Retrieval-Enhanced Adversarial Training for Neural Response Generation［C］//Meeting of the Association for Computational Linguistics. Association for Computational Linguistics，2019.

[127]　Li J，Monroe W，Ritter A，et al. Deep Reinforcement Learning for Dialogue Generation[J]. 2016. DOI：10. 18653/v1/d16-1127.

[128]　Serban I V，Sankar C，Germain M，et al. A Deep Reinforcement Learning Chatbot[J]. 2018. DOI：10. 48550/arXiv. 1801. 06700.

[129]　Li Z，Kiseleva J，Rijke M D. Dialogue Generation：From Imitation Learning to Inverse Reinforcement Learning［J］. Proceedings of the AAAI Conference on

Artificial Intelligence，2019.

[130] Ouyang L，Wu J，Jiang X，et al. Training language models to follow instructions with human feedback[J]. arXiv e-prints arXiv：2203. 02155，2022.

[131] Reiter E. Building Natural Language Generation Systems [J]. Computational Linguistics，1996，27(2)：298-300.

[132] Dong C，Li Y，Gong H，et al. A Survey of Natural Language Generation[J]. 2021. DOI：10. 48550/arXiv. 2112. 11739.

[133] 王泽庆，孟凡萧. 人工智能文学的诠释困境及其出路[J]. 安徽大学学报(哲学社会科学版)，2020，44(03)：58-66.

[134] 李月颖. 浅谈人工智能与影视文学创作[J]. 东南传播，2021(3)：99-100.

[135] 杨守森. 人工智能与文艺创作[J]. 河南社会科学，2011，19(1)：188-193.

[136] 刘银娣. 从经验到算法：人工智能驱动的出版模式创新研究[J/OL]. 科技与出版，2018(2)：45-49.

[137] Vaswani A，Shazeer N，Parmar N，et al. Attention is all you need[J]. Advances in neural information processing systems，2017，30.

[138] Briot J P，Hadjeres G，Pachet F D. Deep Learning Techniques for Music Generation[J]. 2018. DOI：10. 1007/978-3-319-70163-9.

[139] Hadjeres G，Pachet F. DeepBach：a Steerable Model for Bach Chorales Generation[J]. 2016. DOI：10. 48550/arXiv. 1612. 01010.

[140] 房牧. 人工智能作曲的版权保护研究[D]. 济南：山东大学，2020.

[141] 商鹏程. 基于马尔可夫链和乐汇结构的白族民歌算法作曲研究[D]. 北京：中国地质大学，2022.

[142] Dong H W，Hsiao W Y，Yang L C，et al. MuseGAN：Multi-track Sequential Generative Adversarial Networks for Symbolic Music Generation and Accompaniment［C］// The Thirty-Second AAAI Conference on Artificial Intelligence（AAAI）. 2018.

[143] Le Q V，Ranzato M，Monga R，et al. Building high-level features using large scale unsupervised learning[J]. 2011. DOI：10. 48550/arXiv. 1112. 6209.

[144] Elgammal A，Liu B，Elhoseiny M，et al. CAN：Creative Adversarial Networks，Generating "Art" by Learning About Styles and Deviating from Style Norms[J]. 2017. DOI：10. 48550/arXiv. 1706. 07068.

[145] Xue A. End-to-End Chinese Landscape Painting Creation Using Generative Adversarial Networks［C］//Workshop on Applications of Computer Vision. IEEE Computer Society，2021.

[146] Sohl-Dickstein J，Weiss E A，Maheswaranathan N，et al. Deep Unsupervised Learning using Nonequilibrium Thermodynamics[J]. JMLR. org，2015.

[147] Ho J，Jain A，Abbeel P. Denoising Diffusion Probabilistic Models[J]. 2020. DOI：10. 48550/arXiv. 2006. 11239.

[148] Ramesh A，Pavlov M，Goh G，et al. Zero-Shot Text-to-Image Generation[J]. 2021.

DOI:10.48550/arXiv.2102.12092.

[149]　Ramesh A，Dhariwal P，Nichol A，et al. Hierarchical Text-Conditional Image Generation with CLIP Latents[J]. 2022. DOI:10.48550/arXiv.2204.06125.

[150]　OpenAI. DALL·E: Creating images from text[EB/OL]. [2023-03-16]. https://openai.com/blog/dall-e/.

[151]　Twitter(Somnai). Journey Across the Kindom[EB/OL]. (2022-01-02)[2023-03-16]. https://twitter.com/somnai_dreams.

[152]　Atability.ai. Stable Diffusion v2.1 and DreamStudio[EB/OL]. (2022-12-22)[2023-03-18]. https://stability.ai/blog/stablediffusion2-1-release7-dec-2022.

[153]　Atability.ai. Variants[EB/OL]. [2023-03-18]. https://platform.stability.ai/docs/features/variants.

[154]　Reggie P，Andrea C. Quantifying movie magic with google search. Google Whitepaper-Industry Perspectives ＋ User Insights，2013.

[155]　诸廉. 论影视创作中人工智能预测技术的应用[J]. 中州学刊,2021(3):167-172.

[156]　侯玉娟. 人工智能在广播电视行业中的应用研究[J]. 广播电视网络，2020，27(6):28-30.

[157]　杨玉波."5G＋4K/8K＋AI"战略助力科技冬奥 总台自主创新硕果累累——访中央广播电视总台编务会议成员姜文波先生[J].广播电视信息,2022(S1):10-13.

[158]　Ghiassi M，Lio D，Moon B. Pre-production forecasting of movie revenues with a dynamic artificial neural network[J]. Expert Systems with Applications，2015，42(6):3176-3193.

[159]　Li Y. Film and TV Animation Production Based on Artificial Intelligence AlphaGd[J]. Mobile Information Systems，2021，2021:1-8.

[160]　Li Y. Research on the Application of Artificial Intelligence in the Film Industry [C]//SHS Web of Conferences. EDP Sciences，2022，144:03002.

[161]　黎芷好,熊强. 智能时代下广告的发展趋势及影响[J]. 老字号品牌营销,2022(11):15-17.

[162]　Qin X，Jiang Z. The impact of AI on the advertising process：The Chinese experience[J]. Journal of Advertising，2019，48(4):338-346.

[163]　Chen G，Xie P，Dong J，et al. Understanding programmatic creative：The role of AI[J]. Journal of Advertising，2019，48(4):347-355.

[164]　Ogata T，Kawamura Y，Kanai A. Informational Narratology and Automated Content Generation[J]. Journal of Robotics Networking and Artificial Life，2017，4(3):227.

[165]　Rodgers W，Nguyen T. Advertising benefits from ethical artificial intelligence algorithmic purchase decision pathways[J]. Journal of Business Ethics，2022，178(4):1043-1061.

[166]　Chang A X，Funkhouser T，Guibas L，et al. ShapeNet：An Information-Rich 3D Model Repository[J]. 2015. DOI:10.48550/arXiv.1512.03012.

[167]　Sun X，Wu J，Zhang X，et al. Pix3D：Dataset and Methods for Single-Image 3D Shape Modeling[J]. IEEE，2018：00314.

[168]　Bengio Y，Courville A，Vincent P. Representation Learning：A Review and New Perspectives[J]. 2012. DOI：10.48550/arXiv.1206.5538.

[169]　Achlioptas P，Diamanti O，Mitliagkas I，et al. Learning Representations and Generative Models for 3D Point Clouds［J］. 2017. DOI：10.48550/arXiv.1707.02392.

[170]　Rubner Y，Tomasi C，Guibas L J. The Earth Mover's Distance as a Metric for Image Retrieval[J]. International Journal of Computer Vision，2000，40：49-121.

[171]　Mo K，Guerrero P，Yi L，et al. StructureNet：hierarchical graph networks for 3D shape generation[J]. ACM Transactions on Graphics，2019，38(6)：1-19.

[172]　Luo S，Hu W. Diffusion Probabilistic Models for 3D Point Cloud Generation[J]. 2021. DOI：10.48550/arXiv.2103.01458.

[173]　Gao J，Shen T，Wang Z，et al. In Get3d：A generative model of high quality 3d textured shapes learned from images，Advances In Neural Information Processing Systems，2022.

[174]　Bautista M，Guo P，Abnar S，et al，Gaudi：A neural architect for immersive 3d scene generation. arXiv preprint arXiv：2207.13751，2022.

[175]　Jain A，Mildenhall B，Barron J T，et al. Zero-Shot Text-Guided Object Generation with Dream Fields[J]. 2021. DOI：10.48550/arXiv.2112.01455.

[176]　锐观网. 2023-2028 年中国人机交互市场发展预测及投资策略分析报告[EB/OL]. (2022-12-07)[2023-3-15]. https：//www.shangyexinzhi.com/article/5701900.html.

[177]　优设网. 微软官方出品！18 条应该记住的 AI 人机交互指南[EB/OL]. （2021-08-17）[2023-03-15]https：//www.uisdc.com/guidelines-human-ai-interaction.

[178]　艾瑞数智. 2020 年中国智能语音行业研究报告[EB/OL]. (2020-02-11)[2023-03-16] https：//baijiahao.baidu.com/s? id＝1658201307504164313＆wfr＝spider＆for＝pc.

[179]　刘自升. 深度解读｜语音交互的原理、场景和趋势[EB/OL]. (2019-08-22)[2023-03-16]https：//mp.weixin.qq.com/s? ＿＿biz＝MjM5MTg2NDA3MQ＝＝＆mid＝2651891547＆idx＝1＆sn＝704924cce307acb8c3bf6c8fc4ed92a2＆.

[180]　C 语言中文网. 自然语言处理（NLP）介绍[EB/OL]. [2023-03-16]. http：//c.biancheng.net/view/9841.html.

[181]　Oord A，Dieleman S，Zen H，et al. WaveNet：A Generative Model for Raw Audio ［EB/OL］. （2016-09-19）［2023-03-16］. https：//doi.org/10.48550/arXiv.1609.03499.

[182]　Ping W，Peng K，Gibiansky A，et al. Deep Voice 3：Scaling Text-to-Speech with Convolutional Sequence Learning［C］//International Conference on Learning Representations，2018.

[183]　Taigman Y，Wolf L，Polyak A，et al. Voice Synthesis for in-the-Wild Speakers via a

Phonologica 1 Loop［EB/OL］.（2017-07-20）［2023-03-16］. https：//doi. org/10. 48550/arXiv. 1707. 06588.

[184] DU DESIGN. AI 人机交互趋势研究（2019）[EB/OL].（2019-07-09）［2023-03-16］. https：//zhuanlan. zhihu. com/p/72826427.

[185] Gupta R，Aman K，Shiva N，et al. An Improved Fatigue Detection System Based on Behavioral Characteristics of Driver[C]//2017 2nd IEEE International Conference on Intelligent Transpontation Engineering(ICITE). IEEE，2017：227-230.

[186] 腾讯内容开放平台. 百度发布 2021 第一季度财报[EB/OL].（2021-05-19）［2023-03-16］. https：//page. om. qq. com/page/O8xdk5Y0aS47Fk-HC8aATrnA0.

[187] 知乎.【语音交互】从语音唤醒（KWS）聊起［EB/OL].（2021-11-29）［2023-03-20］. https：//zhuanlan. zhihu. com/p/163047958.

[188] 田秋红，杨慧敏，梁庆龙，等. 视觉动态手势识别综述[J]. 浙江理工大学学报（自然科学版），2020，43(4)：557-569.

[189] 吴丽琳. AI 与 VR 融合发展开辟信息技术产业新增长源[N]. 中国电子报，2022-11-15(4).

[190] 新奥特打造的全景 VR＋AI 虚拟数字人亮相第五届数字中国建设峰会[J]. 现代电视技术，2022(9)：161.

[191] 万晨.“VR＋AI”教育服务平台设计与应用研究[J]. 电脑与电信，2021(12)：38-41.

[192] 陈瑾. AI＋VR 制作系统及在 2021 年央视春晚制作中的应用[J]. 演艺科技，2021(9)：51-56.

[193] 程罗德. AI 时代高校图书馆 VR 技术应用研究[J]. 图书馆学刊，2018，40(9)：113-116.

[194] 李良志. 虚拟现实技术及其应用探究[J]. 中国科技纵横，2019，(3)：30-31.

[195] 石宇航. 浅谈虚拟现实的发展现状及应用[J]. 中文信息，2019，(1)：20.

[196] 汤朋，张晖. 浅谈虚拟现实技术[J]. 求知导刊，2019，(3)：19-20.

[197] 陈沅. 虚拟现实技术的发展与展望[J]. 中国高新区，2019，(1)：231-232.

[198] 百度百科. 虚拟现实[EB/OL].［2023-3-18］. https：//baike. baidu. com/item/%E8%99%9A%E6%8B%9F%E7%8E%B0%E5%AE%9E/207123? fr＝ge_ala.

[199] 知乎. 虚拟现实（VR）[EB/OL].［2023-03-20］. https：//www. zhihu. com/topic/19595537/intro.

[200] wikipedia. Virtual reality[EB/OL].［2023-03-20］. https：//en. wikipedia. org/wiki/Virtual_reality＃cite_note-1，11 2023. 2.

[201] JoseF Erl. The history of virtual reality［EB/OL].（2022-06-25）［2023-03-19］. https：//mixed-news. com/en/the-history-of-virtual-reality/ 2023. 2.

[202] C 语言中文网. 虚拟现实技术介绍（10 分钟入门）[EB/OL].［2023-03-20］. http：//c. biancheng. net/view/3nz8kg. html 2023. 3.

[203] 林财. AI＋数字孪生在智慧化工园区方向的应用[J]. 中国安防，2022，No. 198(09)：78-81.

[204] 陶飞,刘蔚然,刘检华,等. 数字孪生及其应用探索[J]. 计算机集成制造系统. 2018(1):1-18.

[205] 杨超,黄冬梅. 数据中心数字孪生技术应用探讨[J]. 数据中心建设,2020(8):25-31.

[206] 刘虹,冯汀,阮前等. 基于数字孪生与 AI 仿真技术的数据中心能耗优化研究与实践[J].长江信息通信,2022,35(09):203-205.

[207] Morales E, Zaragoza J H. An Introduction to Reinforcement Learning[J]. 2011. DOI:10.4018/978-1-60960-165-2. ch004.

[208] Silver D, Lever G, Heess N, et al. Deterministic Policy Gradient Algorithms [C]// International Conference on Machine Learning. 2014:387-395.

[209] Caudell T P, Mizell D W. Augmented reality: an application of heads-up display technology to manual manufacturing processes[J]. IEEE, 1992:183317.

[210] 胡天宇,张权福,沈永捷,等. 增强现实技术综述[J]. 电脑知识与技术,2017,13(34):194-196.

[211] 史晓刚,薛正辉,李会会,等. 增强现实显示技术综述[J]. 中国光学,2021,14(5):1146-1161.

[212] 李京燕. AR 增强现实技术的原理及现实应用[J]. 艺术科技,2018,31(5):92.

[213] 陈琳军. 基于视觉 SLAM 的增强现实三维注册技术研究[D]. 武汉:武汉理工大学,2020.

[214] Yang H X, Shao L, Zheng F, et al. Recent advances and trends in visual tracking: a review[J]. Neurocomputing, 2011, 74(18):3823-3831.

[215] Davison A J, Reid I D, Molton N D, et al. MonoSLAM: Real-Time Single Camera SLAM[C]. IEEE Transactions on Pattern Analysis and Machine Intelligence,2007:1052-1067.

[216] Mur-Artal R, Tardos J D. ORB-SLAM2: An Open-Source SLAM System for Monocular,Stereo, and RGB-D Cameras[J]. IEEE Transactions on Robotics, 2017:1-8.

[217] Milgram P, Kishino F. A Taxonomy of Mixed Reality Visual Displays[J]. IEICE Transactions on Information and Systems, 1994, E77-D(12):1321-1329.

[218] Azuma R, Baillot Y, Behringer R, et al. Recent advances in augmented reality[J]. IEEE Computer Graphics and Applications, 2001, 21(6): 34-47.

[219] Rokhsaritalemi S, Sadeghi-Niaraki A, Choi S M. A review on mixed reality: Current trends, challenges and prospects[J]. Applied Sciences, 2020, 10(2): 636.

[220] 魏娜,郭晓强,王强,等. AR,MR 系统架构及其关键技术研究[J]. 广播与电视技术,2022,49(6):5.

[221] 陈一. 混合现实技术在 STEAM 远程教育中的应用探析[J]. 信息通信,2019(3):268-270.

[222] 刘建明,施明泰,庄玉林. 混合现实技术在电网应急抢修作业中的应用[J]. 电力信息与通信技术,2017,15(5):13.

［223］ 孔玺，孟祥增，徐振国，等. 混合现实技术及其教育应用现状与展望［J］. 现代远距离教育，2019(3)：82-89.

［224］ 顾君忠. VR、AR 和 MR-挑战与机遇［J］. 计算机应用与软件，2018，35(3)：1-7＋14.

［225］ 陈玉文. 增强现实技术及其在军事装备和模拟训练中的应用研究［J］. 系统仿真学报，2013.

［226］ 陈宝权，秦学英. 混合现实中的虚实融合与人机智能交融［J］. 中国科学：信息科学，2016，46(12)：1737-1747.

［227］ 方巍，伏宇翔. 元宇宙：概念、技术及应用研究综述［J/OL］. 南京信息工程大学学报（自然科学版）：1-25［2023-02-08］. http://kns. cnki. net/kcms/detail/32. 1801. N. 20221207. 1946. 001. html.

［228］ CSDN. 一文读懂元宇宙—元宇宙的含义［DB/OL］. (2022-04-02)［2023-03-19］. https://blog. csdn. net/wuquanl/article/details/123916136.

［229］ CSDN. 华为云开发者联盟. 最近大火的「元宇宙」是什么？［DB/OL］. (2021-09-08)［2023-03-19］. https://blog. csdn. net/Tencent_TEG/article/details/120191923.

［230］ CSDN. 元宇宙的发展历程［DB/OL］. (2022-01-22)［2023-03-16］. https://blog. csdn. net/qq_43610111/article/details/122641333.

［231］ 郭尚志，廖晓峰，李刚，等. 元宇宙的发展［J］. 计算机技术与发展，2023，33(01)：1-6.

［232］ AI& 元宇宙［J］. 信息化建设，2022，(9)：8-9.

［233］ 赵颖. 10 个问题带你了解什么是元宇宙［EB/OL］.［2022-06-02］(2023-03-17). https://www. sohu. com/a/553522150_121292768? spm＝smpc. content. content. 2. 16629950731379HVg8mX&_trans_＝000019_wzwza.

［234］ 德勤. 元宇宙行业深度研究报告：愿景、技术和应对［EB/OL］.［2022-03-11］(2023-03-18). https://www. yuanyuzhoujie. com/2022/0311/3929. shtml.

［235］ 光明网. 北京大学学者发布元宇宙特征与属性 START 图谱［EB/OL］.［2021-11-19］(2023-03-19). https://news. sohu. com/a/502061675_162758.

［236］ Dionisio J，Ili W，Gilbert R. 3D Virtual worlds and the metaverse：Current status and future possibilities［J］. Acm Computing Surveys，2013，45(3)：1-38.

［237］ Wang Y，Su Z，Zhang N，et al. A Survey on Metaverse：Fundamentals，Security，and Privacy［J］. 2022. DOI：10. 48550/arXiv. 2203. 02662.

［238］ 王文喜，周芳，万月亮，等. 元宇宙技术综述［J］. 工程科学学报，2022，44(4)：744-756.

［239］ Huynh-The T，Pham Q V，Pham X Q，et al. Artificial Intelligence for the Metaverse：A Survey［J］. Engineering Applications for Artificial Intelligence，2023，117：105581.

［240］ 武强，季雪庭，吕琳媛. 元宇宙中的人工智能技术与应用［J］. 智能科学与技术学报，2022，4(03)：324-334.

［241］ Bouachir O，Aloqaily M，Karray F，et al. AI-based Blockchain for the Metaverse：Approaches and Challenges［C］//2022 Fourth International Conference on

Blockchain Computing and Applications（BCCA）. IEEE，2022：231-236.

[242] 方巍，伏宇翔. 元宇宙：概念、技术及应用研究综述[J/OL]. 南京信息工程大学学报（自然科学版），2024，16(1)：30-45.

[243] 傅云瑾，魏雨含. 元宇宙沉浸式交互技术发展现状及趋势[J]. 中国经济报告，2022，134(6)：98-107.

[244] Zhou M，Duan N，Liu S，et al. Progress in neural NLP：modeling，learning，and reasoning[J]. Engineering，2020，6(3)：275-290.

[245] Matsuo Y，LeCun Y，Sahani M，et al. Deep learning，reinforcement learning，and world models[J]. Neural Networks，2022.

[246] Lawrence J，Goldman D B，Achar S，et al. Project Starline：A high-fidelity telepresence system[J]. ACM Transactions on Graphics(TOG)，2021，40(6)：1-16.

[247] Bob Woods，骆佳. 元宇宙最佳应用：医学探索[J]. 国际品牌观察，2021(34)：38-39.

[248] Mohammad H. Metaverse，Metaversity，and the Future of Higher Education. Sciences and Techniques of Information Management 8.2（2022）：7-22.

[249] Amaizu G C，Lee J M，Kim D S. Advanced Manufacturing & Metaverse[J]. 한국통신학회 학술대회논문집，2022：1045-1046.

[250] Rizzo A. Bravemind：Advancing the virtual iraq/afghanistan ptsd exposure therapy for mst[J]. University of Southern California Los Angeles，2016.

[251] 知乎. 一. 什么是三维重建[EB/OL].［2022-09-06］(2023-03-19). https://zhuanlan.zhihu.com/p/460559374.